K T
WIE DU KANNST
SO WOLLE
1872

GERMANISCHE

HELDENSAGE

VON

B. SYMONS.

DER ZWEITEN VERBESSERTEN AUFLAGE ZWEITER ABDRUCK.

Sonderabdruck aus der zweiten Auflage von Pauls Grundriss
der germanischen Philologie.

STRASSBURG.
KARL J. TRÜBNER.
1905.

M. DuMont-Schauberg, Straßburg.

HUGO GERING

IN HERZLICHER FREUNDSCHAFT

ZUGEEIGNET.

Übersicht des Inhalts.

Allgemeine Litteratur: Das Hauptwerk für die Heldensage ist noch immer: W. Grimm, *Die deutsche Heldensage*, Gött. 1829, 2. Ausg. (besorgt von K. Müllenhoff) Berl. 1867, 3. Aufl. (von R. Steig) Gütersloh 1889. Auf die dritte Auflage beziehen sich alle Citate [*Hds.*]. Die von Wilhelm Grimm gesammelten Zeugnisse, aus denen die älteste Geschichte germanischer Sage und Volksepik geschöpft werden muss, sind vermehrt von K. Müllenhoff, *Zeugnisse und Excurse zur deutschen Heldensage*, ZfdA. 12, 253 ff. 413 ff.; weitere Nachlese von O. Jaenicke, ebenda 15, 310 ff. [*ZE*]. Die dritte Auflage der *Hds.* hat die in W. Grimms Nachlass vorgefundenen Zeugnisse dem Texte des Buches einzugliedern versucht, während ein Anhang (S. 451—495) über die Zusätze von Müllenhoff und Anderen orientiert, auch eigene Bemerkungen des Herausgebers beisteuert. Die wichtigen Einzelarbeiten Müllenhoffs, auf denen der Fortschritt in der Erkenntnis der Heldensage seit W. Grimm zu einem nicht geringen Teil beruht, werden zu den einzelnen Sagenkreisen angeführt. — Von anderen zusammenfassenden Arbeiten sollen vor allem hervorgehoben werden die durch wissenschaftlichen Geist und poetischen Sinn gleich ausgezeichneten Vorlesungen Ludwig Uhlands (*Schriften zur Gesch. der Dichtung und Sage*, Bd. I [Stuttg. 1865] und VII [ebda 1868], sowie Einzelnes in Bd. VIII [ebda 1873]), besonders das Kapitel über das Ethische in der german. Sage (*Schr.* I, 211—347). — Ferner kommen an dieser Stelle in Betracht: F. J. Mone, *Untersuchungen zur Geschichte der teutschen Heldensage*, Quedl. und Lpzg. 1836 (als reiche Materialsammlung, namentlich für die von W. Grimm nicht ausreichend benutzten Orts- und Personennamen, noch immer wichtig); A. Raszmann, *Die deutsche Heldensage und ihre Heimat*, Hann. 1857/8, 2. (Titel-)Ausg. 1863; W. Müller, *Mythologie der deutschen Heldensage*, Heilbronn 1886 (trotz vieler beachtenswerten Einzelbemerkungen muss das Buch als Ganzes seiner Grundanschauung und seiner Methode nach als verfehlt bezeichnet werden; vgl. die Besprechungen von E. H. Meyer, AfdA. 13, 19 ff., M. Roediger, DLZ. 1887, Nr. 46, Sp. 1617 ff., und Verf., Literaturbl. 1888, Nr. 6, Sp. 250 ff.; ferner Müllers weitere Erörterungen in seiner Schrift: *Zur Mythologie der griechischen und deutschen Heldensage*, Heilbronn 1889); R. Koegel, *Geschichte der deutschen Litteratur bis zum Ausgange des Mittelalters*, I, 1 (Strassb. 1894), 131—175; I, 2 (ebda 1897), 191—219. — Der demnächst erscheinende erste Band des trefflichen Jiriczek'schen Werkes *Deutsche Heldensagen* (Strassburg, Trübner), der mir in der Korrektur vorgelegen hat, behandelt in monographischer Form, mit besonderer Betonung der entwicklungsgeschichtlichen Detailprobleme, die Wielandsage, die Ermanarichsage und den Sagenkreis Dietrichs von Bern*. — Neuere populäre Darstellungen des Stoffes bieten O. L. Jiriczek, *Die deutsche Heldensage* (Sammlung Göschen Nr. 32), 2. Aufl. Lpzg. 1897, und W. Golther, *Deutsche Heldensage* (Deutsche Schul-Ausgaben von H. Schiller und V. Valentin Nr. 2), Dresden 1894.

* Ist soeben erschienen und noch nachträglich citiert [Jiriczek, *DHS.*].

EINLEITUNG.

§ 1. Die Entstehung und Ausbildung der Heldensage und der epischen Poesie ist bei allen indogermanischen Völkern, soweit früher oder später die Heldendichtung ihr Dasein schmückte, eng verknüpft mit dem grössten, entscheidendsten Zeitpunkte ihres nationalen Lebens. In jüngerer Zeit spiegelt sich in der Epik der Franzosen, der Spanier und der Russen die Gründung einer eigenen Nation, in der Epik der keltischen Bewohner von Britannien und Irland und der Serben der Untergang der nationalen Freiheit. Wie bei Indern, Iraniern und Griechen sind auch bei den Germanen Heldensage und epische Dichtung Ausfluss und Widerhall der grossen Umwälzungen und Machtverschiebungen, die zuerst das historische Bewusstsein und das Selbstgefühl des Kriegsadels weckten und einer neuen Entwicklung Raum schafften. Die Geburtsstunde der germanischen Heldensage ist die sogenannte Völkerwanderung: in der Heldensage hat sich das Andenken an jene grosse Bewegung erhalten, die das alte Europa zertrümmerte und den Germanen, welche in neuer Gliederung ihrer Stämme und zum Teil in anderen Wohnsitzen aus dem allgemeinen Schiffbruch hervorgingen, als der eigentliche Beginn ihres geschichtlichen Lebens erscheinen musste. Der Typus des Helden erhielt im fünften und sechsten Jahrhundert seine feste Gestalt, wie sie, in ihrem Kerne ungeschädigt, noch im mhd. Volksepos die Zeit ihrer Ausprägung nicht verleugnet, und die aus älteren mythischen Vorstellungen erwachsenen Heroen mussten sich unter der Pflege eines in den Kreisen der Fürsten und Edlen heimischen Sängertums dem neuen Typus anbequemen.

§ 2. Der Begriff »Heldensage« bedarf zunächst einer genaueren Bestimmung und Abgrenzung. Je nach dem wechselnden Standpunkte, den die Forscher der Frage nach dem Ursprunge und Gehalte der Heldensage gegenüber einnahmen, hat auch das Forschungsgebiet selber sein Ansehen geändert und seine Grenzen verschoben. Von dem Standpunkte, auf den sich der Verfasser des vorliegenden Abschnittes stellt und dessen Berechtigung aus seiner Darstellung sich ergeben muss, ist unter »Heldensage« zu verstehen: der Gesamtschatz der Überlieferungen, welche sich im Heldenzeitalter eines Volkes oder Stammes gebildet oder dem Charakter dieses Zeitalters gemäss umgebildet haben und den Stoff zur cyklischen epischen Dichtung, sei es des betreffenden Stammes selber, sei es der Nachbarstämme oder verwandter Stämme, abgeben. Dieser Versuch einer Begriffsbestimmung, die, obgleich allgemein gehalten, wesentlich aus der Betrachtung der germanischen (deutschen) Heldensage gewonnen ist, ermangelt freilich der Kürze und der Eleganz, bietet dafür aber den unleugbaren Vorteil, dass sich sogleich wichtige Abgrenzungen und Beschränkungen aus ihr ergeben; die übliche Definition der »Heldensage« als des Inhaltes des Heldenepos oder der dem Heldenepos zu Grunde liegenden Überlieferung ist zwar weniger schwerfällig, aber auch weniger geschlossen. Vor allem muss schon durch die Begriffsbestimmung mit der Abstraktion gebrochen werden, als sei die Sage etwas vor und ausserhalb der Dichtung liegendes — eine Abstraktion, die, wie die Beschäftigung mit der deutschen Heldensage überhaupt, ein Kind der Romantik ist. Dichtung und Sage sind so wenig getrennt zu denken, wie Dichtung und Mythus, und wenn zwischen Heldensage und Heldendichtung ein theoretischer Unterschied gemacht werden soll, so kann es nur der sein, dass man durch die beiden Ausdrücke die mündliche Überlieferung der späteren Epik als Vorstufe und Quelle entgegenstellt. Die Heldensage ist demnach durchaus ein Gegenstand der Litteraturgeschichte, nicht ein Problem der Volkskunde [1]; nur praktische Erwägungen, namentlich der fragmentarische und internationale Charakter der Überlieferung, haben ihr den Platz einer besonderen Disciplin gesichert. Überall ist der dichterisch gefärbte Bericht historischer Ereignisse Ursprung und Kern des Heldengesanges, und es ist daher im einzelnen nicht immer leicht zu sagen oder doch mit der wissenschaftlich erforderlichen Festigkeit zu bestimmen, wo das episch-historische Lied aufhört und das eigentliche Heldenlied beginnt [2]. Die langobardischen Lieder von Alboins Ermordung und Autharis Brautwerbung, die wir aus dem lateinischen Berichte des Paulus Diaconus erschliessen dürfen, die fränkischen Gedichte aus der vorkarolingischen Zeit, die Karl der Grosse sammeln liess, werden sich nach Form und Inhalt nicht wesentlich unterschieden haben von den Einzelliedern, deren Nachklang uns aus den Epen des Dietrichkreises und aus der Nibelunge nôt entgegentönt. Nicht ihr Ursprung, sondern ihre spätere Entwicklung trennt beide Gattungen. Das Heldenlied, obgleich nicht minder als das episch-historische Lied in seinen Anfängen durchaus in der Geschichte ruhend, nimmt bald einen anderen Flug. Durch die besondere Beliebtheit und Popularität der in ihnen gefeierten Helden, durch das Erschütternde und Tragische der besungenen Begebenheiten, so dürfen wir vermuten, wuchsen einzelne epische Lieder aus ihrem ursprünglichen Kreise heraus, während andere, weniger gesucht und weniger vorgetragen, das zeitlich beschränkte Interesse der Stammesangehörigen an ihren Stoffen nicht oder doch nur kurze Zeit überlebten. Die besten und beliebtesten Lieder aber wurden immer neu gesungen und von den Sängern in zunehmendem Masse mit neuen Zügen ausgestattet; von Stamm zu Stamm verbreitet, entfernen sie sich stets mehr von dem Boden der Wirklichkeit, ihre Träger erheben sich zu Idealgestalten, ihre Stoffe streifen das örtlich und zeitlich Zufällige ab, neue Personen treten in sie ein, die nicht mehr verstandenen Ereignisse verlangen neue Motivierung, Schicksale und Thaten älterer Helden werden auf die grossen, im Mittelpunkt des epischen Gesanges stehenden Figuren übertragen, und, was vor allem entscheidend ist für die Ausbildung des Heldenliedes, auch nicht-historische Elemente setzen sich an, Elemente, die man immerhin, richtig verstanden, »mythische« nennen mag. So erreicht die Heldensage, obgleich geschichtlich in ihrem Keime, dennoch erst ihre volle Eigentümlichkeit in dem Augenblicke, wo sie die Fesseln der Geschichte von sich abschüttelt, um frei in sich aufnehmen zu können was auf den Flügeln des Gesanges als ungebundene Überlieferung sehr verschiedenen Ursprungs umherschwebt. Geschichte, die sich nicht mehr als Geschichte fühlt, das Herauswachsen über den einzelnen Stamm hinaus, die Aufnahme älterer historischer, namentlich aber auch unhistorischer Elemente, endlich eine immer stärkere Neigung zur Bildung von Sagenkomplexen, von epischen Cyklen — das sind die wesentlichsten Merkmale des Heldengesanges dem einfacheren episch-historischen Liede gegenüber.

[1] Eine andere Ansicht ist neuerdings von C. Voretzsch ausgesprochen in seiner Antrittsvorlesung *Die französische Heldensage*, Heidelberg 1894; vgl. auch den Aufsatz desselben Gelehrten: *Das Merowingerepos und die fränkische Heldensage* (Philol. Studien. Festgabe für E. Sievers. Halle 1896, S. 53 ff.). — [2] Zum Folgenden vgl. die Ausführungen von R. Koegel, *Gesch. der deutschen Litt.* I, 1, 131 ff.

§ 3. Der Stoffkreis der germanischen Heldensage ist durch ihre Wurzel im Zeitalter der Völkerwanderung bedingt. Ihr nationaler Charakter schliesst selbstverständlich nicht nur die Artus- und Gralsage, sowie alle antik-mittelalterlichen und legendarischen Stoffe aus, sondern auch die Karlssage, welche, wenn auch sagenhafte Erinnerungen an den grossen Kaiser und seine strenge Gerechtigkeit sich in Deutschland erhielten, nur in Frankreich Stoffquelle der epischen Poesie geworden und erst auf diesem Umwege den Litteraturen der germanischen Völker zugekommen ist. Aus ähnlichem Grunde fallen die Überlieferungen von Franken und Westgoten, welche die französische und spanische Dichtung erhalten hat, ausserhalb ihres Bereiches. Aus anderen, leicht ersichtlichen Gründen gehören weder die historischen Sagen späterer Zeit, die, wie die Sagen von Herzog Ernst oder Heinrich dem Löwen, geschichtliche Personen mit dem Zauber der Romantik umweben, noch die Lokalsagen, die dem Epheu gleich um die verwitterten Trümmer einer alten Burg sich schlingen, in den Kreis der Heldensage, sondern sie fallen der Volkskunde zu. Endlich verzichtet die Heldensage auf die Behandlung der bereits oben angedeuteten alten Stamm- und Geschlechtssagen der Goten, Langobarden, Franken und anderer Völker, die zwar ihrem Ursprunge nach von den eigentlichen Heldensagen nicht verschieden sind und ebenso früh wie diese Gegenstand des epischen Gesanges wurden, die aber nicht über den engeren Kreis der Stammesangehörigen hinausgekommen sind und keinen Eingang gefunden haben in den cyklischen Zusammenhang des Volksepos: für sie genüge an dieser Stelle eine Verweisung auf den zweiten Band der *Deutschen Sagen,* herausgegeben von den Brüdern Grimm (1818), sowie auf Uhlands *Schriften* I, 456 ff. Eine letzte Beschränkung der Aufgabe, wozu der Verfasser sich auch in dieser zweiten Auflage hat entschliessen müssen, ist prinzipiell freilich nicht geboten, findet aber ihre Erklärung in der Fülle des Stoffes und den noch immer ungenügenden Vorarbeiten: die speciell nordgermanischen (skandinavischen) Heldensagen, die der Anlage des »Grundrisses« nach Berücksichtigung verlangt hätten, sind nach dem Stande der Forschung für eine knappe Behandlung auf beschränktem Raume auch jetzt noch nicht geeignet [1]. Es sind also wesentlich die bei den Ost- und Westgermanen im Zeitalter der Völkerwanderung entstandenen oder umgebildeten Sagen und Sagenkreise, welche den Gegenstand der folgenden Erörterungen bilden: die Béowulfsage, die Nibelungensage, die Ortnit-Wolfdietrich- oder Hartungensage, der grosse Komplex der Sagen von Ermanarich, Dietrich von Bern und Etzel, die Waltharisage, die Hildesage und ihre Schösslinge, die Wielandsage nebst den Überlieferungen vom Meisterschützen, einige Einzelsagen, wie etwa die Sage von Iron, von geringerer Bedeutung, endlich die auf alter Sage beruhenden Bestandteile in den deutschen Spielmannsgedichten von König Rother, Oswald und Orendel.

An der Aus- und Umbildung dieser Sagen sind die verschiedensten germanischen Stämme beteiligt: Goten und Burgunden, Angeln und Friesen, Franken, Alemannen, Baiern und Sachsen haben an ihrer Ausgestaltung mitgearbeitet, und für viele von ihnen wurde der Boden des skandinavischen Nordens schon früh eine Stätte dichterischer Pflege. Nur »germanisch« kann daher nach heutiger wissenschaftlicher Terminologie der Gesamtname sein, welcher sie zusammenfasst. So wenig wir noch von »deutscher« Grammatik sprechen im Sinne Jacob Grimms, so wenig ist die Bezeichnung »deutsche« Heldensage zu billigen, und auch der Umstand, dass die mhd. Epik in ihren Stoffen den Umfang der Heldensage wesentlich begrenzt, kann diesen Namen nicht genügend rechtfertigen. Denn, davon abgesehen, dass weder die Béowulfsage noch die Wielandsage in den Kreis des mhd. Volksepos fallen, können doch nur Ursprung und Pflege, nicht aber die zufällige letzte Form der Überlieferung für die Wahl einer begriffsbestimmenden Gesamtbezeichnung ausschlaggebend sein [2].

[1] Eine schöne Übersicht über die nordische Heldendichtung bietet Sv. Grundtvig, *Udsigt over den nordiske oldtids heroiske digtning*, Kbhvn. 1867. Ferner vgl. namentlich Uhland, *Schr.* VII, 86—276; P. E. Müller, *Sagabibliothek*, Band II (1818). Eine wichtige Vorarbeit für eine Geschichte der skandinavischen Heldendichtung ist Axel Olriks ausgezeichnetes Werk: *Kilderne til Sakses Oldhistorie*, 2 Bde., Kbhvn. 1892/94; s. dazu Joh. Steenstrup, Ark. f. nord. Fil. 13, 101 ff. und Olriks Entgegnung, ebda 14, 47 ff. — [2] Vgl. hierzu die abweichenden Bemerkungen von Jiriczek, *Die deutsche Heldensage* [2] S. 16 f.

§ 4. In seiner denkwürdigen Abhandlung »Gedanken über Mythos, Epos und Geschichte«, die 1813 in Fr. Schlegels Deutschem Museum erschien (*Kl. Schr.* IV, 74 ff.), hat Jacob Grimm das Wesen des Volksepos dahin bestimmt, dass man ihm »weder eine reinmythische (göttliche) noch reinhistorische (factische) Wahrheit zuschreibt, sondern ganz eigentlich sein Wesen in die Durchdringung beider setzt«. Zu dem Epos sei »eine historische That nötig, von der das Volk lebendig erfüllt sei, dass sich die göttliche Sage daran setzen könne, und beide sind durch einander bedingt gewesen«. Der göttliche Teil des Epos »hebt die Poesie über die blosse Geschichte«, der menschliche »nähert es letzter wieder, indem er sie nie ohne historischen Hintergrund lässt, und ihr einen frischen Erdgeruch verleihet, der nichts Eingebildetes, sondern etwas Wahrhaftes ist«. Der hier von Jacob Grimm gefundene Satz beruht gewiss nicht auf methodischer Forschung — nicht gelungen ist der Nachweis, den er an der Tellsage und an der Sage von Frau Bertha zu führen versucht —, bietet vielmehr ein überraschendes Beispiel genialer Intuition. Weit vorsichtiger als Jacob verfuhr sein Bruder in seinen Bemühungen, das Wesen der Sage zu ergründen. Wilhelm Grimm betrachtete mit Recht gründliche Erforschung der Denkmäler und fleissiges Sammeln der Zeugnisse als die nächstliegende und notwendigste Aufgabe der Sagenforschung. Mit einer abgeschlossenen Ansicht über das Wesen und den Ursprung der Heldensage trat er zunächst nicht hervor, sondern begnügte sich mit der Abwehr verfrühter und willkürlicher Deutungen[1]. Erst der später veröffentlichte Briefwechsel mit Lachmann, der sich an W. Grimms Rezension von Lachmanns Schrift »Über die ursprüngliche Gestalt des Gedichtes von der Nibelungen Noth« in den Jahren 1820 und 1821 anknüpfte[2], zeigt, wie er allmählich und Schritt für Schritt zu einer Theorie gelangt, die mit Lachmann darin einig ist, dass sie die gewaltsamen mythischen Ausdeutungen Mones und von der Hagens verwirft, dann aber auch von Lachmanns eigner Meinung sich nicht unwesentlich entfernt. Während Karl Lachmann, den schon von Jac. Grimm aufgestellten Fundamentalsatz durch seine Erforschung der Nibelungensage bestätigend, schon damals in dem Zusammenfliessen von Geschichte und Mythus, in der innigen Durchdringung mythischer und historischer Bestandteile den Grund und das Wesen der Heldensage erblickte, suchte W. Grimm in der poetischen Wahrheit das dem epischen Stoffe Eigentümliche. Weder in der Geschichte noch im Mythus will er den eigentlichen Ursprung der Sage sehen, und selbst in Fällen, wo die Beziehungen zur Geschichte handgreiflich scheinen, wie bei Etzel und Dietrich von Bern, nimmt er spätere Anlehnung der in eine frühere Zeit zurückreichenden Sage an historische Persönlichkeiten und Ereignisse an. So schwebt für ihn die Sage als ein Drittes frei zwischen Mythus und Historie: »bei einer Betrachtung des Epos«, heisst es in dem interessanten Briefe an Lachmann vom 26. Juni 1821 (ZfdPh. 2, 355), »kann man . . . die mythische Bedeutung so gut auf der einen Seite wegschieben, als auf der andern den historischen Inhalt«. Öffentlich hat W. Grimm erst in der Abhandlung »Ursprung und Fortbildung«, die den Schluss der »Deutschen Heldensage« bildet

(1829)[8], auch jetzt nur halb widerstrebend (s. die Vorrede S. VIII [3]), seine Ansicht entwickelt. Durch ein merkwürdiges Zusammentreffen entstand etwa gleichzeitig mit dieser Abhandlung (im Mai 1829) die, allerdings erst einige Jahre später veröffentlichte, »Kritik der Sage von den Nibelungen« K. Lachmanns[4].

Die Rücksicht auf den Raum verbietet den Irrwegen nachzugehen, auf denen die Sagenforschung vor und nach W. Grimms und Lachmanns einschneidenden Arbeiten gewandelt hat und zum Teil wohl auch heute noch wandelt. Es mag genügen, in der Anmerkung dem auf diesem Gebiete nicht ganz Unbewanderten durch einige Titel von Nibelungenschriften die chemischen[5], astronomischen[6] und mythisch-symbolischen[7] Deutungsversuche einerseits, die Ausgeburten des nackten Euhemerismus[8] andererseits zu veranschaulichen. Vorgängern wie Trautvetter, v. d. Hagen, Göttling gegenüber lässt sich W. Grimms Verzicht auf eine einheitliche Erklärung der Heldensage wohl verstehen, und, wenn auch heutzutage das Schwankende und Unkonkrete in seiner Betrachtungsweise längst erkannt ist, so hat man doch zugleich einsehen lernen, wie weislich er das rein poetische Element in der Sagenbildung betonte, dem Lachmann und seine Schule einen zu geringen Platz einräumten. An W. Grimms Richtung schloss sich, wie es von dem Dichter zu erwarten war, Ludwig Uhland an, sei es auch mit etwas stärkerer Betonung des geschichtlichen Elementes. Auch Uhland sieht in der Heldensage wesentlich Poesie, die aber aus jedem bewegten Zeitraum der Geschichte ihre Nahrung zieht. Es finde hier das schöne Gleichnis seine Stelle, in welches er seine Ansicht kleidet: »Die Sage ist ein Lagerfass voll edeln, alten Weines; wann er angesetzt worden, weiss niemand mehr; jeder sonnige Herbst bringt ihm frischen Aufguss und vom ersten Stoffe ist wohl nichts mehr vorhanden, als der immer fortduftende Geist; draussen aber auf den grünen Bergen thränen und blühen die Reben, und wenn sie blühen, gährt es auch innen im Fasse; blutrote Trauben reifen und goldhelle; die Zeiten steigen am Weinberge geschäftig auf und nieder und tragen den neuen Gewinn herzu; indess fliesst unten rein und klar der goldene Quell und die Sänger sind die Schenken, die das duftige Getränk umherbieten«[9].

Lachmanns »Kritik« erwarb Jacob Grimms Zustimmung[10] und wurde für Karl Müllenhoff, dem sie noch in seinen letzten Lebensjahren als »Muster und Meisterstück der methodischen Sagenforschung« galt[11], der Ausgangspunkt für eine Untersuchung der meisten deutschen Heldensagen sowie des Béowulf. Müllenhoffs sagengeschichtliche Arbeiten werden, wie man sich auch zu vielen ihrer Resultate im einzelnen und sogar zu ihren Grundanschauungen stellen mag, ihre grundlegende Bedeutung behaupten. Nach Lachmanns Vorgang trat er mit der grössten Entschiedenheit für die philologische Kritik der Quellen ein als notwendige Vorarbeit für jede Analyse und Rekonstruktion der Sage, und, wenn auch eingeräumt werden muss, dass die Sicherheit, womit Müllenhoff in den Geist der alten Dichtung einzudringen und ihre verschiedenen Bestandteile zu sondern sich getraut, einer übermässigen Zuversicht zu der Methode der höheren Kritik entspringt, so war doch nur auf diesem Wege die Lösung der Aufgabe überhaupt erreichbar. Überall ergab sich für Müllenhoff eine Bestätigung der Lachmannschen Auffassung: die Sage Verbindung von Geschichte und Mythus, die Zeit der Wanderung »das deutsche Heldenalter«, die Mythen aber Erzeugnisse und Überlieferungen einer noch älteren Zeit[12]. Ihm wie Lachmann sind die Helden des Volksepos ihrem Ursprung nach zum Teil historische Figuren, zum Teil aber verblasste Götter, und so wird für ihn, im Gegensatz zu W. Grimm und Uhland und in sehr anfechtbarer Ausdehnung, die germanische

Heldensage eine wichtige Quelle für den Aufbau der germanischen Mythologie. Aber zugleich hat Müllenhoff für mehrere Sagen, vor allem für den zweiten Teil der Nibelungensage. und für die fränkische Wolfdietrichsage, den historischen Hintergrund durch unvergängliche Forschungen sicher gestellt, und in seiner Schule haben wir gelernt, die Geschichte als den methodischen Ausgangspunkt für jede Erforschung der Heldensage zu betrachten. Dass der von Lachmann eingeschlagene, von Müllenhoff konsequent verfolgte Weg der richtige ist, wird auch derjenige anerkennen müssen, der die Grenzen des Erreichbaren in ihren Arbeiten öfter überschritten findet. Die Analyse der Sage, die Sonderung der Bestandteile, aus denen sie erwachsen ist, und die Erkenntnis ihrer Entwicklungsgeschichte sind auf der von Lachmann und Müllenhoff vorgezeichneten Bahn zum Teil wenigstens bereits gelungen; unverkennbar hat W. Grimms ängstliche Behutsamkeit hier weniger bleibende Resultate erzielt als ihre kühne Kombination.

Eine besondere Stellung hat schon früh und bis zuletzt Wilhelm Müller eingenommen[13]. Seine spätere Erklärungsweise ist zwar vorwiegend historisch, aber in seinem Streben, historische Thatsachen zu finden, aus denen die Sage sich entwickelt hat, verkennt er häufig das Wesen der Sagenbildung. Die von ihm vertretene Auffassung der meisten Heldensagen als symbolischer Formen der Erinnerung an geschichtliche Ereignisse, wobei die Helden und Heldinnen nur als allgemeine Repräsentanten ihrer Länder erscheinen, muss als verfehlt bezeichnet werden. In der historischen Betrachtung wurzeln auch die wichtigen Einzeluntersuchungen Richard Heinzels[14], der doch auch die Bedeutung von Elementen anderen Ursprungs für die Bildung und Ausgestaltung der Heldensage keineswegs unterschätzt. Die rein mythologische Deutung dagegen ist in neuerer Zeit sehr in den Hintergrund getreten. Auf einem eigenen Standpunkt steht Svend Grundtvig in seiner oben citierten anregenden kleinen Schrift (*Udsigt,* 1867, s. zu § 3); weit entschiedener als W. Grimm und Uhland erblickte er in der Heldensage rein poetische Schöpfungen der Volksphantasie, aus ethischen Grundanschauungen hervorgewachsen. Als Reaktion gegen die Einseitigkeiten der mythisierenden sowohl als der namentlich von älteren skandinavischen Forschern, wie P. A. Munch und N. M. Petersen, vertretenen historisierenden Tendenz wohl erklärlich, ist diese Ansicht in ihrer Allgemeinheit dennoch unberechtigt.

Sophus Bugges bekannte Forschungen[15] gehen zwar auf die Heldensage, soweit sie nicht speziell nordisch ist, nur gelegentlich und ohne weitere Begründung ein. Allein es liess sich erwarten, dass seine Andeutungen nicht ohne Nachfolge bleiben und es an Versuchen nicht fehlen würde, auch in der Entstehung der Heldensage den Einfluss fremder Erzählungen und Überlieferungen nachzuweisen. Wenn Bugge »die berühmten Sagen von Sigurđr Fáfnisbani (Sigfrid), Sinfjǫtli (Sintarfizzilo), den Hjađningar (Hegelingen) und Vǫlundr (Wieland) unter dem Einfluss griechisch-römischer Erzählungen« sich entstanden denkt (*Studier* I, 22 Anm., vgl. auch S. 94), so ist wenigstens für die zuletzt genannte Sage der Nachweis dieser Behauptung sowohl von Golther als von Schück wirklich in Angriff genommen (s. § 64). Dass in den späteren Entwicklungsphasen der Heldensage auch ungermanische Sagen- und Märchenmotive in das ältere heimische Gewebe eingeflochten sein können, braucht nicht geleugnet zu werden und lässt sich in einzelnen Fällen, z. B. in der Sage von Hug- und Wolfdietrich, selbst zur Wahrscheinlichkeit erheben, allein Übersetzungen antiker Sagen ins Germanische oder Zusammensetzungen germanischer Sagen aus kunstvoll gefügten antiken Motiven sind bisher nicht wissenschaftlich glaublich gemacht worden.

Zu diesem § ist R. Steigs Vorrede zur 3. Auflage von W. Grimms *Hds.* zu vergleichen. — [1] W. Grimm, *Über die Entstehung der altdeutschen Poesie und ihr Verhältniss zu der nordischen* in Daub und Creuzers Studien Bd. IV, 1808 (*Kl. Schr.* I, 92 ff.); Rezension von Mones »Einleitung in das Nibelungenlied« in der Leipziger Litteratur-Zeitung 1818 (*Kl. Schr.* II, 210 ff.). — [2] *Briefwechsel über das Nibelungenlied von C. Lachmann und Wilhelm Grimm*, veröffentlicht von Zacher in ZfdPh. 2, 193 ff. 343 ff. 515 ff. (1869). — [3] *Hds.* S. 335—399 (= [3] S. 383—449). — [4] Sie erschien erst 1832 in Niebuhr und Brandis' Rheinischem Museum 3, 435—464 und wurde wieder abgedruckt 1836 in Lachmanns *Zu den Nibelungen und zur Klage* S. 333—349. — [5] E. Trautvetter, *Der Schlüssel zur Edda*, Berlin 1815. — [6] E. Trautvetter, *Asciburg oder die germanischen Götter und Heldenbilder des Tacitus und der Edda als Sternbilder dargestellt*, in Okens Isis 1820. — [7] F. H. v. d. Hagen, *Die Nibelungen: ihre Bedeutung für die Gegenwart und für immer*, Breslau 1819; F. J. Mone, *Einleitung in das Nibelungenlied*, Heidelberg 1818; *Geschichte des Heidenthums* II, 292 ff.; P. E. Müller, *Sagabibliothek* II, 365 ff. — [8] K. W. Göttling, *Nibelungen und Gibelinen*, Rudolst. 1816 (s. dazu W. Grimm, *Kl. Schr.* II, 161 ff.); F. J. Mone, *Über die Heimath der Nibelungen*, in seinen »Quellen und Forschungen zur Gesch. der teutschen Litt. und Spr.« Bd. I (1830); E. Rückert, *Oberon von Mons und die Pipine von Nivella*, Lpzg. 1836; A. Giesebrecht, *Über den Ursprung der Siegfriedssage:* Germ. 2, 203 ff.; A. Crüger, *Der Ursprung des Nibelungenliedes* usw., Landsberg a./d. Warthe 1841 (s. dazu W. Grimms Brief an den Verfasser, AfdA. 7, 327). In neuerer Zeit hat u. A. G. Vigfússon in seiner Schrift zum »Grimm Centenary« (*Sigfred-Arminius and other papers*, 1886) Sigfrid wieder von Arminius hergeleitet, ebenso H. Jellinghaus, *Arminius und Siegfried*, Kiel u. Lpzg. 1891 (vgl. L. Schmidt, Germ. 36, 315 f.). Verbindung der Sage von Arminius mit einem Mythus zur Sigfridssage hält R. Much, ZfdA. 35, 370 für möglich (s. auch unten § 28).* — [9] Uhland, *Schr.* I, 138. — [10] *Briefwechsel des Frhrn. von Meusebach mit J. und W. Grimm* S. 366. — [11] *Deutsche Altertumskunde* V, 61. — [12] s. *Deutsche Altertumskunde*, I, VII. — [13] W. Müller, *Versuch einer mythologischen Erklärung der Nibelungensage*, Berlin 1841; *Die geschichtliche Grundlage der Dietrichssage*, in Hennebergers Jahrbuch für deutsche Literaturgesch. I (1855), 159 ff.; *Über Lachmanns Kritik der Sage von den Nibelungen:* Germ. 14 (1869), 257 ff.; *Mythologie der deutschen Heldensage*, Heilbronn 1886; *Zur Mythologie der griechischen und deutschen Heldensage*, ebda 1889. — [14] R. Heinzel, *Über die Nibelungensage*, Wien 1885 (aus den Wiener SB CIX); *Über die Walthersage*, ebda 1888 (aus den Wiener SB CXVII); *Über die ostgothische Heldensage*, ebda 1889 (aus den Wiener SB CXIX). — [15] S. Bugge, *Studier over de nordiske Gude- og Heltesagns Oprindelse. Første Række*, Christiania 1881—89 (deutsch von O. Brenner, München 1889); *Anden Række: Helge-Digtene i den ældre Edda, deres Hjem og Forbindelser*, Kbhvn 1896; vgl. E. Mogk, oben III, 245 f.

§ 5. Wie in der mythologischen, so hat auch in der sagengeschichtlichen Forschung die Einseitigkeit, womit man aus éinem Erklärungsprinzip die bunte, vielgestaltige Reihe der germanischen Heldensagen auszudeuten versucht hat, grossen Schaden angerichtet. Die historische, die mythische, die rein poetische Erklärungsweise haben unzweifelhaft alle drei ihre volle Berechtigung, nur nicht in ihrer Vereinzelung, sondern mit und neben einander.

Ausgangspunkt für eine methodische Erforschung der Heldensage sollte allerdings stets die Geschichte sein. Das frühere Mittelalter betrachtete die Sage durchaus als wahre, wenn auch längst vergangene Geschichte. Ekkehard von Aurach (*Hds.* Nr. 23), Otto von Freising (*Hds.* Nr. 24), Gottfried von Viterbo (*Hds.* Nr. 32. *ZE* Nr. 37, 2) bemerken wohl, dass Ermanarich, Attila und Theodorich nicht Zeitgenossen gewesen sein können, bezeugen aber eben durch ihre Kritik die geschichtliche Geltung der Sage, und der

* [In seinem Aufsatze *Der Ursprung der Siegfried-Sage* (Zs. f. vgl. Litteraturgesch. N. F. XI, 113 ff.) greift G. Sarrazin wieder auf Sigibert und die austrasische Geschichte zurück. — *Korrekturnote.*]

zuletzt genannte Historiker scheut sich nicht, den *Hermenricus* und den *Theodomarus* auf Grund der Sage, nicht der Geschichte, als *Veronensis* zu bezeichnen. In der That nimmt die Heldensage, d. h. der Stoff der ältesten epischen Heldendichtung, überall ihren Ursprung von der Geschichte, richtiger von dem Berichte über das Geschehene. Wie der blinde Sänger in der Odyssee zeitgenössische Begebenheiten besingt, so bringen griechische Schriftsteller episch gehaltene Erzählungen über Ereignisse der persischen und medischen Geschichte, welche in eine recht naheliegende Vergangenheit zurückreichen und demnach sehr schnell Gegenstand der Volkssage oder der Volkspoesie geworden sein müssen [1]. Die altfranzösische Volksepik ist in ihrem Kerne nichts anderes als die poetische Geschichte der um die Herrschaft Galliens ringenden und durch Karl den Grossen sie erringenden Franken. Besonders lehrreich ist die Mitteilung Snouck Hurgronjes, auf welche auch Nöldeke kürzlich aufmerksam gemacht hat, dass noch in unsrer Zeit in Atjeh (auf Sumatra) ein mündlich fortgepflanztes volkstümliches Epos über die Ereignisse der unmittelbaren Vergangenheit entsteht. Ein Volksdichter, an älteren Mustern geschult, der aber weder lesen noch schreiben kann, besingt die Heldenthaten der Atjeher in ihrem Kampfe gegen die Niederländer. Jeder Vortrag bringt Änderungen, Zusätze und Kürzungen; neue Episoden werden eingefügt, je nachdem eigene Anschauung oder der Bericht von Augenzeugen ihm neuen historischen Stoff bieten [2]. Denselben Gang dürfen wir überall voraussetzen. Das erschütternde Geschehnis, das den eignen Stamm oder den Nachbarstamm trifft, an einem ruhmvollen Namen haftend, wird aufgegriffen und durch den epischen Gesang, das älteste Mittel der geschichtlichen Überlieferung, verbreitet, ohne Kritik und ohne Kontrole, zu Verwechslungen und Übertreibungen die Gelegenheit reichlich darbietend, aber doch zunächst von bewusster Erfindung und willkürlicher Ausschmückung sich fern haltend. Das Individuelle ist der Stoff des nationalen Epos, das sich erst später mehr verallgemeinert: symbolische Formen, wobei Helden und Heldinnen als Vertreter ihrer Länder erscheinen, sind der naiven Heldendichtung der älteren Zeit fremd. In welcher Form z. B. der Untergang eines Volkes in der Sage poetisch festgehalten wird, zeigt die Vernichtung der Burgunden in der Nibelungensage deutlich genug. Die Lebenskraft, die dem historisch-epischen Liede innewohnte, wird durch verschiedene Umstände bedingt gewesen sein, die wir freilich nur vermuten können (vgl. § 2): die grössere oder geringere Beliebtheit der besungenen Helden, das mehr oder weniger Ergreifende und allgemein menschlich Rührende der Begebenheiten, welche ein episches Lied verherrlichte, aber auch die Kunst und Geschicklichkeit des Rhapsoden und die Schicksale des Stammes, bei welchem die historische Sage entstand und zuerst Verbreitung fand, werden hier in Frage kommen. Siegreiche Schlachten und ruhmreiche Thaten, folgenschwere Niederlagen und tückische Anschläge, die Eindruck auf die Mitlebenden machten, fehlten gewiss nirgends wo Germanen sassen, allein offenbar nur in einzelnen Fällen haben sie über die Grenzen des eigenen Stammes hinaus und lange nachdem die Ereignisse selbst ihr historisches Interesse verloren hatten, Verbreitung und dichterische Pflege gefunden. Wenn gotische und burgundische Überlieferung einen so hervorragenden Platz unter den Stoffen der germanischen Heldensage einnimmt, so werden zur Erklärung dieser Thatsache die hohe Begabung der ostgermanischen Völker und die eindrucksvolle Tragik ihrer Geschicke gleicherweise in Betracht zu ziehen sein. Aber selbstverständlich musste die historische Sage, je weiter sie sich von ihrem natürlichen Nährboden und von der zeitgenössischen Erinnerung entfernte, sich stets stärker von ihrer geschichtlichen Wurzel loslösen. Die Figuren der Geschichte wachsen durch die Phantasie des Volkes und die Kunst des Dichters zu idealen Gestalten empor, bei denen zwar noch die Namen und manchmal die Grundzüge ihres poetischen Charakters an das historische Urbild gemahnen, ihre geschichtlichen Thaten aber, nicht mehr verstanden in ihren Beweggründen und Veranlassungen, durch neue Motivierungen und neue Verbindungen oft bis zur Unkenntlichkeit entstellt, ja geradezu in ihr Gegenteil verwandelt sind. Was hat die Guđrún der Edda oder gar die Kriemhild der Nibelungen noch mit jener Ildico gemein, an deren Seite ruhend der historische Attila an einem Blutsturze verschied? Und ist nicht andererseits Dietrich von Bern, der Lieblingsheld der oberdeutschen Sage, allem Wandel der geschichtlichen Faktoren zum Trotz, in allen Hauptzügen seiner Erscheinung, seiner milden Gerechtigkeitsliebe, seiner überlegenen Ruhe und Grösse der Gesinnung, seiner friedfertigen Langmut und doch auch unwiderstehlichen Tapferkeit, dem historischen Charakterbilde des edlen Ostgotenkönigs, dem selbst der Feind seine Bewunderung nicht versagte, merkwürdig treu geblieben? Die Schnelligkeit, womit die Umsetzung des historischen Helden in eine Gestalt der Sage sich vollzieht, ist oft überraschend. Und auch dafür fehlt es nicht an Analogien in der Epik anderer Nationen. Schon um 600 n. Chr. ist der Gründer des zweiten persischen Grossreiches Ardaschîr zur rein sagenhaften Persönlichkeit und sogar zum Drachenkämpfer geworden[3]. Ein Jahrhundert nach der geschichtlichen Begebenheit erscheint Karlmanns Vasall Autcharius beim Mönch von Sanct Gallen als Mann des Königs Desiderius in Pavia, um nach verschiedenen Metamorphosen als Karls Paladin zu enden[4]. Und ist nicht aus dem grossen Karl selber nach wenigen Jahrhunderten in der Epik der Franzosen schon völlig eine fabelhafte Figur erwachsen! Mit dem Schwinden der örtlichen und zeitlichen Gebundenheit tritt auch eine Vermischung der historischen Überlieferungen ein. Die epischen Lieblingshelden, die grossen Gestalten der Sage, ziehen mit magnetischer Kraft ältere und jüngere geschichtliche Elemente an sich, die durch Anlehnung an ihre grösseren und populäreren Genossen dem Untergange entrissen werden. Wie im Reformationszeitalter die geschichtliche Figur des fahrenden Scholasten Johann Faust der Liebling der Zaubersage wird, auf dessen Scheitel frei umherschwebende Züge und Streiche von allerhand Zauberern und Gauklern sich häufen, so hat auch die Heldensage, durch Übereinstimmung in den Namen, Ähnlichkeit der Schicksale, Gleichheit der Motive, oder auch durch blosse dunkle Erinnerung geleitet, Thaten verschiedener historischen Persönlichkeiten auf eine einzige übertragen. Lehrreiche Beispiele bietet die in ihrer Entwicklung so viel klarer und greifbarer als die germanische vorliegende und daher für die Methodik sagengeschichtlicher Forschung so instruktive französische Heldensage. Karl der Grosse sammelt in seiner glänzenden Figur die Überlieferungen von Vorfahren und Nachkommen, die an sich nicht mehr die Kraft besassen, die Phantasie des Volkes zu erregen und die Kunst des Dichters zu beflügeln: so vertritt er Karl Martell in den Haimonskindern, Karl den Kahlen im Epos von Huon von Bordeaux. Ähnlich sind in dem Helden des Sagenkreises von Guillaume d'Orange Erinnerungen an drei historische Wilhelme und ihre Thaten zusammengeflossen.

In den so gebildeten Kreis der historischen Heldensage treten Vorstellungen und Überlieferungen aus älterer Zeit, die wir mythische zu nennen pflegen. Der Ausdruck ist berechtigt, insofern sie derselben Wurzel entstammen, wie diejenigen Vorstellungen und Überlieferungen, welche den mythologischen Grundstoff bilden; auch sie haben ihre Wurzel in dem Glauben an das Übersinnliche; auch sie knüpfen sich an die täglich oder periodisch wiederkehrenden Naturvorgänge, an die eindrucksvollen Begebenheiten im Leben des Einzelnen oder der Familie, an tiefgreifende Umwälzungen in den realen Lebensverhältnissen und den Kulturzuständen; auch sie finden ihre Nahrung in der vergrössernden und übertreibenden Phantasie und ihre Lebensfähigkeit durch die gestaltenbildende Dichtung. Die Bezeichnung »mythisch« ist aber irreführend, wenn man mit ihr die Auffassung verbindet, dass die Helden der Sage, soweit ihr Ursprung nicht geschichtlich ist, verblasste oder vermenschlichte Götter seien. Dieser durch Jacob Grimm verbreiteten Meinung haben sich schon Wilhelm Grimm und Uhland nur sehr bedingt angeschlossen und ist in neuerer Zeit namentlich E. H. Meyer mit Erfolg entgegengetreten [5]. Neben dem Göttermythus zeigt sich bereits in den ältesten Denkmälern der Indogermanen, in den Hymnen des Rigveda, im Avesta und in der Ilias, der Heroenmythus fertig ausgebildet, und die Annahme, dieser sei aus jenem sekundär hervorgegangen, findet keine Stütze in den thatsächlichen Verhältnissen. Vielmehr sind Göttermythus und Heroenmythus zwei Äste aus demselben Stamme: von einander unabhängig sind sie aus gleichen Vorstellungen erwachsen, die aber in den Kreisen der Priester und im Rahmen des Kultverbandes andere Gestalt annehmen mussten als in den Kreisen der Edlen und in der Pflege einer auf Unterhaltung abzielenden Standespoesie. Für die Germanen bezeugt Tacitus (Germ. c. 2) die Ausbildung des Heroenmythus, und, was namentlich wichtig ist, indem er seiner Notiz von den alten Liedern, in denen die Germanen den mythischen Ursprung ihres Volkes verherrlichten, die Bemerkung hinzufügt *quod unum apud illos memoriae et annalium genus est,* deutet er damit an, dass diese Mythen schon damals als alte, längst vergangene Geschichte galten. Hier liegt der eigentliche Grund für die Verschmelzung von Heroenmythus und historischer Sage: die Verschiedenheit ihres Ursprungs wurde nicht mehr empfunden. Das Bedürfnis, die in der Geschichte wurzelnden Helden immer strahlender erscheinen zu lassen und mit einem übernatürlichen Glorienscheine zu umgeben, erleichterte ihre Verschmelzung mit den älteren Heroen, welche sich in gleichem Masse vermenschlichen, als die historischen Helden eine Neigung zum Übermenschlichen zu zeigen beginnen. In dem Augenblicke, wo sie in die epische Heldensage eintreten, haben diese mythisch-heroischen Elemente bereits eine lange geschichtliche Entwicklung hinter sich. Der Sagenforschung erwächst die schwierige, oft unlösbare Aufgabe, im einzelnen Falle zu entscheiden, ob Vermenschlichung eines Heroen oder Heroisierung einer historischen Figur vorliegt, ob sich an einen alten Heroenmythus spätere geschichtliche Data angesetzt haben oder eine geschichtliche Sage mit einem mythischen Überwurf nur leicht umhüllt worden ist. Gewiss ist in der Sigfridssage oder der Sage von den Harlungen die mythisch-heroische Grundlage ebenso unverkennbar, als die historische in der Burgundensage oder der Dietrichssage. Aber beispielsweise in der Beurteilung der Waltharisage herrscht keine Einstimmigkeit, und wer will mit Sicherheit entscheiden, ob Helden wie Witege und Heime von Hause aus historisch oder mythisch gewesen sind, wenn auch für jenen Anknüpfungspunkte an die Geschichte unleugbar vorhanden sind?

Die Geschichte und der Heroenmythus liefern die Elemente, aus denen sich der Rohstoff der Heldensage zusammensetzt: ihre Verarbeitung und Ausgestaltung ist das Werk der Poesie, die, unerschöpflich in Variationen, Verschmelzungen und Motivbereicherungen, der Phantasie ihr gutes Recht lässt und auch ethischen Wünschen die Gewährung nicht versagt. Schon die epischen Sänger der Völkerwanderungszeit, die ältesten Träger der Tradition wie sehr sie sich auch als Mund der Sage fühlen mochten, waren doch vor allem Dichter, und die Annahme, dass die Sage nicht schon in ihrer frühesten Ausbildung ihres Geistes einen Hauch verspürt hätte, wäre unnatürlich. Von der Wahrheit der Überlieferung waren sie freilich überzeugt, aber durch, Motivierungen und Zuthaten glaubten sie der Wahrhaftigkeit ihres Berichtes nicht zu schaden. Je weiter die Sage sich dann von ihrer Wurzel entfernt, je mehr ihre Entwicklung fortschreitet, um so kräftiger treten naturgemäss die poetischen und ethischen Motive in den Vordergrund. Diese Entwicklungsgeschichte der Sagenstoffe, die Verfolgung ihres allmählichen Wachstums und ihrer poetischen Umformung, ist bis zu einem gewissen Grade unabhängig von der Vorstellung, die sich der Forscher von ihrer Entstehung gebildet hat, und bietet eine Fülle der wichtigsten und anziehendsten Detailprobleme. Von diesem Teile der sagengeschichtlichen Forschung gilt in Wahrheit das bereits oben (S. 611) citierte Wort W. Grimms, dass man bei der Betrachtung des Epos die mythische Bedeutung so gut auf der einen Seite wegschieben könne, als auf der andern den historischen Inhalt[6].

[1] Th. Nöldeke, *Das iranische Nationalepos* (Sonderabdr. aus dem Grundr. der iran. Phil.) S. 2 f.; auf diese meisterhafte Arbeit sei ihrer allgemeinen Bedeutung für die Methodik der Forschung wegen an dieser Stelle überhaupt hingewiesen. — [2] C. Snouck Hurgronje, *De Atjèhers*, II (Batavia und Leiden 1894), 106 ff. — [3] Nöldeke a. a. O. S. 6. — [4] C. Voretzsch, *Über die Sage von Ogier dem Dänen und die Entstehung der Chevalerie Ogier*, Halle 1891; *Die franz. Heldensage* S. 15 f. — [5] E. H. Meyer, *Indogermanische Mythen*, 2 Bde., Berl. 1883—1887; s. auch AfdA. 14, 62; *Germanische Mythologie* § 379 f. — [[6] S. jetzt auch Jiriczek, *DHS.*, I, Vorwort].

§ 6. Erstes Erfordernis methodischer Sagenforschung ist eine sorgfältige Kritik der Quellen; in Verbindung mit gewissenhafter Verwertung der Zeugnisse bildet sie die notwendige Grundlage, auf welcher die Zerlegung der Sagenüberlieferung in ihre Elemente und der Wiederaufbau der ursprünglichen Sage sich erheben kann. Niemand hat schärfer als Müllenhoff den Grundsatz betont, dass jede Sage ein bestimmtes historisches Produkt und zunächst als solches zu erforschen sei[1]. Das Problem der Heldensage ist wesentlich ein historisches ähnlich, aber in noch höherem Grade, wie für den Mythologen gilt für den Sagenforscher die Forderung, dass er jedes sagengeschichtliche Denkmal vor allem als litterarhistorische Erscheinung betrachte, d. h. als Erzeugnis einer bestimmten Zeit und einer bestimmten Gegend, dass er sich die historischen Bedingungen klar mache, die die Quelle voraussetzt, und dem Ideenkreise Rechnung trage, in welchem ihr Verfasser zu Hause war. Allein andererseits darf nicht übersehen werden, dass der Inhalt sagengeschichtlicher Denkmäler durchweg in weit ältere Zeit zurückreicht, sodass aus dem höchsten Altertum stammende Züge, entweder unverstanden und treu erhalten, oder falsch verstanden und umgemodelt, oft genug hart neben jüngeren Elementen lagern, die erst der jeweiligen Zeit des Dichters ihre Einführung verdanken. Es ist ebenso unrichtig, diese für die Herstellung der ursprünglichen Sagengestalt zu verwenden, als die Bedeutung jener für diesen Zweck zu unterschätzen *.

* Diese Sätze waren niedergeschrieben, als E. Mogks am 11. Mai 1895 in Leipzig gehaltene, aber erst vor kurzem gedruckte (Neue Jahrbb. für das klass. Altert. usw. 1, 68 ff.) akademische Antrittsvorlesung *Die germ. Heldendichtung mit besonderer Rücksicht auf die Sage von Siegfried und Brunhild* mir durch die Güte des Verfassers zukam. In der Betonung des oben hervorgehobenen Grundsatzes stimme ich Mogk völlig bei, aber

In zweiter Linie steht die Verwendung des in mythischen Vorstellungen, Sagen und Märchen noch vorhandenen germanischen Volksglaubens. Die Vergleichung der Heldensagen anderer Völker darf, soweit es sich dabei nicht um blosse methodologische Ähnlichkeiten der Entwicklung handelt, nur mit äusserster Vorsicht und Zurückhaltung geschehen; es kann nicht genug betont werden, dass der vergleichenden Mythologie und Sagenkunde noch die sichere Methode abgeht, die nach bestimmten Kennzeichen zu entscheiden gelernt hätte, wo bei analogen Erscheinungen Urverwandtschaft, wo litterarische Entlehnung, wo unabhängige Ausbildung gleicher Motive und Formen anzunehmen ist. Die Sage von Hildebrand und Hadubrand (§ 46) liefert ein lehrreiches Beispiel dafür, wie die Annahme selbständiger Entstehung eines naheliegenden und in den Lebensverhältnissen begründeten poetischen Motivs bei verschiedenen Völkern dennoch die Möglichkeit nicht ausschliesst, dass die näheren Übereinstimmungen zwischen einzelnen Gruppen der Überlieferung in Stoffwanderung oder litterarischer Herübernahme ihre Erklärung finden können. Zu der Gestaltung der Sage von Wieland dem Schmied (§ 62 ff.) haben ohne Zweifel mythische Vorstellungen die Grundlage abgegeben, welche sich bei zahlreichen indogermanischen und nichtindogermanischen Völkern wiederfinden, allein es bleibt ein vergebliches Beginnen, die in den weitverbreiteten Schmiedesagen partiell auftretenden Analogien als Bausteine für eine Entwicklungsgeschichte der germanischen Wielandsage zu verwerten: uralter Gemeinbesitz, unabhängige Ausgestaltung und frühe Motivwanderung sind hier im einzelnen nicht mehr zu sondern. Zur Vorsicht dürfen auch die Folgerungen gemahnen, die ein so behutsamer Forscher wie Uhland an gewisse Ähnlichkeiten zwischen der Wolfdietrichsage und den Abenteuern des Isfandiyār im Schahname geknüpft hat (*Schr.* I, 177 ff.; vgl. W. Scherer, *Kl. Schr.* I, 693).

Im Folgenden ist, nach einigen allgemeinen Bemerkungen über die Grund lage der germanischen Heldensage und ihre älteste Verbreitung bis zum Anheben unserer zusammenhängenden Quellen, zweierlei angestrebt: 1) eine kritische Übersicht über das Quellenmaterial; 2) eine Darstellung des gegenwärtigen Standes der Forschung in Bezug auf die einzelnen Sagen und Sagenkreise. Auf eine Auseinandersetzung mit abweichenden Ansichten konnte nur selten eingegangen werden. Leider verbot der verfügbare Raum auch eine Darstellung des Inhalts der Sagenquellen, der allerdings zum Verständnis der folgenden Erörterungen als bekannt vorausgesetzt werden muss. Unübertroffen sind die Nacherzählungen Uhlands (*Schr.* I, 30—88).

[1] S. Müllenhoffs Vorrede zu Mannhardts *Mythologischen Forschungen* (QF. Heft 51).

GRUNDLAGE UND ÄLTESTE VERBREITUNG.

§ 7. Obgleich Tacitus neben anderen Liedern auch Heldenlieder der Germanen erwähnt, in denen Arminius noch nach mehr als einem Jahrhundert gefeiert wurde (Ann. II, 88), auch Anknüpfung der geschichtlichen Sage an den Mythus durchblicken lässt (Germ. c. 2), so scheint sich doch von diesen frühen Überlieferungen in der epischen Poesie der germanischen Völker nichts erhalten zu haben. Alle Versuche, in dem Sigfrid der Nibelungensage den Sieger der Schlacht im Teutoburger Walde zu entdecken (s.

der Durchführung desselben im Einzelnen vermag ich so wenig beizupflichten wie seiner Deutung der Sage von Sigfrid und Brunhild (s. unten § 28). Selbstredend wird zu eingehender Kritik die in Aussicht gestellte wissenschaftliche Begründung der in diesem Aufsatze vorgetragenen Ansichten abzuwarten sein.

oben § 4 Anm. 8 und unten § 28), müssen als verfehlt betrachtet werden. Auch deutet nichts darauf, dass wir unter den von Tacitus bezeugten Liedern zum Preise des Arminius epische Einzellieder zu verstehen haben; vielmehr führen noch Zeugnisse aus späterer Zeit zur Annahme chorischen Massengesangs (s. § 9). Das eigentliche historische Bewusstsein der Germanen datiert erst von der Völkerwanderung; wie bei anderen indogermanischen Völkern, so bilden auch bei ihnen die Thaten ihres Heldenzeitalters (etwa 400—600) die Grundlage ihrer cyklischen Sage und Epik.

Die ältesten historischen Helden, die in die Sage eingetreten sind, begegnen bei den Ostgoten. Ostrogotha (um 250), der nach Jordanes (de reb. get. c. 14) der dritte in der Genealogie der Amaler war und nach dem Zeugnisse Cassiodors (Var. XI, 1; vgl. *ZE* Nr. 1) *patientia enituit,* ist dem Widsið bekannt, spielt aber sonst in der Heldensage keine Rolle, Mehr als ein Jahrhundert später (375) gab der kriegerische König Ermanarich beim Einfall der Hunnen sich selber den Tod, und sein tragischer Selbstmord aus Verzweiflung über den drohenden Zusammenbruch der ostgotischen Herrschaft wurde für sein Volk der Anfang einer langen Periode nationaler Unselbständigkeit und unsteten Wanderlebens: schon bei Jordanes ist er ein Held der Sage geworden. Vor allem aber wurde der grosse Ostgotenkönig Theodorich (475—526), Theodemers Sohn, der Besieger Odoakers und Eroberer Italiens, der beliebteste Held der deutschen Sage. Das von ihm in Italien und den Donauländern gegründete Reich war dreissig Jahre nach seinem Tode bereits zerstört, ohne dass von diesem dreissigjährigen Zeitraum heldenmütigen Ringens die Sage einen deutlichen Nachklang gerettet hätte. Sogar der zu epischer Verherrlichung in so hervorragender Weise einladende Fall des letzten Ostgotenkönigs Teja in der Schlacht am Vesuv (553) hat keinen Eingang mehr in den gotischen epischen Cyklus gefunden. Die mit den Goten nahe verwandten ostgermanischen Burgunden, ursprünglich zwischen Oder und Weichsel sesshaft, erhielten 413 unter ihrem Könige Gundahari (Gundicarius) Wohnsitze am linken Rheinufer in der Germania prima, wurden aber schon 435 und 437 in zwei Schlachten von Aëtius und den Hunnen fast vernichtet. Der Rest ihres Volkes gründete 443 ein neues burgundisches Reich im alten Sapaudia (Savoyen) zwischen Genf und Lyon, wo sie schnell romanisiert wurden und schon 538 den Franken erlagen. Das Geschick der Ostgoten wie das der Burgunden ist mit den Hunnen aufs engste verbunden. In der ersten Hälfte des fünften Jahrhunderts herrschte Attila, erst mit seinem Bruder Bleda gemeinschaftlich, seit 444/45 allein, über ein weites Reich; Ostgoten, Gepiden, Heruler kämpfen unter seinem Banner, sein Hof ist gotisch eingerichtet, sein Name ist ganz oder zum Teil gotisch, in seiner Umgebung befindet sich Theodemer, Theodorichs Vater. Mit der grossen Völkerschlacht in der catalaunischen Ebene (451) wendet sich Attilas Glück. Dieser Sieg der mit den Römern verbündeten Westgoten über die Hunnen und ihre ostgotischen Bundesgenossen muss den Stoff eines westgotischen Liedercyklus gebildet haben. Durch fränkische Vermittlung scheint die Sage über England nach dem skandinavischen Norden gelangt zu sein, wo sie nach Heinzels glücklichem Nachweise, mit heimischen Überlieferungen verbunden, in der Hervararsaga fortklingt. Die Schlacht ist dort auf die *Dúnheiðr* verlegt [1]. Zwei Jahre später (453) flog die Kunde von Attilas plötzlichem Tode in der Brautnacht durch die deutschen Lande. Unter den Kämpfen seiner Söhne mit den Häuptlingen der unterworfenen Germanenstämme stürzte das mächtige Hunnenreich zusammen; in einer mörderischen Schlacht in Pannonien wurde durch den Fall von Attilas Lieblingssohne Ellak und die Flucht der andern Söhne das Loos der Barbaren besiegelt, die unterjochten Stämme errangen ihre Freiheit wieder, und auch ein letzter Versuch der Hunnen, in das Gebiet der Ostgoten einzubrechen, wurde von Theodorichs Oheim Walamer erfolgreich vereitelt (454/55). Dieses Ereignis ist ungefähr gleichzeitig mit Theodorichs Geburt.

Von den westgermanischen Völkern haben namentlich die Franken an der ersten Ausbildung der Heldensage einen entscheidenden Anteil gehabt. Etwa um dieselbe Zeit, wo Theodorich das ostgotische Reich in Italien stiftet, gründet der Merowinger Chlodowech (481—511) das fränkische Reich. Sein unehelicher Sohn Theodorich erweitert die Grenzen seines Gebietes, Austrasiens, durch die Zerstörung des thüringischen Reiches (etwa 530), dessen letzter König Irminfrid durch sächsische Sagenüberlieferung seinen Weg in die süddeutsche Nibelungendichtung gefunden hat. Das Andenken an diesen fränkischen Theodorich und an die Machtstellung seines Sohnes Theodebert (534—547), dem auch die Alemannen und Bajuwarier sich unterwerfen mussten, bewahrt die Sage von Hug- und Wolfdietrich. Aber auch das ags. Epos enthält Erinnerungen an die Zeit der Merowinger: in dem Géatenkönige *Hygelác* des Béowulfepos erblickt man mit Recht jenen dänischen (gautischen) König Chochilaicus, der zwischen 512 und 520 plündernd in den Gau der salfränkischen Chattuarier (ags. *Hetware*) einfiel, aber von Theodebert an der Spitze eines Heeres von Franken und Friesen geschlagen und getötet wurde. Ein späterer Merowinger, Chilperich (561 bis 584), der neben seinem Stammlande Neustrien durch die Ermordung Sigiberts Austrasien an sich riss, scheint wenigstens dem Namen nach in dem *Hjálprekr,* bei dem nach den nordischen Quellen Sigurd aufwächst, und in dem *Helferîch,* der in den deutschen Gedichten von Dietrich von Bern eine Rolle spielt, fortzuleben. Von den ingväischen Stämmen, die ursprünglich an der mittleren oder am linken Ufer der unteren Elbe sassen, haben die Langobarden spärliche Spuren im Epos hinterlassen. Im 6. Jahrh. in fortwährenden Kämpfen im Donaugebiete beschäftigt, besetzten sie 568 unter Alboin Oberitalien und dehnten ihre Macht weithin nach Süden aus. Lieder über Alboin, die auch bei Baiern und Sachsen gesungen wurden, bezeugt Paulus Diaconus (I, 27), und langobardische Elemente haben sich unstreitig in der Sage von König Rother erhalten, wenn dieser auch mit dem als Gesetzgeber bekannten langobardischen Könige Rothari (636—650) kaum mehr als den Namen gemein hat. Wahrscheinlich aber ist schon in der langobardischen Überlieferung auf ihn die Geschichte von der Brautwerbung seines Vorgängers Authari († 590) um die bairische Prinzessin Theudelind übertragen, wovon Paulus Diaconus (III, 30; vgl. Grimm, *Deutsche Sagen* Nr. 402) einen zweifellos aus einem schönen Liede geschöpften sagenhaft gefärbten Bericht erhalten hat. Mit dem Ende des 6. Jahrhunderts ist das Heldenalter der Germanen abgeschlossen.

Dies sind im wesentlichen die geschichtlichen Begebenheiten, von denen die Ausbildung der Heldensage ihren Ausgangspunkt genommen hat. Alsbald wird Attila der poetische Vertreter alles hunnischen Wesens: er wird in der historischen Sage der Vernichter der Burgunden und sein Tod ein Racheakt für diese Frevelthat. Deutlich tritt so das ethische Element dem geschichtlichen unmittelbar an die Seite. Der Gote Theodorich wird mit seinem Vater Theodemer verwechselt und mit Attila in Verbindung gebracht. Von den Schicksalen des grossen Gotenkönigs wählt sich die Sage vornehmlich seine harte Jugendzeit aus, während welcher er mit seinem Volke ein unstetes Wanderleben führen musste, sowie den mühsamen Winterfeldzug und die fünf wechselvollen Kriegsjahre bis zur Eroberung Italiens. Die Gegnerschaft zwischen ihm und Odoaker wird zunächst von der Sage festgehalten, aber die Rollen der Gegner werden vertauscht; Italien wird als das Vaterland der Goten und Theodorichs Eroberung desselben als Rückkehr in sein Erbe aufgefasst. Wenn so der siegreiche Usurpator zum Flüchtling wird, so spielt wieder ein ethisches Motiv in die Sagenbildung hinein. Jede feste Chronologie ist aufgehoben. Und vor Allem ist ganz vergessen, dass die Bewegung gegen Rom gerichtet war; selbst Aëtius, der eigentliche Gegner der Burgunden, ist vergessen. Ein anschauliches Bild der aller Chronologie spottenden Gestalt, in welcher die Ereignisse und die Helden der Völkerwanderung etwa zu Anfang des 7. Jahrhunderts im epischen Gesange lebten, gibt der ags. Wídsíđ, der von Hof zu Hof wandernde Spielmann, der bei *Eormanríc* (Ermanarich) dem *Hréđcyning* gewesen ist, reiche Geschenke von dem Burgundenkönige *Gúđhere* empfangen hat und die Freigebigkeit des *Ælfwine,* des Langobarden Alboin, preist, mit dem er in Italien war.

[1] Heinzel, *Über die Hervararsaga*, Wien 1887 (aus den Wiener SB CXIV), namentl. S. 51 ff.; s. auch R. Much, ZfdA. 33, 4 ff.

§ 8. Allein, die Sage, die sich an den gotischen Theodorich anlehnte, die Sage Dietrichs von Bern, scheint in ihrem Kerne rein historisch geblieben zu sein; die Einführung des vor allem in den unteren Volksschichten beliebten Helden in mythische Sagentypen und die Anlehnung lokal beschränkter Riesen-, Drachen- und Zwergenkämpfe an seine Person sind nur äusserliche Zuthaten. Dagegen sind die Überlieferungen von der Vernichtung der Burgunden durch die Hunnen und von Attilas Tod mit dem Mythus von dem Welsung Sigfrid zum grossen Komplex der Nibelungensage verschmolzen; die historische Niederlage des Géatenkönigs Hygelác verband sich mit dem alten ingväonischen Heroenmythus von Beowa, der den Meerriesen Grendel bezwingt und im Kampfe mit einem Drachen den Tod giebt und empfängt; aus der Verbindung der geschichtlichen austrasischen Dietrichssage mit mythischen Zügen entstand die Sage von Hug- und Wolfdietrich, womit in späterer Zeit ein alter vandilischer Dioskurenmythus zusammenfloss; auch die in ihrem Ursprunge rein historische Sage von Ermanarich ist bei den Alemannen mit dem Mythus von den Harlungen verknüpft. In allen diesen Fällen erwächst der Sagenforschung die Aufgabe, die in der Überlieferung seit uralter Zeit verbundenen historischen und mythischen Bestandteile behutsam zu sondern und den Faktoren nachzuspüren, die eine Verschmelzung ermöglichten. Die ausgeschiedenen Mythen überliefert sie der Mythologie als Material. Sie selber aber verfolgt vor allem die geschichtliche Entwicklung der Sagen in allen ihren Phasen und richtet dabei ihre besondere Aufmerksamkeit auf die späteren Umgestaltungen, die rein mythische oder heroische Sagen durch den Einfluss verschiedener historischer Ereignisse und Zustände und veränderter Sitte erfahren haben. Auf diesem Wege ergiebt sich, dass die aus einem gemeinsamen Grundmythus entwickelten Sagen von Walthari und von Hilde nur äusserlich an die Geschichte geknüpft sind: jene wurde früh auf einen, möglicherweise historischen, seiner Heimat nach nicht ganz sicheren Helden übertragen und trägt in ihrer epischen Gestaltung unverkennbar das Gepräge der Völkerwanderungszeit; diese, bei den Nordseeanwohnern episch ausgebildet, ist in jüngerer Zeit ein poetisches Abbild der Dänen- und Normannenzüge geworden, in welchen gewissermassen die Nordgermanen ihre verspätete Völkerwanderung antraten. Ganz verschont geblieben von historischen Einwirkungen sind die Sagen von Wieland und von Orendel.

§ 9. Als im fünften und sechsten Jahrhundert, dem germanischen Heldenzeitalter, mit der Ausbildung des historischen Gesanges und der Heldensage die epische Poesie die hymnische ablöste oder ihr zur Seite trat, muss dieselbe wesentlich in den Kreisen der Könige und Helden gepflegt worden sein, denen sie galt. Bekannte und vielfach angeführte Zeugnisse lassen darüber keinen Zweifel bestehen. Der oströmische Gesandte am hunnischen Hofe Priscus berichtet von Gesängen auf Attilas Siege und Kriegstugenden beim Mahle (Hist. Goth. ed. Bonn. 205, 11). Die Stelle weist mit Bestimmtheit auf Rezitation historischer Lieder durch zwei berufsmässige Sänger, und, da wir diese unzweifelhaft als gotische zu betrachten haben werden, giebt sie ein vollgültiges Zeugnis ab für die Pflege des epischen Gesanges bei den Ostgoten um die Mitte des 5. Jahrhs. Jordanes c. 5 bezeugt in Übereinstimmung damit, dass an den Höfen der gotischen Könige die mächtigen Thaten ihrer Ahnen zur Zither besungen wurden. Wenn derselbe Schriftsteller von Liedern zu Ehren des bei Châlons gefallenen westgotischen Königs Theodorich berichtet (c. 41), und wenn in ähnlicher Weise die Leiche Attilas geehrt wurde (c. 49), so wird freilich an chorischen Totengesang zu denken sein. Für Westgoten und Burgunden sichert Apollinaris Sidonius den Heldengesang beim Gelage (Epist. I, 2. Carm. XII, 6); von den Vandalen besitzen wir die schöne Erzählung des Procop (d. bello Vand. II, 6) von dem durch das Heer des Belisarius in der numidischen Bergfeste Pappua eingeschlossenen Könige Gelimer (533), der sich vom Gegner ein Brod erbittet um seinen Hunger zu stillen, einen Schwamm um seine von Thränen geröteten Augen zu waschen, und eine Laute um auf ihr (πρὸς κιθάραν) ein selbstgedichtetes Lied von seiner Not zu begleiten. Wichtig ist die Mitteilung Cassiodors (Var. II, 40 f.), dass Chlodowech, der Gründer des fränkischen Reiches, sich von dem Ostgoten Theodorich einen »kunstgeübten Harfenspieler« (*citharoedum arte sua doctum*), also einen Rhapsoden, erbeten habe, um beim Mahle *ore manibusque consona voce cantando* zur Unterhaltung des Königs beizutragen. Mag auch Koegels Folgerung aus diesem Berichte (*Gesch. d. d. Litt.* I, 1, 129 ff. 135), die Sendung dieses Sängers bedeute den Anfang der epischen Dichtung bei den Westgermanen, übers Ziel hinausschiessen, zumal nicht feststeht dass der *citharoeda* ein Gote war, jedesfalls bezeugt er auch für die Franken um die Scheide des 5. und 6. Jahrhunderts den Brauch, Heldenlieder mit Harfenbegleitung beim Trunk vortragen zu lassen. Für das Ende des 6. Jahrhs. weist Venantius Fortunatus auf ähnliche Verhältnisse an den fränkischen Höfen (Carm. Praef. und VII, 8, 61 ff.)[1]. An beiden Stellen bezeichnet der Bischof, der auch nach Baiern und Alemannien gekommen war, die germanischen Gesänge als *leudos*, und dieses Wort (ags. *léođ*, ahd. *leod liod*, an. *ljóđ* pl., vgl. got. *liuþareis*, *liuþon*), zunächst wohl ein Ausdruck für das Zauberlied (E. Schröder, ZfdA. 37, 258), mag dann auch speziell für das epische Einzellied verwandt worden sein; der epische Sänger aber hiess, wenigstens bei den Westgermanen, *scop*[2]. Ein Bild germanischen Heldenlebens ist es, wenn im Béowulf 867 ff. ein Mann des Königs Hróđgár, im Zuge der Helden reitend, von dem Drachenkampf Sigemunds singt, den er in die ruhmvollen Thaten des Béowulf einflicht; an einer späteren Stelle des Gedichtes (2105 ff.) wird von dem König selber berichtet, dass er das Amt des Sängers (*Hróđgáres scop* 1066) in der Halle Heorot übernommen habe. Eine traditionelle rhapsodische Poesie, durch wandernde Sänger, wie sie ihren idealen Vertreter im Widsíđ fanden, von

Stamm zu Stamm getragen, ist die älteste Überlieferung der Heldensage. Die alemannische Walthersage ist im 8. Jahrh. in England bekannt; die rheinfränkische Nibelungensage muss bereits früher sowohl zu den Sachsen und vermutlich von ihnen aus weiter in den skandinavischen Norden, als auch in den Südosten Deutschlands gewandert sein; Lieder von Alboin wurden auch bei Baiern und Sachsen gesungen (oben S. 620). Diese älteste germanische Heldendichtung, wovon kein Überbleibsel auf die Nachwelt gekommen ist, trug also durchaus den Charakter einer adligen Standespoesie. Sie muss aber den Keim des Volkstümlichen in sich gehabt haben. Ihre Pfleger, die wandernden Sänger, sanken allmählich mit der zunehmenden Abneigung der Geistlichkeit gegen die heimische nationale Dichtung von ihrer gesellschaftlichen Höhe herab und wandten sich an die grosse Menge. Wie frühe der epische Heldengesang auch in die Kreise des Volkes drang, lässt sich allerdings nicht bestimmen. Dass dies jedoch in Niederdeutschland wenigstens nicht zu spät geschehen ist, darauf deutet die eigentümliche Entwicklung der sächsischen Sage. Der Quedlinburger Annalist freilich, der zu Ende des 10. Jahrhs. von *Thideric de Berne, de quo cantabant rustici olim,* spricht (Mon. Germ. SS. III, 31), braucht damit nicht auf längst vergangene Zeiten, sondern nur auf seine eigene Jugendzeit zu weisen[3].

Unsere älteste Urkunde der deutschen Epik, welche vielleicht noch zu Ende des 9. Jahrhs. der Erzbischof Fulco von Reims kannte (Mon. Germ. SS. III, 365; *Hds.* Nr. 17), ist verloren. Wenn Einhard (Vita Carol. c. 29) von Karl dem Grossen mitteilt: *barbara et antiquissima carmina, quibus veterum regum actus et bella canebantur, scripsit memoriaeque mandavit,* so kann nach dem Zusammenhange — es ist unmittelbar vorher die Rede von der Aufzeichnung von Volksgesetzen — nur an eine Niederschrift alter epischer Lieder gedacht werden. Ob man sich darunter mit Müllenhoff (ZfdA. 6, 435) ausschliesslich historische Lieder von den Merowingern wird vorstellen dürfen, ist mindestens zweifelhaft: mag auch der Poeta Saxo V, 117 (Mon. Germ. SS. I, 268 f.) bei seiner Notiz von den *vulgaria carmina,* die Karls Ahnen feierten, von Einhard abhängig sein, so kann doch seine Interpretation desselben lediglich auf Misverständnis beruhen. Der allgemeine Ausdruck *veterum regum actus et bella* weist eher auf Überreste der allgemein germanischen Heldenpoesie (Braune, PBB. 21, 5 Anm.). Aber gewiss werden die von Karl dem Grossen gesammelten Heldenlieder nicht mehr die alten heidnischen Gesänge der Völkerwanderungszeit gewesen sein, sondern ihre verchristlichten Umdichtungen, in denen die anstössigsten heidnischen Reminiscenzen getilgt waren, um sie den veränderten Anschauungen wenigstens einigermassen anzupassen. Wenn Theganus, der Biograph Ludwigs des Frommen, von diesem mitteilt, dass er die *poetica carmina gentilia,* die er in der Jugend gelernt, später verachtet habe (Mon. Germ. SS. II, 594; *Hds.* Nr. 12), so kann diese Stelle für das Vorhandensein heidnischer »Volksgesänge« in den Kreisen der karolingischen Fürsten und Edlen nichts beweisen, da, wie G. Kurth und W. Braune überzeugend nachgewiesen haben, sich unter den *gentilia carmina* dem Sprachgebrauch und dem Zusammenhang nach nur die lateinischen Dichtungen der Alten, etwa Vergils, Ovids, Lucans u. A., verstehen lassen[4]. Dass aber auch unter der christlichen Tünche die Heldendichtung der Geistlichkeit ein Dorn im Auge war, dürfen wir getrost annehmen. Und wie erfolgreich der Kampf des Christentums gegen die epische Dichtung in manchen Gegenden geführt wurde, erhellt aus der auffallenden Thatsache, dass Otfrid, dem es doch so nahe gelegen hätte, lebendiger Volksepik bei den Franken mit keinem Worte gedenkt. Sein Hinweis auf den *laicorum cantus obscenus* (ad Liutbert. Z. 6 f.) muss sich auf lyrische Dichtung beziehen [5].

Als einziges Überbleibsel der Epik jener Zeiten im inneren Deutschland kann das Fragment des Hildebrandsliedes, wie es um die Grenze des 8. und 9. Jahrhs. zwei niederdeutsche Schreiber nach einer hochdeutschen Vorlage wahrscheinlich in Fulda aufgezeichnet haben, nur eine ungenügende Vorstellung liefern von Form, Stil und Vortrag altdeutscher Heldendichtung. In der uns vorliegenden Gestalt ist es christlich, aber Inhalt und Darstellung reichen in eine ältere Zeit zurück. Es scheint unsere Phantasie hinzuweisen auf epische Lieder von mässigem Umfang, nicht gesungen, sondern rezitativisch vorgetragen mit Harfenakkorden auf den Hebungen, stabreimend, ohne strophische Gliederung in fortlaufenden Langzeilen vorschreitend, eine einzelne Episode aus der Sage hervorhebend, indem der Zusammenhang der Sage als dem Hörer bekannt vorausgesetzt wird, mit ähnlichen Liedern in Ton und Stil sich berührend; die Darstellung balladenartig, dramatisch bewegt, vorzugsweise dialogisch und nur auf den Höhepunkten der Handlung erzählend. Von solcher Art mögen die alten fränkischen oder sächsischen Lieder von den Nibelungen gewesen sein, die in den Norden drangen. Und es scheint, dass die meisten germanischen Völker auf dieser Stufe der Epik stehen geblieben sind. Bei den Skandinaviern wurde nicht einmal diese erreicht: vielmehr scheint sich im Norden als Zwischenglied zwischen der ältesten hymnischen Poesie und den erzählenden epischen Liedern eine aus Prosa und poetisch gefassten Einzel- oder Wechselreden gemischte Form der epischen Überlieferung entwickelt zu haben [6]. Ein Ansatz zu einem wirklichen Epos zeigt sich in dieser Zeit unter allen Germanen nur bei den Angelsachsen, allein auch der Béowulf bezeugt mehr den Verfall des epischen Einzelliedes als die Blüte der geschlossenen Epopöe. Erst im 12. Jahrhundert feiert in Oberdeutschland die Volksepik auf Grund der in der Volkstradition schlummernden Überlieferungen des germanischen Heldenzeitalters ihre Auferstehung, und das Nibelungenlied ist kein unwürdiger Ersatz für das Epos der früheren Jahrhunderte, dessen Ausbildung den Germanen durch die Ungunst der Verhältnisse versagt blieb.

[1] Müllenhoff, *Zur Gesch. der Nib. Nôt* S. 11; A. Köhler, Germ. 15, 27 ff. — [2] Die Belege bei Koegel, *Grundr.* [1] II, 1, 188. *Gesch. d. d. Litt.* I, 1, 140 ff. — [3] Vgl. *Hds.* 36 f.; Lachmann, *Kl. Schr.* I, 430; Wackernagel, *Gesch. d. d. Litt.* I [2], 96 Anm. 3; E. Schröder, ZfdA. 41, 32. An der Authenticität dieser Angabe muss ich gegen Koegel (*Gesch. d. d. Litt.* I, 2, 219) festhalten [s. jetzt auch Jiriczek, *DHS.* I, 183. 229, sowie zur Beurteilung des sagengeschichtlichen Wertes der Quedlinburger Annalen überhaupt unten § 18]. — [4] Kurth, *Hist. poét. des Mérovingiens* S. 55 f.; Braune, PBB. 21, 5 ff. 251 f. — [5] Heinzel, *Über die Nibelungensage* S. 46. [Eine andere Auffassung hat soeben Roediger, DLZ. 1897, Sp. 1817 angedeutet]. — [6] Müllenhoff, ZfdA. 23, 151 f.; Koegel, *Gesch. d. d. Litt.* I, 1, 97 ff.; s. auch Bugge, *Helge-digtene* S. 217 mit Anm.

§ 10. Die Art der Überlieferung und Verbreitung der Heldensage wurde entscheidend für ihre geschichtliche Entwicklung. Während einerseits die Stellung des epischen Sängers zur Gesamtheit seiner Stammesgenossen, für welche er auftrat und denen er verständlich sein musste, auf den Kern der Sage nur erhaltend wirken konnte, darf andererseits die Bethätigung des rein poetischen Gestaltungstriebes nicht zu gering angeschlagen werden. Griff der wandernde Sänger aus dem Zusammenhang der Tradition einen einzelnen Teil zu seinem Vortrage heraus, sang er seinen Hörern aufs neue das schon so oft Vernommene, so konnte er, so wenig auch der Gedanke an persönlichen Ruhm in ihm aufkommen mochte, auf neue Erfindung nicht ganz verzichten: dieselbe Thatsache konnte verschieden motiviert, verschieden eingekleidet, verschieden umrahmt werden, ein glücklicher Einfall konnte einer Lücke des Gedächtnisses entgegenkommen oder einem alten Stoffe neue Anziehungskraft verleihen. Gemeingut war nur der Stoff; seine dichterische Ausbildung war immer das Werk des Einzelnen, wenn es auch nicht sein geistiges Eigentum blieb. Wir können nun in der poetischen Entwicklung der Sage besonders häufig folgende, hier nur kurz zusammengestellte (dazu vgl. *Hds.* 390—413), Vorgänge beobachten. Es wird éin Ereignis oder éin Sagenzug in mehrere gespalten, wodurch Wiederholungen und Widersprüche entstehen: so der Drachenkampf der Sigfridssage in der Überlieferung des Sigfridsliedes, Dietrichs Zug gegen Ermanarich in deutschen Dietrichsepen. Dasselbe Grundmotiv erfährt parallele Ausbildungen, die sich dann durch ihre Ähnlichkeit gegenseitig beeinflussen: so die Sage von den älteren Welsungen und die Sage von dem Untergang der Burgunden, die Sagen von Wolfdietrich und Dietrich von Bern. Eine Sage wird umgestaltet oder erweitert durch Umwälzungen in den ethischen Anschauungen — man denke an Kriemhilds Verhalten nach Sigfrids Tod, an den Kampf zwischen Vater und Sohn in seinen verschiedenen Fassungen —; durch neue Einwirkung historischer Ereignisse oder neue Lokalisierung, wofür die Hildesage ein lehrreiches Beispiel ist; durch Einführung neuer Personen, wie das Eintreten Dietrichs und Rüdigers in die Nibelungensage; durch Aufnahme von Lokalsagen, wie der Laurin- und Eckensage in den Dietrichscyklus; durch Verbindung mit kleineren Heldensagen, wie etwa im Norden die Sage von den Welsungen die Helgensage in sich aufnahm. Zwei grosse Sagenkreise werden endlich verschmolzen: so hat sich im Norden die Sage von Ermanarich an die Nibelungensage, in Deutschland an die Dietrichssage angeschlossen, so sind in loserer Weise im Biterolf und in den Rosengärten Dietrichs- und Sigfridssage verbunden. Im Nibelungenliede ist der Untergang der burgundischen Könige im Hunnenlande eine Episode in Dietrichs Heldenleben geworden, und die norwegische Þiðrekssaga hat um die Figur des Berners sogar den gesamten sächsischen Sagenschatz gruppiert, der den Gewährsmännern des Sagaschreibers zugänglich war.

ÜBERSICHT ÜBER DIE QUELLEN*.

§ 11. Von nicht geringer Bedeutung sind urkundlich überlieferte Personen- und Ortsnamen für die Untersuchungen über Heimat, Ausbreitung, Bestand der Heldensagen oder für die Feststellung der Zeit ihres Bekanntseins in gewissen Gegenden. Um ihre Sammlung und Sichtung haben sich namentlich Mone[1] und Müllenhoff[2] Verdienste erworben. Das aus den altenglischen Namen für die Geschichte der germanischen Sage in England sich ergebende Zeugnismaterial hat neuerdings G. Binz[3] in trefflicher Weise zusammengestellt und verarbeitet, dessen einleitende Bemerkungen (S. 142 f.) auch die richtigen Gesichtspunkte für die kritische Verwertung dieser Quellen angeben. Namen der Heldensage sind schnell beliebt geworden als Personennamen, unter gewissen Einschränkungen darf ihr Vorkommen in Urkunden, Totenbüchern u. s. w. als Zeugnis für die Verbreitung einer Sage zu einer bestimmten Zeit und in einer bestimmten Gegend gelten. Namentlich ist

* In der folgenden Übersicht sind die einzelnen Denkmäler selbstverständlich nur in ihrer Bedeutung als Quellen für die Heldensage betrachtet; alle rein litterarhistorischen Fragen, die ja an anderen Stellen des »Grundrisses« ihre Behandlung finden, sind ausgeschlossen, sofern sie nicht den Wert des betreffenden Denkmals als Quelle für die Heldensage bestimmen.

das der Fall, wenn ein sagenberühmter Name in einer Lautform auftritt, die sich nur durch Entlehnung aus einer anderen Mundart erklärt, wie etwa die Namenform *Kudrun* in Oberdeutschland (Müllenhoff, ZfdA. 12, 315 ff.), oder wenn die eigentümliche Bedeutung des Namens den Gedanken an einen anderen Ursprung als die Sage ausschliesst, wie z. B. die Namen *Nibelung, Welisunc, Sintarvizzilo* (*ZE* Nr. 10, 1. 2. 14 a. ZfdA. 23, 161). Am sichersten aber ist der Beweis zu erbringen, wenn mehrere aus der Sage bekannte Personennamen in einem der Sage entsprechenden verwandtschaftlichen Verhältnisse der Träger in derselben Urkunde erscheinen. So findet sich ein *Sigifridus filius Sigimundus* (l. *-di*) c. 750 im Elsass, so treten *Sigifridus* und *Gunther* neben einander auf in einer Urkunde aus der Wormser Gegend a. 774 (ZfdA. 23, 160). In zwei Sanct Galler Urkunden vom Jahre 864 (*ZE* Nr. 14 b) kommen *Witigo* (*Witigouuo*) und *Wielant* (*Welant*) zusammen als Zeugen vor: waren sie, wie man vermuten darf, Sohn und Vater, so böte die Urkunde ein frühes Zeugnis für die Verbindung beider Helden auf deutschem Boden. Auch Ortsnamen haben als Quellen für die Heldensage, namentlich der Stetigkeit wegen, womit sie bis in späte Zeit an einer Örtlichkeit haften, nicht geringen Wert. Wenn sich in einer Urkunde des Jahres 931 *Beowan ham* und *Grendeles mere* zusammen finden, so dürfen wir daraus mit ziemlicher Sicherheit auf Lokalisierung des Béowamythus in Wiltshire schliesen (*ZE* Nr. 8. Binz S. 156 f.). Ferner sei noch beispielsweise auf den wichtigen Nachweis einer *Brunichildis domus* und ähnlicher Ortsbezeichnungen auf französischem Sprachgebiet hingedeutet[4]. Zusammenstellungen von oberdeutschen und rheinischen Ortsnamen, die an die Heldensage erinnern, haben F. Grimme (Germ. 32, 65 ff.) und John Meier (PBB. 16, 81 ff.) gegeben. — Demnächst sind nicht nur für die Verbreitung der Heldendichtung (§ 9), sondern auch für die Geschichte der Heldensage die bei den Historikern und sonstigen Schriftstellern des früheren und späteren Mittelalters erhaltenen Zeugnisse sorgfältig auszubeuten: für dieses Quellenmaterial kann an dieser Stelle nur auf die Sammlungen in W. Grimms *Hds.* und Müllenhoffs *ZE* hingewiesen werden. Die Dissertation von O. Haack, *Zeugnisse zur altenglischen Heldensage* (Lingen 1892) berücksichtigt nur die spezifisch englischen Sagenstoffe (vgl. Binz, Literaturbl. 1893, Sp. 203 ff.).

[1] Mone, *Untersuchungen zur Geschichte der teutschen Heldensage*, Quedl. und Lpzg. 1836; *Zeugnisse zur teutschen Heldensage:* Anz. f. Kunde der teutschen Vorzeit 5, 141 ff. 308 ff. 6, 171 f. — [2] Müllenhoff in den *ZE* und sonst passim. — [3] G. Binz, *Zeugnisse zur germ. Sage in England:* PBB. 20, 141 ff. (vgl. Kluge, Engl. Stud. 21, 446 f.). — [4] C. Hofmann, ZfdA. 28, 143 f.; J. Meier a. a. O. S. 81 f.

§ 12. Es seien hier sogleich die seltenen bildlichen Darstellungen von Stoffen der Heldensage angeschlossen, die aus älterer Zeit auf uns gekommen sind. Die älteste und für die Sagengeschichte wichtigste befindet sich auf dem sogenannten Clermonter Runenkästchen (Franks' Casket) im British Museum. Auf diesem Kästchen aus Wallrossbein ist auf der einen (vorderen) Seite, umgeben von einer Runeninschrift, die ags. Verse vom Wallfisch enthält, rechts die Geburt Christi dargestellt, links aber, wie zuerst Bugge erkannt hat, eine Szene aus der Wielandsage, deren Deutung für die Entwicklungsgeschichte dieser Sage nicht ohne Belang ist (s. unten § 62). Der sprachliche Charakter der Inschrift, die u. a. Erhaltung des *-u* nach langer Tonsilbe (*flōdu*) und des Diphthongs *eu* (*greut*) aufweist, verbietet das Denkmal tiefer herabzurücken als in den Anfang des 8. Jahrhs.[1]. — Im skandinavischen Norden hat die Sigfridssage Anlass zu bildlichen Darstellungen geboten, die neben dem Volksgesang die dauernde ungemeine Beliebtheit dieser Überlieferungen bezeugen. Aus Norwegen gehören hierher die Holzschnitzereien auf den Thüren der Kirche von Hyllestad im Sætersdal von der ersten Hälfte des 13. Jahrhs., die in einer Reihe von Bildern Regin und Sigurđ bei der Schmiedearbeit, Sigurđs Drachenkampf, das Braten und Kosten des Drachenherzens, das Ross Grani und die weissagenden Vögel, die Erschlagung Regins, endlich den mit den Zehen die Harfe rührenden Gunnar im Schlangenzwinger vorführen; ähnliche Darstellungen finden sich auf einer Thür der Kirche von Opdal (Numedal), auf einem Taufbecken der Kirche von Norum (Bohuslän), auf zwei Stuhllehnen von Hove (Telemarken) u. s. w.[2] In Schweden sind Einritzungen auf Steinen gefunden, die durch schlangenförmige Runeninschriften umringt, unzweifelhaft Darstellungen aus der Sigurđssage enthalten; es kommen namentlich in Betracht der Gøkstein und der Ramsundbergstein in Södermannland, aber auch in anderen schwedischen Landschaften, in Upland und Gestrike (der Ockelbostein), sind solche Denkmäler entdeckt[3]. Nicht gesichert scheint die Deutung der Figuren auf einem Steine in der Mauer der Kirche von Fahrenstedt in Angeln auf die Sigurđssage[4], ebensowenig Worsaaes Auslegung der Darstellungen auf den Goldbrakteaten, die namentlich auf dänischem Boden in grosser Zahl gefunden worden sind[5]. Unverwertbar für die Sagengeschichte ist auch die mehrfach erörterte Schnitzerei auf der »Kirchenthür« von Valþjófsstađr auf Island, die Dietrich von Bern oder Wolfdietrich, der durch die Erlegung eines Drachen einen Löwen befreit, darstellen soll. Die Deutung des Denkmals ist ebenso unsicher wie seine Datierung[6]. — In Deutschland sind bildliche Darstellungen aus der Heldensage selten und wenig bedeutungsvoll. Ein Freskencyklus im Schlosse Runkelstein bei Bozen aus dem Ende des 14. Jahrhs. zeigt Dietrich von Bern, Sigfrid und Dietleib mit ihren sagenberühmten Schwertern, drei Riesen und drei Riesenweiber[7]. Jünger sind die Laurinbilder in den Ruinen des Schlosses Lichtenberg im Vinstgau (*ZE* Nr. 50. Germ. 23, 29 f.). Auf anderes hierher Gehöriges kann nicht eingegangen werden (vgl. noch *Hds.* Nr. 172 b und S. 493. *ZE* Nr. 21, 4—7. 63, 3).

[1] Abbildungen in G. Stephens' *Old Northern Runic Monuments* I, 476 (in der Einleitung S. LXIX f. Bugges Deutung), in Grein-Wülkers *Bibliothek der ags. Poesie* Bd. I, sowie in Jiriczeks kleiner *Deutscher Heldensage* [illegible]. Litteratur in Wülkers *Grundriss zur Gesch. der ags. Litt.* § 373—377; vgl. Binz, PBB. 20, 188 und unten § 62. — [2] Einige wichtige norw. und schwed. Darstellungen sind reproduziert im Jahrgang 1870 der *Aarbøger for nord. Oldk.*; eine Reihe von norw. Holzschnitzereien (Portalen) aus der Sigurđssage ist abgebildet im 2. Bande von P. B. du Chaillu, *The Viking Age*, London 1889; die Holzthüren von Hyllestad und der Ramsundstein neuerdings auch bei Jiriczek a. a. O. — [3] C. Säve, *Sigurds-Ristningarne å Ramsunds-Berget och Göks-Stenen*, Stockh. 1869 (deutsch von Frl. J. Mestorf, Hamb. 1870); K. Hj. Kempff, *Bild- och Runstenen i Ockelbo*, Gefle 1887 (s. das Referat von Möbius, ZfdPh. 20, 251 f.); Bugge, *Studier* I, 503 ff. — [4] Germ. 15, 122 f. 17, 211 ff. — [5] J. J. A. Worsaae, *Om Forestillingerne paa Guldbracteaterne:* Aarb. for nord. Oldk. 1870, S. 382 ff. — [6] Sv. Grundtvig, *Danm. gamle Folkeviser* IV, 681 ff., wo sich weitere Litteratur und eine Abbildung des jetzt im Kopenhagener Museum aufbewahrten Denkmals finden. — [7] Zingerle, *Freskencyclus des Schlosses Runkelstein bei Bozen*, Innsbruck 1857; vgl. Germ. 2, 468. 23, 28 ff.

§ 13. Die ältesten zusammenhängenden litterarischen Quellen für die germanische Heldensage begegnen bei den Angelsachsen; sie liefern ein beredtes Zeugnis für das frühe Wandern der Sage. Der Wídsíđ[1] scheint seiner Grundlage nach in eine Zeit zu fallen, wo die späteren Bewohner Englands noch ihre alten Sitze auf der kimbrischen Halbinsel und dem südlich angrenzenden Teile des Festlandes östlich von der Elbe inne hatten. Die Verhältnisse in diesem ältesten Denkmal germanischer Epik reichen, sobald man es von den Interpolationen befreit hat, alle noch ins sechste Jahrhundert zurück; in ihm hat der Weitgereiste die Überlieferungen des zu Ende gehenden germanischen Heldenalters gleichsam katalogmässig zusammengefasst und um die Idealgestalt des wandernden Sängers gruppiert. Der Stoff des Béowulfepos[2] in der uns erhaltenen Gestalt beruht auf einer Verschmelzung des Béowamythus mit der historischen Sage von Béowulf, einem gautischen Helden, der sich bei dem Zuge des Königs Hygelác an die Rheinmündung (§ 7) ausgezeichnet haben muss. Es wurde die Sage vermutlich von Angeln aus ihrer festländischen Heimat nach Britannien getragen, und ihre epische Gestaltung muss in sehr alte Zeit zurückreichen, da die ursprünglichen Teile des Epos, denen ältere Lieder zu Grunde liegen, noch dem 7. Jahrh. anzugehören scheinen. Wie sich aus dem Béowulf ergiebt, waren damals oder doch wenig später auch die Sagen von Sigmund und Sinfjǫtli (Fitela) und Sigfrids auf seinen Vater übertragenem Drachenkampfe (Beow. 875 ff.), von Wieland dem kunstreichen Schmiede (Beow. 455), von Ermanarich und Heime (Beow. 1197 ff.) den Angelsachsen geläufig. Ausserdem sind nur spärliche Reste der ags. Epik erhalten. Das Fragment vom Kampf um Finnsburg[3], dessen Zusammenhang erst klar wird durch ein Lied, welches als Episode in den Béowulf eingelegt ist (1068 ff.), führt in den Kreis der alten Nordseeheldensage, die auch in Oberdeutschland im 8. Jahrh. bekannt gewesen sein muss. Die Sage von dem Friesenkönig Finn und seinem Schwager Hnæf dem Hócing hat ihren Schauplatz an der friesischen Nordseeküste und ist den Angelsachsen augenscheinlich durch die Friesen vermittelt worden, die vielleicht auch sonst öfter die Verbreiter deutscher Sagen in England gewesen sind. Für eine kräftige Ausbildung der epischen Poesie in Friesland zeugt der bekannte Bericht von dem blinden Sänger Bernlef, der (im 9. Jahrh.) *a vicinis suis valde diligebatur, eo quod esset affabilis et antiquorum actus regumque certamina bene noverat psallendo promere* (Mon. Germ. SS. II, 412; vgl. die etwas abweichende Fassung in den *Deutschen Sagen* der Gebr. Grimm[2] II, XI), wohl auch die Sprache der friesischen Rechtsdenkmäler[4]. Weit mehr aber als die bisher genannten Dichtungen sprechen die ags. Bruchstücke des Waldere[5], wohl aus der Mitte des 8. Jahrhs., für das schnelle Wandern der Sage, da in ihnen wesentlich die alemannische Fassung der Sage von Walthari und Hildegund vorliegt, allein mit eigentümlichen Zügen, die auf eine längere Unabhängigkeit der ags. Überlieferung deuten (vgl. § 52 ff.). Dass die Walderefragmente keine originale ags. Dichtung, sondern Fragmente einer ags. Bearbeitung eines ahd. Waltherepos seien, hat Koegel zu erweisen gesucht (*Gesch. d. d. Litt.* I, 1, 235 ff.), aber weder seine sprachlichen noch die von ihm und Binz S. 218 geltend gemachten sachlichen Gründe scheinen stichhaltig: s. namentlich C. Kraus, Zs. f. d. österr. Gymn. 1896, 328 ff. und Cosijn, Versl. en Med. der Kon. Akad. van Wet. Afd. Lett. III, 12, 64 ff. Eigennamen beweisen die Verbreitung der Walthersage in England schon am Ende des 7. Jahrhs. (Binz S. 219). Dass noch andere Heldensagen in England bekannt waren, erhellt besonders aus dem strophischen Gedichte Déors Klage (des Sängers Trost)[6]. Der Sänger Déor, dem das Lied in den Mund gelegt ist, klagt, dass der liederkundige Heorrenda ihn aus seinem Sängeramt am Hofe der Heodeninge verdrängt habe; er tröstet sich in seinem Leide mit der Erinnerung an den von König Níðhad gefesselten Wéland und die von Wéland geschwängerte Beadohild, und an den verbannten Þéodríc. Ob der Dichter als Dietrichs Gegner schon Eormenríc kannte, den die nächste Strophe allerdings als einen grimmigen Gotenkönig mit wölfischem Sinne erwähnt, muss dahingestellt bleiben. Jedesfalls zeigt er Kenntnis der Sagen von Hilde, Wieland, Ermanarich und Dietrich von Bern. Die Ähnlichkeit in den Situationen und selbst im Ausdruck zwischen der Wélandepisode in dem ags. Gedichte und der eddischen Vǫlundarkviþa lässt für beide Darstellungen eine gemeinsame Quelle möglich erscheinen, die dann wohl ein niederdeutsches Lied gewesen wäre (vgl. § 62).

Einheimische Sagen der Angelsachsen sind uns im Béowulf erhalten, so die Sage von Heremód (901 ff. 1709 ff.), den der Béowulfdichter allerdings zu einem Dänen macht, und die Sage von dem Angelnkönige Offa und seiner Gemahlin Þrýðo, die namentlich in Mercien lange lebendig blieb (1931 ff.). Andere Stoffe, deren sich die ags. Epik schon in der festländischen Heimat bemächtigte, sind vermutlich dänischen Ursprungs, so die verklungenen Erzählungen, die sich einst an die halb mythischen Gestalten von Sigehere, dem Sigarr der nordischen Sage, der *lengest Sǽ-Denum weold* (Wíds. 28), und Alewíh (Wíds. 35 ff.) knüpften, und die Überlieferungen von den Kämpfen zwischen Heaðobarden und Dänen (Beow. 2020 ff. Wíds. 45 ff.). Auch die Kämpfe zwischen Schweden und Gauten, von denen das Béowulfepos zu berichten weiss, werden frühzeitig in englischen Liedern besungen und mit den letzten germanischen Einwanderern nach Britannien übertragen worden sein. Alle diese Stoffe fallen ausserhalb der Grenzen unserer Erörterungen [7].

Ten Brink, *Gesch. der engl. Litt.* I, 15 ff. 29—40. 76 f. 185; *Altenglische Literatur* in Pauls Grundriss [1] II, 1, 510 ff. Litteratur in Wülkers *Grundriss* § 206—327. — [1] Grein-Wülker, *Bibl. der ags. Poesie*, I, 1—6; vgl. Müllenhoff, ZfdA. 11, 275 ff.; Bojunga, PBB. 16, 545 ff. — [2] Litteratur s. § 23 f. — [3] Grein-Wülker I, 14—17; vgl. Müllenhoff, ZfdA. 11, 281 f. 12, 285 ff. (= *ZE* Nr. 9). *Beovulf* S. 105 f.; Möller, *Altengl. Volksepos*, S. 46 ff. 151 ff.; Bugge, PBB. 12, 20 ff.; Jellinek, PBB. 15, 428 ff.; Koegel, *Gesch. d. d. Litt.* I, 1, 163 ff.; Binz a. a. O. S. 179 ff. — [4] Müllenhoff, *Beovulf* S. 104—108; Koegel, *Gesch. d. d. Litt.* I, 1, 141 f. 242 ff. (doch s. auch Siebs, ZfdPh. 29, 405 ff. — [5] Grein-Wülker I, 7—13; Litteratur s. § 52. — [6] Grein-Wülker I, 278—280; vgl. *Hds.* Nr. 8; Müllenhoff, ZfdA. 11, 272 ff. 12, 261 Anm. — [7] Über sie s. Müllenhoff, *Beovulf* (passim); Möller, *Altengl. Volksepos* S. 100 ff. 23 ff. 27 ff. 105 ff.; Koegel, *Gesch. d. d. Litt.* I, 1, 153—163. 167—169; Binz a. a. O. S. 158 ff.; Suchier, *Über die Sage von Offa und Þryðo:* PBB. 4, 500 ff.

§ 14. Im innern Deutschland ist das Hildebrandslied, der einzige Rest altdeutscher Heldendichtung (§ 9), zugleich, wenn auch nur durch Andeutungen, ein wichtiges Zeugnis für die Entwicklung der Dietrichsage im 8. Jahrh. Die vom Dichter vorausgesetzte Situation ergiebt, dass Hildebrand, der an der Grenze des bernischen Landes mit seinem Sohne zusammentrifft, im Gefolge Dietrichs, von einem hunnischen Heere unterstützt, nach dreissigjährigem Exil in die Heimat zurückkehrt. Und wenn es heisst, dass Dietrich zu den Hunnen geflohen sei vor *Ôtachres nîd,* so erhellt, dass Odoaker als Dietrichs Gegner damals in Oberdeutschland noch nicht durch Ermanarich verdrängt, somit die Verbindung von Dietrich- und Ermanarichsage im 8. Jahrh. nicht oder doch nicht allgemein vollzogen war. Mit dem Hunnenkönige (*Hûneo truhtîn*), bei dem die Vertriebenen Zuflucht gefunden haben, kann nur Attila gemeint sein, wenn man nicht mit Kauffmann (*Philol. Studien. Festgabe für E. Sievers,* S. 154 f.) eine unbeweisbare Sagenrekonstruktion an die Stelle vorsichtiger Kombination des erhaltenen Sagenmaterials setzt. Von einem missglückten Eroberungsversuche Italiens, wie in der Klage und jüngeren Quellen, ist im Hildebrandsliede nirgends die Rede. Auch auf ein schon erfolgtes Eintreten Dietrichs in die Sage von den Nibelungen deutet keine bestimmte Anspielung im Gedichte; der Kampf im Osten, der dem alten Hildebrand das Leben gekostet haben soll (Vs. 42 ff.), braucht nicht auf Teilnahme an den Nibelungenkämpfen hinzuweisen. Es setzt somit unsere Quelle als die älteste erreichbare Form der Dietrichssage voraus: Flucht vor Odoaker; dreissigjähriges Exil am hunnischen Hofe, siegreiche Rückkehr in das Erbland.

Die Verbindung Hildebrands mit Dietrich, die sich bei den Angelsachsen nicht nachweisen lässt, ist im Hildebrandsliede bereits fest geworden. Dass das Lied in seiner alten Fassung tragisch mit dem Tode des jungen Helden endete, kann nicht bezweifelt werden. Der Ton und die Anlage des Liedes drängen auf diesen Ausgang hin; mit dem Falle des Sohnes enden auch die persische Sage von Rustem und Sohrab, die irische von Cuchulain und Conlaoch und die russische von Ilja aus Murom[1]. Ein bestimmtes Zeugnis dafür bietet eine Halbstrophe der Ásmundar saga kappabana (FAS II, 485; Detter, *Zwei Fornaldarsögur* 99, 8 ff.), in welcher der sterbende Hildibrandr Húnakappi unter den von ihm erschlagenen Helden, die auf seinem Schilde aufgezählt sind, auch den eignen Sohn nennt:

Liggr þar enn sváse sonr at hǫfþe,
epterfinge, es eiga gatk,
óviljande aldrs synjaþak.

Es müssen die Verse aus einem verlorenen Hildebrandsliede, welches möglicherweise direkt aus deutscher Quelle hervorgegangen ist, schon frühzeitig in das Gedicht geraten sein, das in dieser interpolierten Form auch Saxos lateinischer Paraphrase (ed. Müller 356 ff., Holder 244, 13 ff.) zu Grunde liegt[2].

Die Litteratur über das Hildebrandslied findet sich am übersichtlichsten zusammengestellt in Braunes *Ahd. Lesebuch*[4] (1897) S. 170 ff. — [1] Uhland, *Schr.* I, 164 ff. VII, 546 ff.; R. Köhler, Weimar. Jahrb. 4, 473 ff.; Lambel, Germ. 10, 338 ff.; Or. Miller, Herrigs Archiv 33, 257 ff. [Über die weite Verbreitung des Motivs s. Jiriczek, *DHS.* I, 275 ff. und die dort angeführte Litteratur]. — [2] Uhland, *Schr.* VI, 122 ff.; Rieger, Germ. 9, 313 ff.; *MSD*[3] II, 17; Boer, PBB. 22, 345 ff. [Jiriczek, *DHS.* I, 284 ff. 329 f.].

§ 15. Die Entwicklung des Heldensanges und des Epos wurde unterbrochen durch das Christentum. Ist schon der Béowulf »ein halbfertiges, gleichsam mitten in der Entwicklung erstarrtes Epos« (Ten Brink), so haben Friesen, Franken, Thüringer, Hessen, Alemannen und Baiern ihm nichts Ähnliches an die Seite zu stellen. Auch die Sachsen nicht, trotz ihrer mühsamen Bekehrung zum Christentum: der Heliand und die altsächsischen Genesisfragmente zeigen die Epik in ihren letzten vergeblichen Versuchen, sich der neuen Lehre anzupassen. Der Heldengesang verstummt im neunten und zehnten Jahrhundert, die Heldensage weicht in die Kreise des Volkes zurück und findet dort ihre Pflege. Die Fahrenden treten die Erbschaft der Berufssänger aus den höheren Kreisen an, und mit ihnen ändert sich die Geschmacksrichtung wesentlich (vgl. § 17).

In Süd- und Mitteldeutschland reicht dem Christentum die Renaissance des Mittelalters die Hand, die in der Zeit der Ottonen aus einem Kompromiss zwischen der Spielmannspoesie und der antiken Bildung hervorwachsende sogenannte lateinische Hofpoesie. Der Pflege der heimischen Stoffe steht diese nicht wie das Christentum feindlich, sondern nur umbildend gegenüber. Dieser mittelalterlichen Renaissance verdanken wir eine der wichtigsten Quellen für die Heldensage, den Waltharius Ekkehard I, in welchem um 930 in der Klosterschule von Sanct Gallen, in lateinischen Hexametern nach dem Muster Vergils, das germanische Heldenlied noch einmal auflebt. Wenn auch nicht gerade ein ahd. Waltherepos, so liegen doch jedesfalls ahd. Lieder dem Gedichte zu Grunde, wofür namentlich die zahlreichen Parallelen im Ausdruck mit dem späteren mhd. Volksepos sprechen. Ob diese Lieder noch stabreimend waren, bleibt zweifelhaft[1]. Spuren deutscher Heldendichtung in lateinischem Gewande zeigt auch der Ruodlieb, den ein unbekannter Tegernseer Mönch etwa ein Jahrhundert nach dem Waltharius verfasste. Der letzte Abschnitt dieses Romans (Ruodliebs zweiter Auszug: Fragm. XVII, 85—XVIII, 32) scheint allerdings nach Laistners Nachweis das Überbleibsel einer älteren Dichtung zu sein, welche leicht überarbeitet dem Werke nachträglich einverleibt wurde. Aber eine besondere Heldensage von Ruodlieb anzunehmen, wie es Laistner thut, ist kaum ausreichender Grund vorhanden; vielmehr sind Züge der Heldensage auf eine Figur der Spielmannsdichtung übertragen. Ein Zwerg, den er bezwingt (Alberich?), weist den Ruodlieb auf den Hort zweier Könige, des Immung und seines Sohnes Hartung; durch ihre Bezwingung soll er den Schatz und die reiche Erbin Heriburg, Immungs Tochter, erwerben. Dass ihm dies gelingt, dürfen wir wohl aus dem Eckenliede Str. 82 f. schliessen, und auch das Spielmannsgedicht, das dem Berichte der Þiđrekssaga c. 98 zu Grunde liegt, hat Kunde von Ruodlieb (*Rozeleif, Rutsileif*) gehabt. Ruodliebs Sohn war Herbort, der mit dem Schwerte Eckesahs, das einst dem Vater von einem Zwerge gebracht war, den Riesen Hugebold erschlug. In diesen Bruchstücken alter Sagen sind nur spielmannsmässige Umgestaltungen älterer Sagen zu erkennen, nicht Reste einer besonderen Ruodliebsage[2].

Viel erörtert ist die Frage, ob es bereits im 10. Jahrh. eine lateinische Niederschrift der Nibelungensage gegeben habe. Nach der Klage 4295 ff. (Bartsch) soll der Bischof Pilgrim von Passau (971—991) den wesentlichen Inhalt des Nibelungenliedes — oder nur des zweiten Teils desselben, der eigentlichen Nibelunge nôt * — durch seinen Schreiber Meister Konrad in lateinischer Sprache haben aufzeichnen lassen. Die Nachricht hat gewiss an sich keine Gewähr der Glaubwürdigkeit, erhält aber durch die Aufnahme Pilgrims in das Nibelungenlied und namentlich durch die Erwägung der geographischen Verhältnisse im Liede eine wesentliche Stütze. Die östliche Grenze der Passauer Diözese bei Mûtâren, wo Pilgrim sich von Kriemhild verabschiedet (Nib. 1269 f.), ist geschichtlich gerade in den sechziger und siebziger Jahren des 10. Jahrhs. nachweisbar, und zwar nur damals. Ihre Erwähnung im Nibelungenliede deutet also auf eine Redaktion des 10. Jahrhunderts, wie der Schluss der Klage sie bezeugt[3]. Die Frage, ob man sich eine prosaische Niederschrift oder ein Gedicht nach Art des Waltharius darunter vorzustellen habe, bleibt natürlich offen.

[1] J. Grimm, *Lat. Gedichte des X. und XI. Jahrhs.* (Gött. 1838) S. 99 f.; Uhland, *Schr.* I, 430 f.; Koegel, *Gesch. d. d. Litt.* I, 2, 330 ff. — [2] Ausg. des Ruodlieb von Seiler, Halle 1882, Übersetzung von Heyne, Lpzg. 1897; ausführliche Behandlung des Werkes bei Koegel, *Gesch. d. d. Litt.* I, 2, 342—412; vgl. Laistner, AfdA. 9, 70 ff. ZfdA. 29, 1 ff. 443 ff. (über die »Ruodliebsage« s. auch Seiler, ZfdA. 27, 338). — [3] Zarncke, *Beitr. zur Erkl. und Gesch. des Nib.* (1857), S. 168 ff.; Lämmerhirt, ZfdA. 41, 8 ff.

§ 16. Die alten deutschen Heldenlieder, deren Verlust durch die Ungunst der Zeiten wir zu beklagen haben, sind früh auf ihrer Wanderung in den skandinavischen Norden gelangt. Die erste Einwanderung der Nibelungensage und Ermanarichsage hat nach Müllenhoff vor dem Ende des 6. Jahrhs. stattgefunden, und unbestreitbar ist wenigstens so viel, dass die ältere Schicht der eddischen Heldenlieder die Blüte der deutschen Heldensage voraussetzt,

* Letzteres ist mir wahrscheinlicher. Denn die Worte: *von der alrêrsten stunde, wiez sich huob und ouch began, und wiez ende gewan, umbe der guoten knehte nôt, und wie si alle gelâgen tôt: daz hiez er allez schrîben, ern liez sîn niht belîben* erinnern deutlich an die frühere Stelle 3464 ff., wo nur von dem Untergang der Burgunden im Hunnenlande die Rede sein kann.

welche nach 600 zu Ende ist. Mogk hat Zeit und Anlass dieser ersten Wanderung näher zu bestimmen gesucht[1]. Seiner Meinung nach hätten Heruler bald nach 512 die von den Ostgoten vernommenen Sagen von den Nibelungen und von Ermanarich nach Gautland gebracht, von wo sie sich nach Norwegen verbreiteten. Diese Auffassung setzt voraus, dass die bei den Franken vollzogene Verbindung der mythischen Sigfridssage mit der historischen Sage vom Untergang der Burgunden älter ist als die Anknüpfung der Sage von Attilas Tod an die Burgundensage; sie setzt ferner voraus, dass das poetische Bild des grausamen, gewaltthätigen und habsüchtigen Atli, wie es die nordische Sage im Gegensatz zur oberdeutschen kennt, sich in ostgotischer Sagenpflege entwickelt hat. Beide Annahmen, namentlich aber letztere, sind bedenklich (s. unten § 31), und Mogks Hypothese muss daher abgelehnt werden. Es lässt sicht überhaupt nicht mit Sicherheit behaupten, dass diese Sagen, wenn auch die ältesten nordischen Quellen wesentlich die Gestalt voraussetzen, welche die Nibelungen- und Ermanarichsage im 6. Jahrh. in Deutschland angenommen hatten, bereits in so früher Zeit in den Norden vorgedrungen sind. Erst zu Anfang des 9. Jahrhs. sind sie dort thatsächlich nachweisbar, wie sich aus den Kenningar der ältesten Skalden, vor allem Bragis des Alten, ergiebt (s. F. Jónsson, Ark. f. nord. Fil. 9, 10; Verf., ZfdPh. 24, 3). Beachtet man nun die merkwürdigen Übereinstimmungen zwischen der ältesten nordischen und der sächsischen Form der Nibelungensage, wie sie die Þiđrekssaga kennt, so darf die Möglichkeit nicht für ausgeschlossen gelten, dass die rheinfränkische Nibelungensage und die gotische, von den Alemannen gepflegte, Ermanarichsage im 6. Jahrh. zunächst nur zu den Sachsen und von diesen aus erst im Laufe des 8. Jahrhs. in den Norden gelangt seien. Entscheidbar ist diese Frage nicht. Wie man aber auch über die Zeit der ältesten Wanderung urteilen mag, als äusserster Endpunkt muss unbedingt der Schluss des 8. Jahrhs. angenommen werden, denn die eigenartige nationale Umbildung der Sage durch die Nordleute und namentlich die Durchsetzung der Nibelungensage mit Anschauungen des nordischen Götterglaubens muss in einer Periode des nordischen Lebens erfolgt sein, welche zu Anfang des 9. Jahrhs. im wesentlichen als abgeschlossen gelten darf[2].

Neue Einwirkungen deutscher Sage verraten einzelne von den jüngeren Eddaliedern. Manche Inkongruenzen der Sagenfassung in den Einzelheiten der eddischen Überlieferung machen es wahrscheinlich, dass eine neue Einwanderung der inzwischen umgestalteten deutschen Sage im 9. oder 10. Jahrh. stattgefunden hat. Mit der Zunahme des Handelsverkehrs zwischen Deutschland und dem Norden (vgl. K. Maurer, ZfdPh. 2, 440 ff., bes. 454 ff.) wurde ein neuer Austausch von Sage und Dichtung angebahnt, und die Herübernahme des in Niederdeutschland umlaufenden Sagenstoffes von Mitgliedern der Hansa im 13. Jahrh. (s. § 18) ist eigentlich nur der letzte Abschluss dieser Bewegung. Das Nähere über diese jüngere Sagenschicht in den eddischen Nibelungenliedern, auf welche zuerst Edzardi[3] aufmerksam gemacht hat, wird die Behandlung der Nibelungensage (§ 30) bringen.

Dass die Sage überhaupt aus Deutschland nach Skandinavien eingeführt worden ist, darf, obgleich in früherer Zeit nordische Gelehrte die Thatsache geleugnet haben, als erwiesen betrachtet werden: nicht nur aus dem Lokale der Sage (*Hds.* S. 4 ff. ZfdA. 23, 163 ff.) und den zum Teil unnordischen Namenformen geht dies hervor, sondern die Sage wird auch in der Vǫlundarkviþa 15 und sonst ausdrücklich als eine unnordische anerkannt. Auch Golther und Bugge, die ganz andere Wege für die Wanderung der Sage annehmen, sind doch von dem westgermanischen Ursprung derselben überzeugt*. Trotz vieler eigentümlichen Weiterbildungen und Umgestaltungen ist im Norden die Nibelungensage in ihrer ältesten erreichbaren Form erhalten, die Sage von den älteren Welsungen im wesentlichen allein, ebenso die Sagen von Wieland und von Hilde in ihrer verhältnismässig ursprünglichsten Fassung und die Ermanarichsage in einer der gotischen noch sehr nahe stehenden Gestalt.

Unsere älteste und wichtigste altn. Quelle für die Heldensage sind die Heldenlieder der Edda, unter denen die ältesten gegen Ende des 9. Jahrhs. in Norwegen, die jüngsten um die Mitte des 11. Jahrhs. auf Island und Grönland gedichtet sein mögen. Einzig die Grípisspǫ́ scheint einer noch jüngeren Zeit anzugehören. Während die Vǫlundarkviþa, nach wahrscheinlicher Annahme das älteste der nordischen Heldenlieder, die Sage von Wieland überliefert, fallen alle anderen Lieder in den Kreis der Nibelungensage, in welche die Sage von Helgi Hundingsbani, die ihrerseits wieder eng mit der Sage von Helgi Hjǫrvarđsson verbunden erscheint, interpoliert und an welche die Sage von Jǫrmunrekr (Ermanarich) äusserlich angeknüpft ist. Diejenigen Lieder, welche den Abschnitt der Sage von Sigurđs Geburt bis zu Brynhilds Tode behandeln, scheinen, mit zusammenhängender und chronologisch fortschreitender Prosa untermischt, nach der Absicht des Sammlers eine Art *Sigurþarsaga* zu bilden, die vermutlich schon vor unserer Liedersammlung existierte und ihr vom Sammler als Ganzes einverleibt wurde*. In unserer einzigen Handschrift (Cod. Reg. no. 2365, 4⁰ zu Kopenhagen) fällt gerade in diese der Forschung die grössten Schwierigkeiten darbietende Partie der Sage eine bedauernswerte grosse Lücke. Sehen wir von den Helgiliedern ab, so umfasst dieser Teil der Sammlung folgende Lieder und als selbständig bezeichnete Prosastücke: Frá dauþa Sinfjǫtla, Grípisspǫ́, Reginsmǫ́l, Fáfnismǫ́l, Sigrdrífumǫ́l — (Lücke) — Brot af Sigorþarkviþu, Guþrúnarkviþa I, Sigorþarkviþa, Helreiþ Brynhildar; unter diesen ist die Guþrúnarkviþa I wohl erst später in die *Sigurþarsaga* eingeschoben. Es folgen, als eine Art Fortsetzung, zunächst: Dráp Niflunga, Guþrúnarkviþa II und III, und weiter, ohne verbindende Prosa, Odrúnargrátr, Atlakviþa, Atlamǫ́l, endlich in die Ermanarichsage hineingreifend, Guþrúnarhvǫt und Hamþismǫ́l**. — Diese unsere Hauptquelle wird durch einige Prosaquellen ergänzt. Die wichtigste derselben ist die Vǫlsungasaga, eigentlich ein Teil der Ragnars saga lođbrókar (um 1260), welche die Liedersammlung in eine zusammenhängende Prosadarstellung verarbeitet hat; besonderen Wert erhält sie einmal dadurch, dass sie eine im allgemeinen zuverlässige Paraphrase der durch die Lücke des Codex Regius verlorenen Lieder bietet, sodann aber durch die nur in ihr erhaltene Geschichte von Sigurđs Ahnen. Der als Teil der ausführlichsten Redaktion der Óláfssaga

* Auf eine Diskussion der von den hier vorgetragenen völlig abweichenden Ansichten Golthers und Bugges muss ich verzichten, nicht weil ich diese für unfruchtbar ansähe, sondern weil die Raumverhältnisse sie in dieser Skizze verbieten. Golther (Germ. 33, 469 ff. 476) nimmt an, dass die fränkische Nibelungensage zuerst im 9. Jahrh. in Frankreich zu dänischen und norwegischen Wikingern gedrungen sei; die Sage hätte sich dann unter den nach Westen ziehenden Nordleuten verbreitet und sei über Irland nach Island gekommen. Bugge (*Helge-digtene* S. 339 f.; PBB. 22, 115) meint, dass die Norweger die Sage von Sigfrid und den Nibelungen »im Westen, namentlich auf den brittischen Inseln und besonders im Verkehr mit Engländern« aufgenommen hätten. Norwegische Dichter in Brittannien haben nach ihm, von ags. Sprache und Dichtung beeinflusst, die meisten Vǫlsungenlieder der poetischen Edda verfasst.

** Zitate der Eddalieder nach meiner Ausgabe (I, 1 Halle 1888; I, 2 im Drucke befindlich).

Tryggvasonar erhaltene Nornagestsþáttr aus dem Anfang des 14. Jahrhs. beruht, wie die Vǫlsungasaga, auf der Liedersammlung, hat aber von dieser wahrscheinlich nur die *Sigurþarsaga*, sei es in noch selbständiger Gestalt, sei es als besonders gekennzeichnetes Stück der Liedersammlung, benutzt, auf welche sich der Verfasser c. 5 (ed. Bugge 65[5]) beruft. Aus der Snorra Edda kommen besonders in Betracht zwei Abschnitte der Skáldskaparmál; in dem einen (c. 39—42: SnE I, 352 ff. II, 359 f.), der Snorris ursprünglichem Werke nur in seinem ersten Teile angehört, wird zur Erklärung der Kenning *otrgjǫld* = »Gold« die Herkunft des Nibelungenhortes erzählt, woraus dann in der Überarbeitung eine vollständige Skizze der Nibelungensage geworden ist[5]; der andere (c. 50: SnE I, 432 ff. II, 355 f.) bringt zur Erklärung der Kenning *Hjaþninga veþr eþa él* = »Kampf« die älteste Relation der Hildesage. Aus der reichen Skaldenpoesie, deren Anspielungen für die Heldensage nur geringe Ausbeute gewähren, mögen hier speziell die Fragmente der Ragnarsdrápa Bragis des Alten hervorgehoben werden, deren Bedeutung für die Erkenntnis der nordischen Überlieferungen von Jǫrmunrekr (Ragndr str. 3—6 Gering) und von den Hjaðningen (str. 8—11 Gering) noch zur Sprache kommen wird (§ 42. 57)[6]. Die für die nordische Heldensage unschätzbaren *Gesta Danorum* des Saxo Grammaticus von der Scheide des 12. und 13. Jahrhs., über deren Verhältnis zur isländischen Sagalitteratur erst neuerdings die mustergültigen Forschungen Axel Olriks Licht verbreitet haben (s. oben § 3, Anm. 1), kommen für die in den Kreis unserer Betrachtung fallenden Sagen namentlich in Frage durch die beiden Abschnitte über die Hildesage (lib. V, 238—242 ed. Müller-Velschow, 158—160 ed. Holder) und über die Ermanarichsage (lib. VIII, 411—415 = 278—281). Endlich schliessen sich an die ältere nordische Gestalt der Nibelungensage auch einzelne dänische und färöische Lieder an (vgl. § 18), sowie das norwegische Lied von *Sigurd svein* (Landstad, *Norske Folkeviser,* 1853, S. 111 ff.; übers. von Golther, Zs. für vgl. Litteraturgesch. N. F. 2, 205 ff.).

[1] E. Mogk, *Die älteste Wanderung der deutschen Heldensage nach dem Norden*, in: Forschungen zur deutschen Phil. Festgabe für R. Hildebrand (1894) S. 1 ff. — [2] Vgl. die treffenden Bemerkungen F. Jónssons, *Litt.-Hist.* I, 76 ff. — [3] Edzardi, Germ. 23, 86 ff. 340 f.; Verf., ZfdPh. 12, 96 ff. — [4] Edzardi, Germ. 23, 186 f. Anm. 24, 356. 362 f., vgl. ZfdPh. 12, 111 f. — [5] Verf., ZfdPh. 12, 103 ff.; Müllenhoff, *Deutsche Altertumsk.* V, 185 ff. — [6] *Kvæþabrot Braga ens gamla*, herausg. von H. Gering, Halle 1886; vgl. F. Jónsson, Ark. f. nord. Fil. 9, 10. *Litt.-Hist.* I, 420 ff.

§ 17. In Deutschland hatte sich, jedesfalls seit dem 9. Jahrh., die Heldensage in die Kreise der Bauern zurückziehen müssen (§ 15). Lieder ländlicher Sänger aus seiner Jugend über Dietrich von Bern meint vermutlich der Quedlinburger Annalist zu Ende des 10. Jahrhs. (§ 9). In den Kreisen der Vornehmen verdrängt den edlen Sänger der Völkerwanderungszeit der Spielmann, welcher, den Neigungen seines Publikums entsprechend, den grossen Ereignissen der Heldensage die kleinen Neuigkeiten der Tagesgeschichte vorzieht, und nur in der Abgeschiedenheit eines schweizerischen Klosters wagt sich in der ersten Hälfte des 10. Jahrhs. noch einmal eine antikisierende Bearbeitung germanischer Heldensage hervor. Sonst sind Eigennamen in dieser Periode vielfach die einzigen Zeugnisse für das Vorhandensein und die Verbreitung der Sage, deren Fortleben nur in prosaischer Tradition in manchen Gegenden kaum in Abrede gestellt werden kann. Erst im Laufe des 11. Jahrhs. tritt eine Änderung ein, deren äusserliche Symptome schon im Ruodlieb (§ 15) vorweggenommen wurden: die Heldensage erfährt eine Wiederbelebung durch die Spielleute, die als Erben ihrer vornehmeren Vorgänger aus dem Heldenzeitalter nun auch die Träger des Epos werden. Neue Figuren treten in die Sagenkreise ein, die Römerzüge bleiben nicht ohne Einfluss auf die erneute Beliebtheit der Dietrichssage. Aber mit dieser neuen Pflege beginnt auch ein neuer Widerstand der Geistlichkeit, dessen Spuren unverkennbar sind, wenn sich derselbe auch mehr in verdeckten als in offenen Angriffen äussert und trotzdem auch die Geistlichkeit selber den Dichtungen und Figuren der Heldensage nicht immer den nötigen Abscheu entgegenbrachte. Ein merkwürdiges Zeugnis dafür ist ein Brief v. J. 1061 an den Bischof Günther von Bamberg, in welchem gegen einen hohen Prälaten, den Erzbischof Siegfried von Mainz, der Vorwurf erhoben wird, dass er sich niemals mit Augustinus und Gregorius, sondern immer nur mit Attila, immer nur mit dem Amalung und ähnlichen Ungeheuern dieser Art beschäftige (*ZE* Nr. 18. *Hds.* Nr. 18[b]). Und ähnlich wie im 9. Jahrh. Otfrid, so tritt jetzt eine Dichtung der Geistlichen in eine bewusste Konkurrenz zur Epik der Spielleute, wie sich aus dem Anfang des Annoliedes, aus der Kaiserchronik und andern Zeugnissen klar ergiebt (*Hds.* Nr. 36. *ZE* Nr. 37, 1; Scherer, QF. 12, 19 f.). Allerdings mit ungleichem Erfolge. Während in Mitteldeutschland und Alemannien und in geringerem Grade auch in den rheinischen Gegenden die geistliche Reaktion siegte, bildeten sich in Westfalen und in Österreich und Baiern zwei Brennpunkte der niederen und höheren Spielmannsdichtung und Pflege der Heldensage.

Für die im engeren Sinne sogenannten Spielmannsgedichte des 12. Jahrhs., die, von wandernden Volksdichtern für die niederen Kreise des Volkes berechnet, die Motive ihrer Fabeln den verschiedensten Stoffkreisen und Quellen entnahmen, bot auch die Heldensage willkommenes und keck verwertetes Material. Der um 1150 von einem rheinischen Spielmann in Baiern gedichtete König Rother verbindet mit Spuren langobardischer Tradition, bairischen Lokalbeziehungen und Kreuzzugsanekdoten Elemente der Wolfdietrichs- und der Hildesage (vgl. § 61); das Gedicht von Oswald mischt in eine ursprünglich englische Legende gleichfalls die wesentlichen Züge der Hildesage (§ 61); der um 1190 wahrscheinlich von einem Trierer Spielmann verfasste Orendel ist zwar das roheste unter den Spielmannsgedichten des 12. Jahrhs., fusst aber auf sehr alter Sagenüberlieferung, die der Dichter in seiner Heimat vorfand und mit der Legende von der Befreiung des heiligen Grabes durch den ungenähten grauen Rock Christi lose verknüpfte (§ 66).

§ 18. In Niedersachsen muss die mündlich fortgepflanzte, durch wandernde Sänger besonders in den mittleren und unteren Ständen gepflegte, durch vielfachen Austausch auch mit fremden Bestandteilen durchsetzte Heldensage ziemlich früh eine eigentümliche Ausbildung gefunden haben. Für das frühere Mittelalter sind freilich auch hier die wenigen Eigennamen aus der Sage in westfälischen Urkunden (PBB. 9, 498 ff.) die einzigen — zudem nicht immer einwandsfreien — Zeugnisse. Als Zeugnisse für die Entwicklung der Ermanarich- und Dietrichsage in Niederdeutschland um die Scheide des 10. und 11. Jahrhs. dürfen auch einige in letzter Zeit eifrig erörterte Stellen der Quedlinburger Annalen (Mon. Germ. SS. III, 31; vgl. *Hds.* S. 35 ff.) in Anspruch genommen werden. Nach Edw. Schröders scharfsinnigem Nachweise sind die Notizen, die für die Geschichte der Heldensage in Betracht kommen, aus einem interpolierten Texte von Bedas Weltchronik geschöpft; die Interpolation ist aber kaum mit Schröder einem Angelsachsen zuzuschreiben, sondern sie ist in Deutschland, wahrscheinlich in der Quedlinburger Gegend, vorgenommen worden, und zwar wie es scheint von zwei verschiedenen Händen, denn die beiden Ermanarichstellen stimmen weder in den Thatsachen noch in den Namenformen unter sich überein (s. unten § 44). Nicht als angelsächsische, sondern als niederdeutsche Sagenüberlieferung, eine Vorstufe der in der Þiđrekssaga verarbeiteten, wäre das Zeugnis der Quedlinburger Chronik sonach verwertbar [1].

Zum Jahre 1131 bezeugt sodann Saxo Grammaticus (lib. XIII, p. 638 ed. Müller-Velschow, p. 427 ed. Holder), dass ein sächsischer Sänger den bedrohten Herzog Knud Laward von Schleswig durch den Vortrag eines Liedes von Kriemhilds allbekannter Treulosigkeit gegen ihre Brüder vor den verräterischen Anschlägen seines Vetters, des dänischen Königs Magnus zu warnen gesucht habe: *speciosissimi carminis contextu notissimam Grimildae erga fratres perfidiam de industria memorare adorsus, famosae fraudis exemplo similium ei metum ingenerare tentabat.* Die auch für die Geschichte der Nibelungensage und Nibelungendichtung wichtige Notiz lässt der Situation nach und im Zusammenhang mit dem Berichte der *Vita Canuti* — wo auch der Name des Sängers, Siward, überliefert wird — von einer dreimaligen Wiederholung des Liedes ein kurzes nd. Einzellied aus dem Nibelungencyklus vermuten (*Hds.* S. 53 f. *ZE* Nr. 22).

Erhalten wäre uns von der reich entwickelten sächsischen Heldensage nichts, hätte nicht um die Mitte des 13. Jahrhs. ein norwegischer Sagaschreiber auf Grund niederdeutscher Erzählungen und Lieder die Þiđrekssaga (Þs.) zusammengestellt und um die Figur Dietrichs von Bern chronologisch gruppiert. Den wiederholten Versicherungen der Saga zum Trotz dieselbe nur für eine durch niederdeutsche Übertragung und nordische Zuthaten vielfach entstellte Wiedergabe der mhd. epischen Gedichte halten zu wollen, wie es für die Niflungasaga B. Döring zu erweisen suchte (1869), ist entschieden unzulässig. Allerdings fehlt es noch an einer methodisch angestellten abschliessenden Untersuchung über Komposition und Quellen der Saga, allein den selbständigen Wert dieses Sammelwerkes, an dem freilich mehrere Hände gearbeitet haben, stellt heutzutage wohl niemand mehr in Abrede. In der Þs. haben in der That die im 13. Jahrh. in Liedern und Erzählungen umlaufenden niederdeutschen Heldensagen ihren Niederschlag gefunden, wie sie dem Norweger durch sächsische Männer, wahrscheinlich Kaufleute — speziell für die Niflungasaga beruft sich der Verfasser (oder Bearbeiter) c. 394 auf Gewährsmänner aus Soest, wo Attila früh lokalisiert gewesen sein muss, Bremen und Münster — vermittelt wurden: also eine zweite oder gar dritte (§ 16) Überführung deutscher Sage nach dem Norden. Daneben hat sich der Sagaschreiber allerdings durch die ihm bekannte nordische Gestalt der Sagen, sowie durch Sitten und Vorstellungen seiner Heimat beeinflussen lassen; auch scheinen einzelne, doch wenige, Partien der Saga, speziell auch der Niflungasaga, aus süddeutscher Tradition geflossen zu sein. Dass aber das Nibelungenlied dem Verfasser bekannt gewesen sein sollte, ist nicht glaublich. Gewiss ist die Þiđrekssaga, die ja ein Unterhaltungsbuch sein will, nicht nur von Misverständnissen und Widersprüchen, sondern auch von Übertreibungen und absichtlichen Ausschmückungen nicht freizusprechen, aber alles zusammengenommen muss sie als eine ausserordentlich wichtige Quelle für die Heldensage gelten, die an Reichhaltigkeit nicht ihresgleichen hat und an Ursprünglichkeit den süddeutschen Sagenfassungen sehr oft überlegen ist. Eine für die Kritik wichtige Übersetzung der Saga ins Schwedische kam etwa 1454 zu stande [2].

Aber auch durch den lebendigen Volksgesang ist die sächsische Sage in den Norden gedrungen. Die dänisch-schwedischen Folkeviser [3] gehen zum Teil unzweifelhaft auf dieselben oder ähnliche niederdeutsche Lieder zurück, wie sie die Þs. benutzte, desgleichen die verlorenen dänischen Lieder, welche der im Jahre 1603 aus einem lateinischen Original übersetzten Hvenschen Chronik zu Grunde liegen[4], in der die Nibelungensage auf der Insel Hven im Sunde lokalisiert erscheint. Die färöischen Lieder[5], obgleich sie noch in unseren Tagen als Tanzlieder gesungen wurden, sind nicht in dem Sinne Volkslieder, wie die dänischen: einige, die der nordischen Gestalt der Nibelungensage folgen (§ 16), gehen in letzter Instanz auf die Vǫlsungasaga zurück (*Regin smiður* und der Hauptteil von *Brinhild*), während die andern sich der deutschen Sagengestalt nähern und zum Teil auf der Þs. (*Brinhild* II), zum Teil aber mittelbar auf niederdeutscher Volksdichtung (*Högni*) beruhen. Am wichtigsten für die Sagengeschichte ist das aus der Vergleichung des färöischen Liedes *Högni* mit der dänischen Vise von Grimhilds Rache (*Grimilds hævn*) und der Hvenschen Chronik sich ergebende skandinavische Lied, das um dieselbe Zeit wie die Þiðrekssaga aus niederdeutscher Quelle hervorgegangen sein muss und neben dieser als Zeugnis für die niederdeutsche Nibelungendichtung des 13. Jahrhs. zu gelten hat[6]. — Ohne selbständigen Wert ist die Blómstrvallasaga (ed. Möbius, Lips. 1855), eine phantastische Rittersaga vom Ende des 14. Jahrhs., die mit grösster Willkür viele Sagenzüge aus der Þs. schöpfte.

[1] Wattenbach, *Geschichtsquellen* I[5], 319 f.; H. Lorenz, Germ. 31, 137 ff.; Edw. Schröder, ZfdA. 41, 24 ff.; Koegel, *Gesch. d. d. Litt.* I, 2, 212 ff. 381. [Jiriczek, *DHS.* I, 70 ff.]. — [2] Ausg. von Unger, Christ. 1853, der altschwedischen Übersetzung von Hyltén-Cavallius, Stockh. 1850—54. Wichtigste Litteratur über die Þs.: Döring, ZfdPh. 2, 1 ff. 265 ff.; Treutler, Germ. 20, 151 ff.; G. Storm, *Sagnkredsene om Karl den store og Didrik af Bern hos de nord. Folk*, Christ. 1874 und *Nye Studier over Þs.*, in den Aarb. for nord. Oldk. 1877, S. 297 ff.; Grundtvig, *DgF.* IV, 623—676; Raszmann, *Die Niflungasaga und das Nibelungenlied*, Heilbr. 1877 (angez. von Edzardi, Germ. 23, 73 ff., vgl. ebda 25, 47 ff. 142 ff. 257 ff.); Holthausen, PBB. 9, 451 ff.; Klockhoff, *Studier öfver Þs.*, Ups. 1880; Boer, Ark. for nord. Fil. 7, 205 ff. ZfdPh. 25, 433 ff. — [3] Grundtvig, *DgF.* I, 7 ff. IV, 583 ff. — [4] Grundtvig, *DgF.* I, 38 ff.; nach der Stockholmer Hs. her. von Jiriczek, Berl. 1892 (= Acta German. III, 2). — [5] Hammershaimb, *Sjúrðar kvæði*, Kph. 1851, S. 1—58.

[6] Grundtvig und Bugge, *DgF.* IV, 686 ff.; Golther, *Die nord. Volkslieder von Sigurd:* Zs. f. vgl. Litteraturgesch. N. F. 2, 269 ff. Die von Golther vertretene Auffassung der beiden dän. Lieder *Sivard Snarensvend* und *Sivard og Brynild* kann ich nicht teilen. Über das Verhältnis der färöischen Lieder zu Vs. und Þs. s. auch Müllenhoff, AfdA. 4, 114; Verf., Germ. 22, 445 f.

§ 19. In den Gegenden des Niederrheins ist erhöhte Pflege der Heldensage zu Anfang des 12. Jahrhs., wenn überhaupt, nur in wenigen Spuren wahrzunehmen. Man hat allerdings am Niederrhein, wo Deutsche, Niederländer und Nordfranzosen in ununterbrochenem geistigen Verkehre zusammenstiessen, die eigentliche Wiedergeburt des deutschen Heldenepos suchen und in dem mhd. Epos sogar thatsächliche Einwirkung romanisch-niederländischer Dichtung nachweisen wollen[1]. Etwas richtiges kann in dieser über Gebühr ausgedehnten Ansicht immerhin enthalten sein, insofern dem rheinischen Spielmann, wie die sächsischen Lieder, so auch durch niederländische Vermittlung Motive der nordfranzösischen Epik zugekommen sein mögen. Allein, während Belege für germ. Sage auf frz. Boden nicht fehlen (ZfdA. 12, 290 ff. 15, 310. 28, 143 f.), sind sichere Zeugnisse für die angedeutete Auffassung nicht vorhanden. Der Umstand, dass die mnl. Litteratur fast gar keine Erinnerungen an die germ. Heldensage bewahrt, ist ihr nicht günstig. Sehen wir ab von etlichen Anspielungen und blossen Namen[2], so bleibt nur das Fragment des Gedichts van Bere Wisselauwe[3] übrig, das eine muntere Spielmannsgeschichte, einen auf ältere Festbräuche zurückgehenden Bärenschwank, mit Namen aus der Heldensage verbrämt und an die Karlssage anlehnt. In der Þs. (c. 132 ff. 181) ist das lustige Abenteuer ebenso äusserlich an die Sagen von Witege und Dietrich von Bern geknüpft: das eine wie das andere sehr charakteristisch für die dominierende Rolle der Dietrichssage in Niederdeutschland und der Karlssage in den Niederlanden. Die Heimat des Schwankes, der sich zunächst dem Rother und Oswald (§ 17) an die Seite stellt, ist offenbar das mittelfränkische (niederrheinische) Sprachgebiet, wo der Name *Wisselau(we)* »Weisslöwe« allein seine Erklärung findet vom Niederrhein aus ist er sowohl in die mnl. Poesie als in das Repertoire der westfälischen Spielleute gedrungen. Spätere Anspielungen auf die Heldensage in den Niederlanden (*ZE* Nr. 27) stammen gewiss nicht aus einheimischen Quellen. Im 12. Jahrh. war in den Niederlanden die Heldensage so gut wie abgestorben. Ebensowenig lässt sich für eine irgendwie kräftige Einwirkung auf die Sage von Frankreich aus genügendes Material beibringen: wenige frz. Namen (*ZE* Nr. 26, 1) und auch einzelne Motive und Typen der frz. Epik mögen durch rheinische Spielleute in die Dichtung gekommen sein[4], die aber für die Entwicklung der in allen Hauptpunkten ausgebildeten Sage nicht wesentlich in Betracht kommen. Dass die Sagen von Hilde und Kudrun im 10. oder 11. Jahrh. durch rheinische Spielleute aus den Niederlanden, wo sie lokalisiert und gepflegt waren, nach Oberdeutschland gebracht worden sind, ist allerdings eine wahrscheinliche Annahme (vgl. § 60).

[1] Henning, QF. 31, 19 ff.; vgl. J. Meier, PBB. 16, 79 ff. — [2] Jonckbloet, *Gesch. der nederl. letterk.* I[4], 165 f.; te Winkel, *Grundr.*[1] II, 1, 454. — [3] Martin, QF. 65, 37 ff. (sorgfältige Ausg. und Erläuterung des Bruchstücks); Frantzen, De Gids 1889, S. 45 ff. (vgl. ZfdPh. 23, 498). [Jiriczek, *DHS.* I, 297 f.]. — [4] Heinzel, *Ostgoth. Heldens.* S. 87 ff.

§ 20. Die Wiedergeburt des deutschen Epos ist in Österreich erfolgt, wo zwar in fortwährendem Kampfe mit der geistlichen Dichtung des 11. und 12. Jahrhs. das Gebiet der Heldensage bedeutend eingeschränkt, aber das Interesse für sie doch lebendiger geblieben war als in den anderen Ländern Süd- und Mitteldeutschlands. In der Pflege der österreichischen Spielleute hat die Sage erhebliche Wandlungen erfahren: durch neue Anlehnungen an die Geschichte, wozu auch die reich entfaltete historische Spielmannsdichtung beigetragen haben mag; durch Zurücktreten der mythischen und märchenhaften Bestandteile; durch veränderte Motivierung auf dem Boden veränderter Sitte und Empfindung, vor allem durch den Einfluss des Christentums[1]. In seinem innersten Kerne ist dennoch das mhd. Epos, dessen schriftliche Fixierung um die Scheide des 12. und 13. Jahrhs. in Österreich beginnt, allen Umgestaltungen zum Trotz, seinem Ursprung in den Stürmen der Völkerwanderung treu geblieben. Die alten Teile des Nibelungenliedes, aus ihrer höfischen Umgebung losgelöst, überraschen durch ihre Übereinstimmung in den Begebenheiten mit der unabhängig ausgebildeten sächsischen Überlieferung und durch ihre Übereinstimmung in der epischen Kunstübung mit den spärlichen Resten altdeutscher Heldendichtung, die sich zum Vergleich heranziehen lassen. Mit Recht wird dies neuerdings auch von E. Kettner hervorgehoben in seinem für die Klärung der Nibelungenfrage wichtigen Buche *Die österreichische Nibelungendichtung* (Berl. 1897) S. 199 f. Zum Verständnis der Sage, wie sie uns in den mhd. Epen entgegentritt, bedarf nicht nur die umbildende, sondern ebensowohl die rezeptive und erhaltende Seite in der volkstümlichen Epik der österreichischen Spielleute sorgfältiger Beobachtung. Hier können nur in gedrängtester Kürze und mit Beiseitelassung aller litterarhistorischen Streitfragen die Quellen, nach den grossen Sagenkreisen geordnet, angeführt werden.

Nibelungensage. Ausser dem Nibelungenliede (Strophenzahlen nach Lachmann), das, wie es uns vorliegt, eine in den ersten Jahren des 13. Jahrhs. entstandene Bearbeitung eines älteren Originals ist, in welchem ein ritterlicher österreichischer Dichter den ihm durch alte Lieder, von der Art des in § 18 besprochenen sächsischen von Kriemhilds Untreue gegen ihre Brüder, und durch mündliche Überlieferung bekannten Stoff zu einem einheitlichen Epos gestaltete, hat für die Sage auch die Klage (zitiert nach Bartschs Kurzzeilen) selbständige Bedeutung. Der Verfasser dieses Gedichtes, vermutlich ein Geistlicher, hat ohne Zweifel das Nibelungenlied, nicht bloss einzelne Bestandteile desselben, gekannt, daneben aber eine andere schriftliche Quelle benutzt, auf welche er sich wiederholt beruft[2]. In die Blütezeit des mhd. Volksepos fällt auch die Grundlage des Sigfridsliedes[3]. Leider ist diese wichtige Quelle, die einen besonderen Strang der Sagenentwicklung repräsentiert und sehr alte Elemente der Sigfridssage enthält, nur durch fliegende Drucke des 16. Jahrhs. in einer aus verschiedenen Teilen zusammengeschweissten, überaus rohen und entarteten Gestalt erhalten (*Der Hürnen Seyfrid*). Dass das Lied aber schon im 14. Jahrh. existierte, ergibt sich aus dem âventiuren-Verzeichnisse der sonst verlorenen Darmstädter Nibelungenhandschrift *w* (= *m*: ZfdA. 10, 142 ff. Bartsch, *Nib. Nôt* I, XXV ff.) aus dem Anfang des 15. Jahrhs., demzufolge die Geschichte vom hörnenen Sigfrid, d. i. eine ältere Redaktion des Sigfridsliedes, schon damals in eine Bearbeitung des Nibelungenliedes eingeflochten war. Wie die Druckredaktion das Gedicht bietet, lassen sich zwei Bestandteile unterscheiden: I: Str. 1—15, verkürzt und in roher Weise zusammengeschweisst mit II: Str. 16—179, welches Lied zugleich interpoliert wurde. I dürfte noch dem 12. Jahrh. angehören und ist möglicherweise im Nibelungenliede für die dem Hagen in den Mund gelegte Erzählung von Sigfrids Jugendabenteuern (Str. 88—101) benutzt worden; II ist nach dem Ortnit, aber vor dem Ende des 13. Jahrhs. gedichtet, da mit *Cüprîân* im Reinfried von Braunschweig (*Hds.* Nr. 80) der Riese Kuperan des Liedes gemeint sein muss. — Eine Art Verbindung von Sigfrids- und Dietrichssage bieten die Gedichte von Biterolf und Dietleib[4] und vom Rosengarten zu Worms[5], ersteres im Anfang des 13. Jahrhs. (s. aber auch Holz, *Rosengarten* S. CIII), letzteres, das nur in jüngeren Bearbeitungen vorliegt, wohl nicht vor der Mitte des 13. Jahrhs. entstanden. Beide haben zum Hauptthema den Kampf Dietrichs und seiner Genossen gegen Sigfrid und seine rheinischen Helden vor Worms, womit in den Rosengarten-Gedichten das Motiv von einem mythischen Rosengarten mit einer Jungfrau, deren Liebe nur durch Kampf gewonnen wird, verknüpft ist. Inwiefern beiden Dichtungen ältere Sage zu Grunde liegt, bedarf noch genauerer Untersuchung (s. auch § 32 und 47). Der Biterolf ist aber jedesfalls wegen der ausgedehnten Sagenkenntnis seines Verfassers eine sehr wertvolle Quelle für die Heldensage.

Dietrichssage. Die zahlreichen mhd. Gedichte aus dem Kreise der Dietrichssage würden uns zu einem zusammenhängenden Bilde dieses Sagenkreises kaum verhelfen, da sie meist bei Einzelheiten verweilen, wäre nicht in der Þidrekssaga eine vielfach ältere und vollständigere Überlieferung bewahrt. Zum Teil schildern sie Dietrichs Jugendkämpfe mit Zwergen, Riesen, Drachen: so der auf einer an Dietrich geknüpften, mit dem Rosengartenmotiv verschmolzenen, Zwergen- oder Albensage beruhende Laurin[6], den der neueste Herausgeber ohne hinlänglichen Grund (Holz, *Laurin* s. XXXV f.)

erst in die Mitte des 13. Jahrhs. setzt, und dessen Fortsetzung, der ganz willkürlich erfundene Walberan; ferner einige durch dieselbe Strophenform zusammengehaltene Dichtungen, die sämtlich nur in überarbeiteter Gestalt überliefert sind und in dieser jedesfalls erst der zweiten Hälfte des 13. Jahrhs. angehören können: das Eckenlied, Virginal, Sigenot und das Bruchstück des Goldemar[7]. Ob Albrecht von Kemenâten, der sich als Verfasser des letztgenannten Gedichtes (oder seiner Vorlage?) nennt (Gold. 2, 2), auch an der Abfassung und Bearbeitung der andern oder doch des Ecke und Sigenot beteiligt gewesen ist, lässt sich bei dem sehr fragmentarischen Charakter des erhaltenen Goldemar nicht bestimmen. Als Heimat dieser vier Dichtungen wird gewöhnlich Oberalemannien betrachtet. Eine zweite Reihe von Dietrichsepen beschäftigt sich mit Dietrichs Flucht zu den Hunnen, Aufenthalt bei Etzel und Rückkehr in die Heimat. Unter ihnen das dichterisch wertvollste ist Alpharts Tod[8], das als Episode aus der Sage von Dietrichs Flucht vor Ermanarich die Tötung des jungen Alphart durch Witege und Heime erzählt; fest steht, dass das Gedicht nur in stark überarbeiteter und interpolierter Gestalt erhalten ist, aber die Ansichten über die Entstehung der uns überlieferten Form und ihre Vorgeschichte stehen sich noch schroff gegenüber. Zu dieser Gruppe gehören sodann Dietrichs Flucht und die Rabenschlacht[9], beide Gedichte in ihrer überlieferten Gestalt wohl von demselben Verfasser, der sich Dfl. 8000 *Heinrîch der Vogelære* nennt, einem österreichischen Fahrenden vom Ende des 13. Jahrhs., doch beruht wenigstens die Rabenschlacht auf älterer Grundlage, die der Dichter erst in Dietrichs Flucht benutzt und dann in seinem zweiten Werke selbständig überarbeitet zu haben scheint. Aus weit späterer Zeit überliefert, aber seiner Grundlage nach in unsere Periode zurückreichend, darf auch das jüngere Hildebrandslied[10] in diesen Zusammenhang gestellt werden. In hochdeutscher, niederdeutscher, niederländischer, dänischer Fassung ist es aus dem 15.—17. Jahrh. bekannt, allein ein sehr ähnliches Lied, das die Þs. benutzte, beweist sein höheres Alter, und die Anspielung Wolframs von Eschenbach (Wh. 439, 15) führt in den Anfang des 13. Jahrhs. Die erhaltenen Fassungen freilich gehen nach Steinmeyers glaubhafter Annahme auf eine Bearbeitung des 14. Jahrhs. zurück. Auch das merkwürdige nd. Volkslied Koninc Ermenrîkes dôt[11] mag an dieser Stelle Erwähnung finden. Erhalten auf einem fliegenden Blatte des 16. Jahrhs., beruht es doch auf sehr alter Sagenüberlieferung. Indem es berichtet, wie Dietrich selbzwölft Ermanarich in seiner Burg angreift und erschlägt, hat es, wenn auch in junger Anlehnung an die Dietrichssage, die in Oberdeutschland fast verschollene Vorstellung von Ermanarichs Ermordung erhalten; in einzelnen Zügen erinnert es lebhaft an die eddischen Hamþismǫ́l. Anhangsweise seien hier aus dem Dietrichscyklus noch erwähnt: das Bruchstück von Dietrich und Wenezlân[12] vom Ende des 13. oder dem Anfang des 14. Jahrhs. (Holz, *Roseng.* S. CIII Anm.), das von Kämpfen Dietrichs mit einem Polenkönige, der zwei von seinen Mannen gefangen hält, zu berichten weiss (vgl. § 50); ferner das Gedicht von Etzels Hofhaltung oder Dietrichs Kampf mit dem Wunderer[13], das, vollständig nur im Dresdener Heldenbuche (§ 21), bruchstückweise auch in einem nahe verwandten alten Drucke erhalten, doch wohl mit anderen Fassungen des Stoffes auf ein älteres Gedicht zurückgeht und in seiner Fabel an die Ecke-Vasolt-Sage anklingt. Das Gedicht vom Meerwunder, nur im Dresdener Heldenbuche, gehört kaum noch hierher.

Ortnit-Wolfdietrichssage. Dieser Sagenkreis ist im 13. Jahrh. verschiedentlich behandelt worden. An der Spitze steht der Ortnit (nicht vor

1231), in welchem die Spielmannspoesie des 12. Jahrhs. in einer dem Volksepos nachgeahmten Form neu auflebt. An seine Art schliessen sich die Wolfdietriche an, am engsten der Wolfdietrich A, dessen ursprünglicher Bestand (Str. 1—505) doch wohl vom Ortnitdichter herrührt. Ein älteres Spielmannsgedicht, das Ortnit und Wolfdietrich umfasste (vgl. Dfl. 2109—2294), darf vorausgesetzt werden. Der ursprüngliche Wolfdietrich B mag ungefähr gleichzeitig sein mit dem Ortn. und Wolfd. A; er besteht in unserer Überlieferung aus sechs Liedern, von denen jedoch nur das erste und zweite vollständig in ihrer alten Form, die andern bloss auszugsweise erhalten sind. Von einem Wolfdietrich C sind nur wenige Fragmente erhalten, zu denen als Einleitung ein Ortnit C hinzugedichtet wurde. Eine vierte Bearbeitung, der Wolfdietrich D (der grosse Wolfdietrich), stellt sich heraus als eine Kompilation von B und C aus den letzten Jahrzehnten des 13. Jahrhs. Alle diese Gedichte weisen nach dem Südosten, nur der Wolfdietrich D nach dem Südwesten Deutschlands[14].

Waltharisage. Nur geringe Bruchstücke eines strophischen Gedichtes von Walther und Hildegund sind gerettet[15], aus der guten Zeit des mhd. Epos; man nimmt ohne ausreichenden Grund steirische Heimat an. Die in diesen Fragmenten, welche grösstenteils dem Schlussteile des Gedichtes angehören, auftretende Sagenfassung weicht von der des Waltharius und der ags. Bruchstücke ab, ist dagegen wesentlich dieselbe wie in der Þs. (vgl. § 52).

Hilde-Kudrunsage. Einzige deutsche Quelle ist die Kudrun[16]: das nur in der grossen Ambraser Handschrift erhaltene Gedicht, das in den ersten Dezennien des 13. Jahrhs. auf bairisch-österreichischem Sprachgebiete, am wahrscheinlichsten in Steiermark, entstanden ist, hat in der auf uns gekommenen Gestalt starke Interpolationen und mehrfache formelle und inhaltliche Überarbeitung erfahren. Die Vorgeschichte (Str. 1—203) ist, wie der Anfang des Biterolf, Erfindung nach dem Vorbilde höfischer Gedichte.

Es kann nicht bezweifelt werden, dass neben den grossen Epen und Spielmannsgedichten auch kürzere Volkslieder im 13. Jahrh. das Andenken an die Heldensage erhielten. Nicht nur die Zusammensetzung des Sigfridsliedes und die für das jüngere Hildebrandslied und das Lied von Ermanarichs Tod zu erschliessenden älteren Lieder weisen darauf hin, sondern auch ausdrückliche Zeugnisse. Der Marner und Hugo von Trimberg im Renner (*Hds.* Nr. 60. 76) sind, ebenso wie die Stelle des jüngeren Titurel: *sô singent uns die blinden, daz Sîvrit hürnîn wære* (*Hds.* Nr. 79), vollgültige Belege für liedmässigen epischen Gesang. Darauf deuten auch die Anspielungen auf die Heldensage bei Wolfram (*Hds.* Nr. 42), in dem um die Mitte des 13. Jahrhs. in Österreich entstandenen Gedichte *von dem übelen wîbe* (*Hds.* Nr. 52. *ZE* Nr. 28, 1—5), und sonst.

[1] Schönbach, *Das Christentum in der altdeutschen Heldendichtung*, Graz 1897. — [2] Lachmann, *Anm.* S. 287 ff.; Sommer, ZfdA. 3, 193 ff.; Rieger, ebda 10, 241 ff.; E. Kettner, ZfdPh. 17, 390 ff.; J. Bieger, ebda 25, 145 ff.; Schönbach, *Christentum* S. 98 ff. — [3] Ausg. von Golther, Halle 1889 (Braunes Neudrucke Nr. 81/82). — [4] her. von Jaenicke im *Deutschen Heldenbuch*, Bd. I. [Deutsches Heldenbuch (*DHB*), 5 Bde., Berlin 1866—73]; vgl. Schönbach, *Über die Sage von Biterolf und Dietleip*, Wien 1897 (aus den Wiener SB. CXXVI, No. 9). — [5] Holz, *Die Gedichte vom Rosengarten zu Worms*, Halle 1893. — [6] her. von Müllenhoff im *DHB*, Bd. I (Sonderabdruck Berlin 1874); von Holz, Halle 1897. — [7] Alle her. von Zupitza im *DHB*, Bd. V; die Litteratur über die in diesen Gedichten behandelten Stoffe s. § 48. — [8] Ausg. von Martin im *DHB*, Bd. II; vgl. F. Neumann, Germ. 25, 300 ff.; E. Kettner, *Unters. über Alpharts Tod* (Progr. des Gymn. zu Mühlhausen i. Th. 1891); Jiriczek, PBB. 16, 115 ff. (s. auch Martin, ebda 471 ff.); Schönbach, *Christentum* S. 223 ff. — [9] Beide her. von Martin im *DHB* Bd. II;

vgl. Wegener, ZfdPh. Ergänzungsbd. S. 447 ff. — [10] Krit. Ausg. von Steinmeyer in *MSD*³ II, 20 ff. — [11] her. von Goedeke, 1851, und in v. d. Hagens *Heldenbuch* in 8⁰ II, 535 ff. — [12] her. von Zupitza im *DHB*, Bd. V. — [13] Die Bruchstücke des Druckes in v. d. Hagens *Heldenbuch* in 8⁰ II, 529 ff.; vgl. Steinmeyer, ZfdPh. 3, 242 f.; F. Zimmerstädt, *Untersuchungen über das Gedicht »der Wunderer«* (Progr. des Luisenst. Realgymn. zu Berlin 1888); neue Ausg. mit Berücksichtigung aller Fassungen erwünscht. — [14] Ausg. von Amelung und Jaenicke im *DHB*, Bd. III und IV. — [15] ZfdA. 2, 216 ff. 12, 280 f., vgl. 25, 181 f.; Heinzel, *Über die Walthers*. S. 13—20. — [16] Litteratur s. § 56.

§ 21. In der zweiten Hälfte des 13. Jahrhs. beginnt die Heldensage in Deutschland langsam abzusterben. Neue Bearbeitungen finden sich seit dem 14. nicht mehr, Umarbeitungen und Verkürzungen älterer Dichtungen, seit der Mitte des 15. Jahrhs. auch durch den Druck verbreitet, treten an die Stelle spielmannsmässiger Erfindung. Ihren Abschluss fand diese entartende Heldendichtung in den sogenannten Heldenbüchern. Das wichtigere derselben ist das zuerst ohne Ort und Jahr, jedoch spätestens 1490 nach einer der Strassburger (Goedeke § 61, 12) ähnlichen Handschrift, dann innerhalb eines Jahrhunderts wiederholt, zuletzt 1590 gedruckte, das zunächst den Wolfdietrich D nebst dem Ortnit, ferner den Rosengarten und Laurin enthält[1]. Für die Sage von Wichtigkeit ist die prosaische Vorrede (auch als »Anhang« zitiert und ursprünglich wohl als solcher gemeint) zu diesem Heldenbuche, die auf anderen Quellen beruht wie das Buch selber: es sind rohe, dürftige, entstellende Sagenauszüge, die aber auf Volkssage fussen und manchen alten, sonst verschollenen Zug gerettet haben, somit zwar eine trübe, aber reichhaltige Quelle (Abdr. im I. Bde. von v. d. Hagens *Heldenbuch* in 8⁰; s. auch *Hds*. Nr. 134). — Das Dresdener Heldenbuch liegt vor in einer Handschrift des Jahres 1472, an deren Herstellung Kaspar von der Roen beteiligt war: es enthält das sonst unbekannte Meerwunder und das anderwärts nur unvollständig erhaltene Gedicht von Etzels Hofhaltung (§ 20) und ist dadurch von Bedeutung; ausserdem Bearbeitungen von Ortnit, Wolfdietrich, Ecke, Rosengarten, Sigenot, Laurin, »Dietrich und seine Gesellen« (Virginal), Hildebrandslied, endlich das Bänkelsängerlied von Herzog Ernst[2]. Die beiden ersten Stücke und die Virginal sind sehr stark gekürzt, der Laurin ist strophisiert, überall ist der »Hildebrandston« durchgeführt ausser in den Gedichten, die die dreizehnzeilige »Bernerweise« anwenden.

Überraschend genug treten dürftige Züge der Wielandsage, in Oberdeutschland zum ersten Male, in phantastisch-ritterlicher Umgestaltung auf in einem abenteuerlichen Gedichte des 14. Jahrhs., Herzog Friedrich von Schwaben[3]. Die dunkle Kunde stammt kaum aus einer in Oberdeutschland nirgends nachweisbaren schriftlichen Vorlage, sondern am ehesten aus mündlicher niederdeutscher Überlieferung, woher auch die verworrene Notiz im Anhang zum HB (*Hds*. Nr. 134, 4) rühren wird. — Anspielungen auf die Heldensage verleihen dem allegorischen Gedichte »Die Möhrin« des schwäbischen Ritters Hermann von Sachsenheim (1453) ein gewisses Interesse (*Hds*. Nr. 128. *ZE* Nr. 77, 2. 3); das Fragment »Herr Syfrid und der schwarze Mann« (*Hds*. Nr. 123 b) ist möglicherweise ein verzerrter Rest einer abweichenden Darstellung des Sigfridsliedes.

Auf dem Sigfridsliede und dem Rosengarten in der Fassung des Heldenbuchs beruht die Tragödie des Hans Sachs »Der hürnen Seufrid« (1557)[4]. Die Annahme, dass dem Dichter für seine Darstellung von Sigfrids Ermordung (Actus 7) noch eine dritte verlorene Quelle (*Hds*. S. 350 f.; Goetze, Einl. zum Neudr. S. IV f.) oder doch das in die Druckredaktion des hürnen Seyfrid übergegangene Lied II (§ 20) im handschriftlichen Original (Golther,

Hürnen Seyfrid S. XXIII f.) zu Gebote gestanden habe, muss nach Dreschers Ausführungen abgewiesen werden. Hans Sachs hat die Szene nach Situationen, die ihm aus dem Heldenbuch und der Novellenlitteratur geläufig waren, frei gestaltet; die viel erörterte Ermordung Sigfrids im Schlafe unter einer Linde ist somit für die Rekonstruktion der alten Sagenform unverwertbar. Eine ältere Dramatisierung ist das Sterzinger Spiel von den Rosengartenkämpfen (Germ. 22, 420 ff.; *Sterzinger Spiele* her. v. Zingerle I, 146 ff.) aus dem Jahre 1511; Fragmente einer anderen aus dem Heldenbuch geschöpften dramatischen Bearbeitung des Rosengartens A v. J. 1533 sind ZfdA. 11, 252 ff. gedruckt. Mit dem »Wunderer« (§ 20) berührt sich nahe das Fastnachtspiel vom »Perner und dem wundrer« (Keller, *Fastnachtspiele* II, Nr. 62). — Ausschliesslich die Druckredaktion des Sigfridsliedes setzt das Volksbuch vom gehörnten Sigfrid[5] voraus, obgleich es aus dem Französischen übersetzt zu sein vorgiebt. Es ist nichts als eine Prosaauflösung des Liedes mit einigen freien Zuthaten und Erweiterungen und romantisch entstellten Namen, die nicht sehr viel älter sein wird als die älteste vorhandene Ausgabe (1726) und in keinem Zusammenhang mehr steht mit lebendiger Sage. — Lange dauern neben den Quellen die Zeugnisse für eine nicht völlig absterbende Tradition und Beliebtheit der Heldensage, wie sie in W. Grimms *Hds.* und Müllenhoffs und Jaenickes *ZE* beigebracht sind; am längsten erhielt sich die Kunde von dem hörnernen Sigfrid und von Kriemhild, von Dietrich und vom getreuen Eckart. In den Possen und Schwänken des ausgehenden Mittelalters fand die Heldensage Verwendung, die Nürnberger Meistersänger pflanzten ihre Stoffe fort, ohne dass die Sagenforschung aus diesen gelegentlichen Andeutungen viel Nutzen zöge.

[1] Ausgabe von A. v. Keller, Lit. Ver. Nr. 87. — [2] gedr. in v. d. Hagens und Primissers *Heldenbuch in der Ursprache*, 2 Bde., Berlin 1820—25; vgl. Zarncke, Germ. 1, 53 ff.; Steinmeyer, ZfdPh. 3, 241 ff. — [3] Auszug in Hagen Germ. 7, 95 ff.; vgl. Uhland, *Schr.* I, 481 ff.; *Hds.* S. 310 f. 473; Raszmann II, 265 ff.; L. Voss, *Überlief. und Verfassersch. des mhd. Ritterromanes Friedr. v. Schwaben*, Münster 1895 (Diss.). [Jiriczek, *DHS.* I, 24 ff.]. — [4] Neudruck von E. Goetze, Halle 1880 (Braunes Neudrucke Nr. 29); vgl. Drescher, *Studien zu Hans Sachs* I. *Hans Sachs und die Heldensage*, Berlin 1891 (= Acta German. II, 3) S. 5 ff. — [5] Abdruck der Ausg. von 1726 in Golthers Ausg. des *Hürnen Seyfrid* S. 59 ff.

§ 22. Eine Reihe sekundärer Quellen für die Heldensage bietet endlich das ausgedehnte Gebiet der Volkslitteratur: Volkslieder, Volkssagen und Volksmärchen, bei deren Benutzung die grösste Vorsicht geboten und genau zu trennen ist zwischen Zeugnissen wirklicher Volkstradition und Nachklängen litterarischer Quellen. Im Volksliede oder der Ballade des 15.—17. Jahrhs. ist hie und da, doch selten, eine Umwandlung halb unkenntlich gewordener Heldensagen zu spüren oder zu vermuten: so mag die Ballade »Der Graf von Rom« (Uhlands Volkslieder Nr. 299) eine dunkle Erinnerung an die nur aus der Þs. bekannte, aber auch in Oberdeutschland einmal geläufige Ironsage (§ 67) enthalten. Die merkwürdige Ballade von der schönen Meererin, die noch heute in verschiedenen Fassungen in Gottschee gesungen wird, ist aber ohne Frage kein Nachklang der Sage, sondern aus dem mhd. Kudrunepos entsprungen[1]. Aus der Heldensage entwickelte Volkssagen sind nur spärlich bewahrt. Lokalisierungen der Nibelungensage auf der Insel Hven im Sunde (§ 18), der Wielandsage in Berkshire (*Hds.* Nr. 170. *ZE* Nr. 6) und im Sachsenwalde (Jahrb. f. nd. Sprachf. 1, 104 f. *Hds.* S. 492) sind hier anzuführen. Die seit dem 16. Jahrh. auftauchenden schwedischen Lokalsagen von Wieland dagegen (*Hds.* Nr. 169. [Jiriczek, *DHS.* I, 53 und

Anm.]) scheinen grossenteils auf Kenntnis der schwedischen Didrikssaga (§ 18) zu beruhen. Als ein Schweinhirtenbube Säufritz lebt Sigfrid unweit Gemünden in Unterfranken fort (*ZE* Nr. 32); andere Lokalisierungen der Sigfridssage verdienen lebhaftes Mistrauen [2]. Dietrich von Bern, dessen Andenken mit dem dreissigjährigen Kriege im Volke erlosch, erscheint doch noch hie und da in Volkssagen als Teilnehmer an der wilden Jagd (*Myth.* [4] 177. 781 f. III, 283. ZfdA. 12, 436). Der deutsche Volksmärchenschatz ist etwas ergiebiger. In phantastischer Auflösung, namen- und heimatlos, wie im kindlichen Spiele, hat das Märchen freilich mehr verdunkelten Mythus als wirkliche Heldensage bewahrt. In den Sigfridsmärchen [3] — und die Sigfridssage kommt fast allein in Betracht — scheint der alte Sigfridsmythus, unberührt durch die historische Sage, in Nachklängen fortzuleben. Die Vergleichung der Märchen mit den Fjǫlsvinnsmǫ́l, in welchem Liede ebenfalls ein nahe verwandter, aber bereits märchenhaft gestalteter Mythus vorliegt, führt zu auffallenden Übereinstimmungen unter sich und mit dem Sigfridsmythus. Das Märchen vom Dornröschen aber (*KHM.* Nr. 50), wie merkwürdig auch die Ähnlichkeit ist zwischen der aus hundertjährigem Zauberschlafe erweckten Königstochter und der Walküre, die nach der eddischen Überlieferung durch Oðins Schlafdorn in Todesschlaf versenkt und durch den jungen Sigurð wieder zum Leben geweckt wird, darf nicht länger in diesen Kreis der Sigfridsmärchen gestellt werden. Nach F. Vogts schöner Untersuchung ist es der Ausläufer eines griechischen Vegetationsmythus, aus dessen Grundmotiv auch die mythische Vorstellung erwachsen ist, welche bei den Germanen zur Sage von Sigfrid und Brunhild geführt hat [4].

[1] K. J. Schröer, Germ. 14, 327 ff. (vgl. ebda 17, 208. 425); A. Hauffen, *Die deutsche Sprachinsel Gottschee*, Graz 1895, S. 245 ff. (s. auch Zs. f. österr. Volksk. 1, 336 f.). — [2] Zarncke, *Nibelungenlied* [6] S. CV ff. — [3] Als solche gelten mit mehr oder minder Wahrscheinlichkeit: *KHM.* Nr. (57). 60. 90—93. (97). 111, dazu Raszmann I, 360. Germ. 8, 373. Ein litauisches Sigfridsmärchen teilte Edzardi Germ. 20, 317 mit. — [4] Spiller, *Zur Gesch. des Märchens vom Dornröschen* (Progr. der Thurgauischen Kantonsschule 1893); F. Vogt, *Dornröschen-Thalia* in: Beiträge zur Volkskunde. Festschrift für K. Weinhold, Breslau 1896, S. 197 ff.

DIE EINZELNEN SAGENKREISE *.

A. BÉOWULFSAGE.

§ 23. Zwei Thaten Béowulfs sind es, die den Kern des ags. Béowulfepos bilden: sein Kampf mit Grendel und sein Kampf mit dem Drachen. Die erste, die den Hauptinhalt des ersten Teils des Gedichtes ausmacht, ist dort auf die Insel Seeland an den Sitz der dänischen Könige verlegt. In die Halle Heorot, die der dänische König Hróðgár, Healfdenes Sohn, sich erbaut hat, dringt Nacht auf Nacht der in den Mooren hausende Unhold Grendel, der die Insassen mordet und den Saal verödet, bis mit vierzehn Géaten Béowulf über das Meer dem Könige zur Hülfe eilt. Er verwundet in einem nächtlichen Faustkampf den Riesen auf den Tod und schlägt ihn in die Flucht. Die zweite That spielt im Lande der Géaten und in Béowulfs hohem Alter. Nachdem er fünfzig Jahre über die Géaten geherrscht, zieht der greise Held noch einmal aus, um einen feuerspeienden Drachen zu be-

* Die litterarischen Nachweise zu den einzelnen Sagenkreisen bezwecken keine Vollständigkeit. Ausser den Schriften, deren Resultate für den Text verwertet wurden, sind in der Regel nur solche angeführt, denen bleibende Bedeutung zuerkannt werden durfte, oder auf deren von den im Text vorgetragenen abweichende Auffassungen ausdrücklich hingewiesen werden sollte.

zwingen, der auf einem Schatz in einer Höhle am Meeresstrande lagert. Er erlegt den Wurm (mit Wîgláfs Hülfe), wird aber selber zum Tode verwundet. Ein drittes Abenteuer, wovon das Gedicht zu berichten weiss, fällt in Béowulfs Jugend: sein Schwimmwettkampf mit Breca, Béanstáns Sohn, dem Herrn der Brondinge (Beow. 506 ff.). Ob auch diese Sage dem Béowa (Béowulf) von Hause aus zukam oder erst auf ihn übertragen worden ist, muss dahingestellt bleiben. Die beiden Hauptthaten des Béowulf aber, sein Kampf mit Grendel und sein Kampf mit dem Drachen, weisen zweifellos in die Sphäre des Mythus und führen auf einen Heros, der säubernd und segensreich wirkt. Auf den Géaten Béowulf sind sie nur übertragen; ihr ursprünglicher und eigentlicher Träger war ein mythischer Heros Béaw oder Béow(a), der Sohn des Scyld, dessen Name im Epos erst sekundär durch den Namen des historischen Béowulf verdrängt ist.

Die Existenz eines mythischen *Béow(a)* ist gesichert sowohl durch die ags. Genealogien als durch englische Ortsnamen. In den ags. Genealogien (*Myth.*[4] III, 377 ff.) gilt *Béaw(a)* oder *Béow(a)* als Sohn des *Scyld* (*Sceldwa)*, welcher seinerseits an *Scéaf* angeknüpft wird; als letztes Glied der Genealogie wird *Tǽtwa* angefügt, also *Scéaf-Scyld-Béow(a)-Tǽtwa.* Von Scéaf berichten englische Chronisten des 10. Jahrhs. die schöne Sage, dass er als kleiner Knabe auf einem steuerlosen Schiffe an der anglischen (oder skandinavischen) Küste gelandet sei, schlafend, mit dem Haupt auf einer Garbe (ags. *scéaf,* ndd. nl. *schôf,* ahd. *scoub*) ruhend und von Waffen und Schätzen umgeben. Er wird von den Einwohnern gastlich aufgenommen, *Scéaf* benannt, sorgfältig erzogen und später zum König gewählt, als welcher er in der Stadt Slâswîch (Schleswig) im alten Angeln residierte. Zu Anfang des Béowulf wird der Schluss dieser Sage berichtet, die Bestattung des Heros auf demselben Schiffe, das ihn einst ans Land gebracht; allein nicht von Scéaf, sondern von *Scyld Scéfing* wird sie dort erzählt. Da nun die älteste Hs. der Sachsenchronik die Figur des *Scéaf* nicht kennt, ist die Annahme, sie sei erst aus dem patronymisch umgedeuteten *Scyld Scéfing* (»Scyld mit der Garbe«) gefolgert, in hohem Grade wahrscheinlich[1]. In Scyld hätten wir dann den ersten Angelnkönig zu erblicken, dessen Attribute, Ährenbündel, Waffen und Kleinodien, auf die mythische Gründung eines durch Ackerbau und Kriege zur Kultur sich entwickelnden Staates weisen. Geheimnisvoll kommt der Heros aus der Ferne, und in dasselbe geheimnisvolle Dunkel hüllt der Mythus sein Ende (Beow. 26 ff.). Mit der mythischen Natur des *Scyld* (»Schild, Schirmer«) ist auch die seines Sohnes *Béow(a)* gesichert, wenn auch die etymologische Deutung des Namens bisher nicht gelungen ist[2]. Von *Béowulf,* der ihm im Epos substituiert wurde, aber ursprünglich mit ihm in keinem etymologischen Zusammenhang gestanden zu haben braucht — die Ähnlichkeit der Namen muss ja gerade die Verschmelzung des Mythus mit der geschichtlichen Sage veranlasst oder erleichtert haben —, ist der Name *Béa(w),* wie er in seiner ältesten Form gelautet zu haben scheint (doch s. Binz, PBB. 20, 154), wohl zu trennen. In dem Mythus von (Scéaf)-Scyld-Béaw scheint ein fortschreitender Kulturmythus vorzuliegen: der Vater symbolisiert die Gründung des schirmenden Königtums, das den Ackerbau pflegt und den Besitz gegen Feinde schützt; in dem Sohne versinnbildlicht der Mythus die Segnungen gesicherter Wohnsitze für das seeanwohnende Volk; nach langer glücklicher Herrschaft kann er das Land seinem Sohne *Tǽtwa* (zu ags. *Tát-* in Eigennamen, frühmhd. *zeiz,* an. *teitr* »froh, erfreulich«) in behaglich geordneten Verhältnissen zurücklassen.

Mit dieser Auffassung ist auch die Deutung der beiden Grossthaten des mythischen Béowulf wohl vereinbar. Am klarsten weist der Kampf mit dem Meerriesen Grendel auf die Rettung von Mensch und Land aus der Gewalt des die Küsten überflutenden Meeres. In *Grendel* darf man die Personifikation der Sturmflut sehen, die im Frühling sich über die niederen Landschaften an den Küsten der Nordsee ergiesst (vgl. an. *Grindill* unter den *veðra heiti* der Snorra Edda II, 486. 569), die Menschen aus ihren Wohnsitzen raubt und diese selbst verschlingt; einen Dämon, der die zerstörenden Gewässer entfesselt, und den der Träger der menschlichen Kultur, der Heros des friedlichen Anbaues, bezwingt. An sich vieldeutig ist der Drachenkampf, aber von demselben mythischen Heros wie der Kampf mit Grendel erzählt, darf er mit Müllenhoff als »das herbstliche Gegenstück zu dem Kampfe mit Grendel im Frühjahr« aufgefasst werden. Die verheerende Sturmflut nimmt jetzt das Bild des Drachen an, der auf den Schätzen des Bodens lagert; noch einmal erhebt sich der altgewordene Held, um den Unhold zu erlegen und den von ihm gehüteten Hort den Menschen zurückzuerobern. Aber der Kampf kostet ihm selber das Leben: sein Reich ist aus, der Winter steht bevor. Durch den Kulturmythus bricht also der ältere Naturmythus durch, woraus er erwachsen ist: der Kampf mit Grendel und der Kampf mit dem Drachen sind im Kulturmythus verschiedene Bilder für dieselbe Vorstellung, den erfolgreichen Kampf gegen die den Seevölkern vom Wasser drohenden Gefahren, aber zu Grunde liegt ihnen ein Naturmythus von einem Heros, der im Frühling das überströmende Wasser bändigt, d. i. den dasselbe peitschenden Dämon bezwingt, im Herbste aber im Kampfe gegen den winterlichen Drachen den Tod findet. Zum Kulturmythus ist der alte Naturmythus vermutlich erst geworden, als er an den Mythus von Scéaf-Scyld angegliedert wurde. In Béowulf oder richtiger in Béaw, Béow haben wir demnach einen aus einem älteren Lichtwesen entwickelten Kulturheros der Nordseevölker zu erblicken, der allerdings in seiner Thätigkeit als Reiniger und Schützer an Göttergestalten der nordischen Mythologie gemahnt. Abzulehnen ist aber sowohl die weitere Ansicht Müllenhoffs, der in ihm eine Hypostase des Freyr (Ing als Stammvater der Ingväonen) erblickt, als die Auffassung Anderer, die in ihm einen Thorshelden sehen, wenn auch Béowa beiden Göttern in seiner Erscheinung nahe steht, dem Freyr als mildes, freundliches Wesen, das im Lenz den feindlichen Winter vertreibt, dem Thor durch seinen Drachenkampf und überhaupt als Schirmer der Menschen gegen die drohenden Elementarmächte, ersterem Gotte mehr in seiner alten naturmythischen Rolle, letzterem mehr als Kulturheros.

Wie der Béowamythus im ags. Epos vorliegt, hat er bereits Erweiterungen und Zusätze erfahren. An den Kampf mit Grendel schloss sich ein zweiter mit Grendels Mutter, die ihren Sohn zu rächen kommt, doch von Béowulf auf dem Grunde der See erschlagen wird (Beow. 1251 ff.). Der Grendelmythus selber wurde an den Sitz der dänischen Könige geknüpft. In Béowulfs Kampf mit dem Drachen, den er ursprünglich natürlich ganz allein unternahm, wurde später Wígláf eingemischt, um dem Helden einen Nachfolger zu geben. Alle diese jüngeren Ausgestaltungen aber hängen unleugbar zusammen mit der Umwandlung des Béowamythus zur epischen Sage unter der Einwirkung eines historischen Ereignisses.

Müllenhoff, ZfdA. 7, 410 ff. 419 ff. 12, 282 ff. *Beovulf*, Berlin 1889, S. 1—12; Laistner, *Nebelsagen*, Stuttg. 1879, S. 88 ff. 264 ff.; Möller, *Ae. Volksepos* S. 40 ff.; Ten Brink, *Grundr.*[1] II, 1, 532 f. *Beowulf* (QF. 62), Strassb. 1888; Koegel, ZfdA. 37, 274 ff. *Gesch. d. d. Litt.* I, 1, 104 ff. 109 ff. — [1] Möller, *Ae. Volksepos* S. 43 f.; Binz, PBB. 20, 147 f.; dagegen verteidigen die ältere Ansicht ten Brink, *Beowulf*, S. 195 f. Anm. und namentlich Henning,

ZfdA. 41, 156 ff. — [2] Zur Etymologie s. Koegels Aufsatz *Beowulf*, ZfdA. 37, 268 ff.

§ 24. In der Genealogie zu Anfang des Epos ist aus dem mythischen Scylding Béow(a) der Stammtafeln und Ortsnamen durch Anknüpfung an die dänischen Skildinge (Skjǫldungar) der Scylding Béowulf geworden, der als Vater des Healfdene gilt. An die Stelle des mythischen *Tǽtwa* ist also der aller Wahrscheinlichkeit nach historische Dänenkönig *Healfdene* (*Haldanus* bei Saxo) getreten, dem sich dann *Hróđgár* und *Hálga*, und weiter *Hróđulf* anschliessen, entsprechend Saxos *Roe, Helgo—Rolvo*. Und der Name *Béow(a)* ist durch *Béowulf* ersetzt. Zu diesem Namenwechsel hat offenbar der Held des Gedichts Veranlassung gegeben, der Géate Béowulf, Ecgþéows Sohn, auf welchen die Thaten des mythischen Béowa übertragen wurden. Er scheint eine historische Persönlichkeit zu sein. In episodischen Einschaltungen des Béowulf (1202—14. 2354—72. 2501—8. 2910—21) wird von einem Plünderungszuge des Géatenkönigs Hygelác in das »Land der Friesen« (*on Frésna land* 2915, womit die westfriesische Küste in den Niederlanden gemeint sein muss) berichtet. Er stösst aber auf kräftigen Widerstand von Friesen und Franken; im Gebiete der *Hetware* (Chattuarii) wird sein Heer fast vernichtet (2365 f.), er selber getötet, seine Leiche und die vergeblich verteidigte gemachte Beute fallen in die Hand der Feinde (1210 f.). Auf diesem unglücklichen Raubzuge zeichnet sich unter den géatischen Helden Béowulf aus, der Sohn des Ecgþéow, aus dem Geschlecht der Wǽgmundinge: er erschlägt den Franken Dæghrefn ohne Schwert (2501 ff.) und rettet sich schwimmend, mit dreissig Brünnen beladen (2359 ff.). Die historische Grundlage dieser Begebenheit hat zuerst N. F. S. Grundtvig (1817) erkannt. Nach Gregor von Tours III, 3 und den Gesta Francorum c. 19 drang der dänische König Chochilaicus zwischen 512 und 520 mit seiner Flotte plündernd und verheerend bis in den Gau der salfränkischen Chattuarier vor, wurde aber von einem fränkischen Heere unter Theodebert, dem Sohne des Merowingers Theodorich, geschlagen; er selbst fällt, die Beute wird den Normannen abgenommen (s. § 7). Bis auf Einzelheiten decken sich die Berichte der fränkischen Chronisten und des Epos. Der Name *Chochilaicus* steht für **Chugilaicus* = ags. *Hygelác*. Von den Ruhmesthaten eines dänischen (gautischen) Kriegers bei dieser Gelegenheit, wie das ags. Gedicht sie von Béowulf berichtet, verlautet allerdings in den geschichtlichen Quellen nichts, allein die Annahme, dass wirklich ein Held von ausserordentlicher Körperkraft und Schwimmer von grosser Ausdauer sich als Teilnehmer an dem Zuge des Hugilaik an die Rheinmündung hervorgethan, und dass dieser einen dem mythischen Béow(a) ähnlichen Namen getragen habe, ist durchaus unbedenklich und zur Erklärung der Béowulfsage unerlässlich. Hiess der gautische Held **Biwwolfr* »Bienenwolf« (an. *Bjólfr* aus **Býolfr*), so wäre daraus regelrecht in anglischem Munde *Béowulf* (altnorth. *Bíuwulf*) geworden [1], wodurch die Phantasie auf den angelsächsischen Stammesheros *Béaw* hingelenkt wurde: abgesehen vom Namen wird das tertium comparationis zunächst seine wunderbare Fertigkeit im Schwimmen gewesen sein, die an den Schwimmwettkampf zwischen Béowulf (Béowa) und Breca erinnerte, welche nun auf den historischen Helden übertragen wurde. Der Kampf mit Grendel folgte, und endlich schloss sich der Kampf mit dem Drachen an. Thatsächlich blieb der alte Mythus der Kern des Epos; von dem historischen Béowulf weiss es so gut wie nichts. Man muss notwendig voraussetzen, dass in der alten Heimat der Angelsachsen die Kraftleistungen des Gautenhelden auf dem Rückzuge des Hugilaik zwar eine augenblickliche starke

Wirkung hervorriefen, stark genug um ihn vorübergehend zum Helden des Tages zu machen und ihn das Erbe des mythischen Heros antreten zu lassen, dass der Eindruck aber nicht bleibend war, da andernfalls im ags. Epos weniger ausschliesslich der Mythus herrschen, und der Norden nicht jede Erinnerung an einen sagenberühmten Gautenhelden Bjólfr verloren haben würde. Die Bildung der epischen Sage kann demnach, wie ten Brink (*Beow.* S. 218 ff.) mit Recht hervorhebt, nicht lange nach dem geschichtlichen Ereignis, das den Anstoss zu ihr gab, also nicht später als etwa 530, angefangen haben.

Béowulf ist im Epos ein Géate. Wenn die fränkischen Chronisten den Chochilaicus (Hygelác) einen König der Dänen nennen, so wird man darin nur eine unberechtigte Ausdehnung des Dänennamens auf alle nordischen Seeräuber zu sehen haben: eine jüngere Quelle erzählt eine Sage von der ungeheuren Körpergrösse desselben *Hugilaicus* (verderbt in *Huiglaucus, Huncglacus*), den sie, die ags. Überlieferung bestätigend, einen »rex Getarum« nennt (s. *ZE* Nr. 9, 2). Die *Géatas* des Epos (auch *Sǽgéatas, Wedergéatas* oder *Wederas* genannt) sind unzweifelhaft die Gauten, d. h. die Bewohner der jetzigen Landschaften Väster- und Östergötland im südlichen Schweden (an. *Gautar,* aschw. *Gøtar*), nicht, wie sie auch gedeutet worden sind, die Jüten (ags. *Éotas, Íotas;* an. *Jótar*)[2].

Die geschichtlichen Elemente im Béowulf, auf welche ein näheres Eingehen hier unthunlich ist, sind am eindringendsten untersucht worden von Müllenhoff, *Beovulf* S. 13—109. Über die Hygelác-Episode s. auch Kurth, *Hist. poét. des Méroving.* S. 337 ff. Von älterer Litteratur (s. Wülkers *Grundriss* § 244—266) sei angeführt Kemble's Vorrede zu seiner Ausg. des Béow. ([2] 1835); H. Leo, *Beowulf*, Halle 1839, und Grein in Eberts Jahrb. IV (1862), 260 ff. (s. ferner die Litteraturangaben zu § 23). — [1] Zum Namen s. Cosijn, *Aanteek. op den Béow.* (1892) S. 42; Sievers, PBB. 18, 413. 20, 154 Anm.; Binz, PBB. 20, 153 Anm. 2 (vgl. § 23 Anm. 2). Man könnte *Béow(a)* als Kompromissform aus *Béaw* und *Béowulf* ansehen. — [2] Die Jüten-Hypothese ist in neuerer Zeit verteidigt worden von Fahlbeck, Antiqvar. Tidskr. för Sverige VIII (1884) 2, 26 ff. und Bugge, PBB. 12, 1 ff. Dagegen: G. Sarrazin, *Beowulf-Studien* S. 23 ff.; ten Brink, *Beowulf* S. 196 ff.; Möller, Engl. Stud. 13, 313 Anm.

§ 25. Die Frage, welchem germanischen Stamme sowohl der alte Mythus von (Scéaf)-Scyld-Béowa als die eigentliche Béowulfsage ursprünglich angehören, ist trotz ihrer häufigen Erörterung in älterer und in neuerer Zeit noch keineswegs entschieden. In den beiden vorhergehenden §§ bricht wiederholt die Ansicht durch, dass nicht nur der Mythus, sondern auch die epische Sage von Béowulf sich bei den englischen Stämmen, ganz oder doch grösstenteils noch in ihrer alten Heimat, gebildet hat. Dem gegenüber haben von älteren Gelehrten die meisten skandinavischen Forscher, aber z. B. auch Ettmüller und Thorpe, von neueren namentlich Bugge, G. Sarrazin und Sievers darzuthun gesucht, dass die beiden in unserm Epos verschmolzenen Überlieferungsschichten alter skandinavischer Tradition entstammen *. Für die zuletzt genannte Auffassung könnten zunächst allgemeine Erwägungen zu sprechen scheinen, einmal der allerdings sehr bemerkenswerte Umstand, dass die Sage auf skandinavischem Boden spielt und nicht angelsächsische, sondern dänische und schwedische Helden in ihr auftreten, ferner die Thatsache, dass nirgends in der alt- oder mittelenglischen Litteratur sich eine Anspielung auf sie findet. Von grösserer Bedeutung sind aber die von den

* Nur von der Sage ist hier die Rede. Die alte, neuerdings von G. Sarrazin wieder aufgenommene Ansicht, der Béowulf sei nicht original englisch, sondern aus einem skandinavischen (gautischen oder dänischen) Dialekte übersetzt, darf damit natürlich nicht zusammengeworfen werden.

genannten Forschern, vor allem von Sievers, aus der nordischen Sagendichtung, speziell aus Saxo, zum Beweise dafür, dass die Elemente der Béowulffabel auch im skandinavischen Norden im Liede lebten, beigebrachten Parallelen. Zweierlei muss hier genau unterschieden werden. Gewisse Übereinstimmungen zwischen nordischer Sage und dem Béowulf sind ohne Frage auf englischen Ursprung zurückzuführen: so die an die Kämpfe mit Grendel und dessen Mutter stark erinnernden und vermutlich diese wiedergebenden Partien in der isländischen *Grettis saga* c. 64—67[1]; übrigens kann diese Interpolation, die nach den Untersuchungen Boers (ZfdPh. 30, 59 ff.) erst dem Ende des 13. Jahrhs. angehört, so wenig wie der von Bugge herangezogene *Orms þáttr Stórólfssonar* (Flat. I, 521 ff., s. PBB. 12, 58 ff. 360 ff. ZfdPh. 30, 65 ff.), für die lebendige Existenz einer Form der Béowulfsage m skandinavischen Norden etwas beweisen. Dasselbe gilt von der Erzählung vom Wettschwimmen Egils in der *Egils saga ok Ásmundar* aus dem 14. Jahrh. (PBB. 12, 51 ff.), wenn überhaupt in diesem Falle ein historischer Zusammenhang anzuerkennen ist, was für andere von Bugge beigebrachte Parallelen sicherlich zu leugnen ist (s. die Bemerkungen ten Brinks, *Beow.* S. 191 ff.). Anders dagegen steht es mit der Sage von *Bǫđvarr Bjarki* und mit den von Sievers angeführten Stellen aus Saxo. Erstere, in der *Hrólfs saga kraka* (namentlich c. 34—36: Fas. I, 65 ff.) und bei Saxo (lib. II, p. 87 MV., p. 56 ed. Holder) erhalten, zeigt ohne Frage, besonders in der Form der Saga, Ähnlichkeiten mit Béowulfs Grendelkampf und Drachenkampf, die nicht zufällig sein können[2]. Und die von Sievers[3] nachgewiesenen Berührungen zwischen Béowulfs Drachenkampf und Saxos Bericht von dem Drachenkampf Frothos I, des Vaters des Haldanus (Healfdene), zu Anfang des zweiten Buches sind vollends schlagend; auch den Parallelen *Heremód-Lotherus* und *Scyld-Skyoldus* darf eine gewisse Bedeutung nicht bestritten werden. Es ist nur die Frage, ob diese unleugbaren Parallelen wirklich beweisen, was sie beweisen sollen: den skandinavischen, speziell dänischen Ursprung des Béowamythus. In der Sage von Bǫđvarr Bjarki nach der Hrólfssaga hat ten Brink (*Beow.* S. 188) Umbildung dänischer Überlieferung unter dem Einflusse »der englischen Béowulfsage« erblickt. Diese Auffassung, die schon dadurch nahe gelegt wird, dass das Abenteuer Bǫđvars in der nordischen Sage aus dem Grendel- und dem Drachenkampf zusammengeflossen scheint, also sicherlich keine ursprüngliche Gestalt der Sage repräsentiert, erhält eine sehr wesentliche Stütze in einer noch nicht genügend beachteten, wenn auch von Bugge gelegentlich (PBB. 12, 57) hervorgehobenen genealogischen Notiz in der Flateyjarbók (I, 27): *hans* (nämlich des Sceldwa-Skjǫldr) *son Beaf er ver kollum Biar,* die zwischen dem Mythus von Béaw und der Sage von Bjarki die Brücke bildet. Züge aus dem anglischen Mythus von *Béaw-Biar* (*Biarr* oder *Bjár*?; s. Verf., *Lieder der Edda* I, 222) wurden auf den dänischen Sagenhelden (*Bǫđvarr-*)*Bjarki,* durch Ähnlichkeit der Namen veranlasst, übertragen. Und auch in den Fällen, auf welche Sievers die Aufmerksamkeit gelenkt hat, dürfte eine, freilich ältere, Einwirkung englischer Dichtung auf die skandinavische vorliegen; d. h. die alten dänischen Lieder, auf welche Saxos Darstellung schliesslich zurückgeht, haben in früher Zeit, ebenso wie sie zu den Angeln und Sachsen drangen — man denke nur an die Kämpfe zwischen Dänen und Heađobearden —, andererseits auch Züge angelsächsischer Sage und Dichtung in sich aufgenommen. Nur durch die Annahme reger Wechselwirkung zwischen der mythisch-epischen Poesie der Angeln auf der kimbrischen Halbinsel und der bloss durch den kleinen Belt von ihnen getrennten Inseldänen erklärt sich das Sagengewirr im Béowulfepos. Der Bēọwamythus selber aber, wenn er oben nach Müllenhoff richtig gedeutet ist (§ 23), wird nur als Dichtung eines Nordseestammes verständlich, dem der unausgesetzte Kampf mit dem Meere den Inhalt für seine primitive Dichtung gab. So ergiebt sich für die historische Entwicklung der Béowulfsage folgende Skizze, deren nähere Begründung der Raum nicht gestattet.

Der Mythus von Béowa ist in der alten Heimat der Angelsachsen entstanden und bereits von den ersten Besiedlern Britanniens, unverbunden mit und unbeeinflusst von der historischen Béowulfsage, in die neuen Wohnsitze hinübergetragen. Darauf weisen Ortsnamen wie *Béowan ham* und *Grendeles mere* zusammen in einer Urkunde v. J. 931 aus Wiltshire, ferner *Grindles bec, Grindeles pytt* in Worcestershire (*ZE* Nr. 8), und andere von Binz (PBB. 20, 155 f.) nachgewiesene, von denen die ältesten noch dem Anfang des 8. Jahrhs. angehören. Namentlich die Urkunde v. J. 931 deutet mit Entschiedenheit auf Fortleben und Lokalisierung des alten Mythus in Wiltshire. Weniger entscheidend sind die übrigen Zeugnisse. Aus dem Umstande, dass diese Namen sich vorzugsweise auf westsächsischem Gebiete finden, hat man vielleicht mit Recht auf besondere Pflege des Béowamythus bei den Westsachsen geschlossen, was jedoch seine Entstehung bei den Angeln keineswegs ausschliesst. Bei den Angeln ist jedesfalls die Ausbildung der epischen Béowulfsage vor sich gegangen, die durch ein historisches Ereignis aus dem zweiten Jahrzehnt des 6. Jahrhs. veranlasst und nicht zu lange nachher vollzogen sein muss (§ 24). Dass auch die Übertragung des Béowamythus auf den als historisch zu betrachtenden Dienstmann des Gautenkönigs Hygelác wenigstens in ihren ersten Etappen noch in der alten festländischen Heimat der Angelsachsen erfolgte, unterliegt keinem berechtigten Zweifel: nur hier waren dazu die Bedingungen vorhanden, die nahen Berührungen mit skandinavischen Stämmen und ihrer Dichtung — denn ein gautisches Lied wird doch als Vermittler von Béowulfs Heldenthaten anzusehen sein — und überhaupt das Interesse für Begebenheiten, deren starke, aber offenbar vorübergehende Wirkung nur innerhalb der Welt erklärlich ist, wo sie zuerst gefeiert und besungen wurden. Auch die Verlegung des Grendelkampfes nach Seeland erklärt sich nur in der alten Heimat, wo leicht der alte Träger des Mythus, Béowa der Scylding, an den Ahnherrn des dänischen Königsgeschlechtes Scyld-Skjǫldr erinnern konnte. Die historischen Überlieferungen der Angelsachsen lehren nun, dass um 530 (s. § 24) die Gründung der sächsischen Reiche in Britannien im wesentlichen vollendet war; auch Niederlassungen der Angeln fallen zwar schon in frühere Zeit, allein ein grosser Teil derselben blieb bis gegen die Mitte des 6. Jahrhs. in den alten Sitzen. Diese anglischen Nachzügler, die Begründer der Königreiche Bernicien und Deira, Ostangeln, Mercien, bei denen der Mythus von Béowa auch nach seiner ersten Überführung nach England lebendig geblieben war, kommen für die epische Ausbildung der Béowulfsage allein in Betracht. Mit ihnen ist die Béowulfsage, wir dürfen annehmen in der Form epischer Einzellieder, nach Britannien gekommen, etwa um die Mitte des 6. Jahrhs. Halten wir fest an der ags. Tradition, wonach die ersten anglischen Reiche 547 (Bernicien) und gegen 560 (Deira) gegründet wurden, so werden wir in diese Zeit auch die Überführung der Béowulfsage von der kimbrischen Halbinsel in das östliche Britannien setzen dürfen. Wie weit damals die Bildung der Sage vorgerückt war und ob nicht ihr Abschluss, namentlich die Übertragung von Béowas Drachenkampf auf den Gauten Béowulf, erst in England erfolgt ist, darüber sind nur unsichere Vermutungen möglich, die mit den nicht weniger unsicheren Ergebnissen der höheren Kritik des Béowulf eng zusammenhängen. Auch die Frage, welchem der anglischen Stämme die Ausbildung der Sage zufällt, ist kaum entscheidbar. Auf Nordhumbrien deutet allerdings das sehr häufige Vorkommen von Namen aus der Béowulfsage im Liber Vitae der Kirche von Durham (Sievers, PBB. 10, 463 f.; ten Brink, *Beow.* S. 222; Binz, PBB. 20, 161 f.), allein sie können nur für Kenntnis des Epos resp. seiner Bestandteile etwas beweisen. Auch ten Brinks geistvolle Abwägung der Ansprüche Merciens und Northumberlands (a. a. O. S. 223 ff.) geht über die Sagengeschichte hinaus.

Zu diesem § vgl. vor allem Müllenhoff, *Beovulf* S. 53 ff., und ten Brink, *Beowulf*, Cap. 11 und 13. — Schroff entgegengesetzt sind die Ansichten G. Sarrazins, PBB. 11, 159 ff. 528 ff. (dazu Sievers, ebda 11, 354 ff. 12, 168 ff.). Anglia 9, 195 ff. 200 ff. 515 ff. *Beowulf-Studien*, Berlin 1888. Engl. Stud. 16, 79 f. 23, 221 ff. — [1] G. Vigfússon, *Sturlunga*, Prol. S. XLIX. *Corp. poet. bor.* II, 501 ff. (vgl. Gering, Anglia 3, 74 ff.); Bugge, PBB. 12, 57 ff.; Boer, ZfdPh. 30, 59 ff. — [2] Bugge, *DgF.* III, 801. PBB. 12, 55 ff.; Müllenhoff, *Beov.* S. 55 f.; ten Brink, *Beow.* S. 185 ff. — [3] Sievers, *Béowulf und Saxo*, in den Berichten der sächs. Ges. der Wiss. 47 (1895), S. 175 ff.

B. Nibelungensage.

§ 26. Die Nibelungensage ist in zwei Hauptgestaltungen auf uns gekommen, die wir, obgleich ihrem Ursprunge nach beide deutsch sind, herkömmlicher Weise als die nordische und die deutsche unterscheiden. Die nordische (genauer: norwegisch-isländische) Sagengestalt wird durch die Eddalieder und die mittelbar oder unmittelbar davon abhängigen Quellen (§ 16) vertreten. Die deutsche ist in dreifacher Tradition überliefert: der *oberdeutschen* im Nibelungenliede und in der Klage (§ 20), der *niederdeutschen* in der norwegischen Þiðrekssaga und einigen dänischen und färöischen Liedern, soweit sie unmittelbar aus nd. Volksdichtung geschöpft haben (§ 18), endlich derjenigen, welche im Sigfridsliede (§ 20) und dem Anhang zum Heldenbuche (§ 21) vorliegt und vermutlich die spätere *rheinisch-fränkische* Überlieferung vertritt, die in einigen Punkten der altrheinfränkischen, wie sie den norwegisch-isländischen Quellen zu Grunde liegt, noch nahe steht. Aus einer Vergleichung der deutschen Überlieferungen unter sich und weiter der zu erschliessenden deutschen Grundgestalt der Sage mit der nordischen ergiebt sich die gemeinsame Grundlage beider und lässt sich die geschichtliche Entwicklung der Nibelungensage in ihren Hauptzügen ermitteln. Von den deutschen Formen stehen sich die sächsische und die besonders durch das Sigfridslied bewahrte näher als eine von ihnen der oberdeutschen, der gegenüber jene öfter das Ursprüngliche erhalten haben. Die nordische der älteren Eddalieder, die aus ihrer fränkischen Heimat vermutlich durch sächsische (oder friesische) Vermittlung nach Skandinavien kam (s. § 16), ist aber die verhältnismässig ursprünglichste und hat den ersten Teil der Sage, die Sage von den älteren Welsungen, allein in zusammenhängender Fassung bewahrt.

Wichtigste Litteratur: Briefwechsel zwischen Lachmann und W. Grimm über das Nibelungenlied aus den Jahren 1820/21 (s. § 4 Anm. 2); Lachmann, *Kritik der Sage von den Nibelungen*, 1829 (s. § 4 Anm. 4); Müllenhoff, ZfdA. 10, 146 ff. 23, 113 ff.; Rieger, Germ. 3, 163 ff.; W. Müller's Arbeiten zur Nibelungensage (s. § 4 Anm. 13); E. Koch, *Die Nibelungensage* [2], Grimma 1872; Edzardi, *Altd. und altnord. Heldensagen*, Bd. III, Stuttgart 1880, S. LXX ff.; Heinzel, *Über die Nibelungensage*, Wien 1885 (aus den Wiener SB. CIX, 671 ff.; vgl. Ltbl. 1886, Sp. 449 ff.); Golther, *Studien zur germanischen Sagengeschichte*, München 1888 (aus den Abhh. der bair. Akad., Cl. I, Bd. XVIII, 2, S. 401 ff.; vgl. Ltbl. 1890, Sp. 212 ff.). Germ. 33, 471 ff. 34, 265 ff.; Lichtenberger, *Le poème et la légende des Nibelungen*, Paris 1891, S. 62 ff. (dazu die wichtigen Besprechungen von Wilmanns, AfdA. 18, 66 ff. und Vogt, ZfdPh. 25, 405 ff.). — Zur Orientierung über die ältere Litteratur sind brauchbar die Übersichten bei Herm. Fischer, *Forschungen über das Nibelungenlied* (1874) S. 95 ff. und v. Muth, *Einleitung in das Nibelungenlied* (1877) S. 13 ff. Die gesamte Litteratur über die Sage (bis 1887) lässt sich am besten übersehen bei Zarncke, *Nibelungenlied*[6] S. LXI ff. — Schriften über spezielle Punkte werden zu den einzelnen folgenden §§ angeführt.

§ 27. Den ältesten Teil der Nibelungensage bildet die mythisch-heroische Sage von dem Welsung Sigfrid, die früh, wenn auch vielleicht nicht von allem Anfang an, das Schlussglied einer mehrere Generationen umfassenden Welsungensage formte. Die Geschichte von Sigfrids Ahnen ist in zusammenhängender Erzählung nur in den zwölf ersten Kapiteln der Vǫlsungasaga (§ 16) erhalten: sie führt den Stammbaum des Helden durch vier Geschlechter (Sigmundr-Vǫlsungr-Rerir-Sigi) bis zu Óđinn hinauf. Es handelt sich darum festzustellen, inwieweit diese Sage von den älteren Welsungen auf alter Überlieferung beruht, inwieweit sie als nordische Zudichtung betrachtet werden muss. Des Verf.s frühere Ansicht über diese schwierige Frage ist durch Müllenhoffs Untersuchungen in einigen Punkten umgestaltet. Zunächst führt die nähere Betrachtung der betreffenden Kapitel der Vǫlsungasaga zu folgendem Ergebnis in Betreff ihrer Quellen[1]. In den beiden ersten Kapiteln (Sigi und Rerir) ist von poetischen Quellen nichts mehr zu verspüren; dagegen verraten die folgenden Kapitel von Vǫlsungr und dessen Sohn Sigmundr (c. 3—8) in zunehmendem Masse Spuren dichterischer Vorlagen. Es mag der Sagaschreiber für diesen Teil seiner Erzählung Sagen in ungebundener Rede, aber vermischt mit einzelnen Liedresten, als Quellen benutzt haben, in denen die Höhepunkte der Handlung, vor allem die entscheidenden Wechselreden, die alte poetische Form am längsten bewahrten. Sigmunds und Sinfjǫtlis Werwolfsleben im Walde (c. 8) trägt die Kennzeichen einstmaliger poetischer Behandlung aufs deutlichste zur Schau, und was weiter folgt — der Racheversuch der beiden Notgestallen, ihre Einschliessung und Befreiung, endlich die Ausführung der Rache — kann der Gegenstand eines alten Liedes gewesen sein, von welchem der Sagaschreiber eine Strophe zitiert (Bugges Ausg. 99^{6-9}). Auch die schönen letzten Worte der Signý, bevor sie sich in das Feuer der brennenden Halle stürzt (B. 99^{20-29}), sind unverkennbar Wiedergabe eines Liedfragments. Mit dem Schluss von c. 8 lenkt dann die Saga in die Paraphrase des ersten Liedes von Helgi Hundingsbani ein, die sich in c. 9 fortsetzt. Die Erzählung von Sinfjǫtlis Tod in c. 10 berührt sich mit dem im Codex Regius der Eddalieder auf die Helgilieder folgenden Prosastücke *Frá dauþa Sinfjǫtla,* mit welchem sie auf ein verlorenes Lied als gemeinsame Quelle weist. Endlich, c. 11 und 12, Sigmunds Werbung um Hjǫrdís, seine Fehde mit dem verschmähten Nebenbuhler Lyngvi, sein Fall und die letzte Unterredung des sterbenden Helden mit der Gattin auf der Walstatt, sind unzweifelhaft zum Teil auf verlorener poetischer Überlieferung aufgebaut, wenn auch der Verfasser seine bereits lückenhaften Berichte durch freie Einschaltungen ergänzt hat. Der Verlust dieser Lieder aus der Sigmundssage ist aufs tiefste zu beklagen; noch im Prosagewande der Saga verraten sie eine kernige epische Haltung und eine Altertümlichkeit des Stils, womit nur wenige der erhaltenen eddischen Heldenlieder sich messen können. Und auch die Sage selber wird, wie kaum eine zweite, vom Geiste des germanischen Altertums getragen.

Es unterliegt denn auch keinem Zweifel, dass die Sigmundssage in der Gestalt, wie sie die Vs. bietet, im wesentlichen schon bei den Franken ausgebildet war; im Norden ist sie nur durch Einschaltung der skandinavischen Helgensage entstellt und an éiner Stelle lückenhaft geworden. Die Sage von Sigmundr, Signý und Sinfjǫtli (Vs. c. 3—8) scheint auch den Angelsachsen in Verbindung mit der Sigfridssage bekannt gewesen zu sein; wenigstens ist der Drachenkampf Sigfrids im Béowulf (V. 884 ff.) auf Sigfrids Vater übertragen. Im Norden ist sie durch Anspielungen im ersten Liede von Helgi Hundingsbani und durch die Eiríksmǫ́l (bald nach 950) weiter bezeugt, während für die einstige Verbreitung der Sage in Deutschland der Name *Sintarvizzilo* (*ZE* Nr. 14. ZfdA. 23, 161) in bairischen Urkunden des 9. und der ersten Hälfte des 10. Jahrhs. spricht. Es scheint der auffallende Name (ags. *Fitela* = ahd. *Fizzilo, Fezzilo*) nach Sievers' und Koegels ansprechender Deutung (PBB. 16, 363. 509; vgl. Kluge, Engl. Stud. 16, 433) sich auf die blutschänderische Zeugung des Sinfjǫtli durch ein Geschwisterpaar zu beziehen*; die nordische Form *Sinfjǫtli* weicht im ersten Kompositionsgliede von der ahd. ab (aus einem as. **Sin-fetulo* übernommen?). Auch der Name *Welisung* (*ZE* Nr. 10, 1) ist um dieselbe Zeit auf deutschem Boden belegbar** und entspricht dem ags. *Wælsing*, an. *Vǫlsungr*; die nordische Überlieferung irrt aber darin, dass sie Sigmunds Vater Vǫlsungr, also patronymisch, benennt; vielmehr ist Sigmund selbst, wie Sigfrid, ein Welsung, und der Vater Sigmunds kann in der alten Sage nicht anders geheissen haben als **Walis*, d. h. nach J. Grimms schöner Deutung »der Echte, Erlesene« (got. *walis(a)*, vgl. *Uualestus* in der Lex Burg. 34, 12: ZfdA. 37, 230), wie ja auch der Béowulf Sigmund richtig *Wælses eafera* »Nachkomme (Sohn) des Walis« (896) nennt. Die Sage von Sigmund und Signý (ahd. *Siginiu*: Koegel I, 2, 198 f.) ist, wie zuerst Rieger bemerkt hat (Germ. 3, 196 ff.) das Vorbild geworden, nach welchem die historische Sage von dem Untergang der Burgunden und Attilas Tod ihre epische Form erlangte. Da nun diese Ausbildung, wie sich aus den der deutschen Gestalt des zweiten Teils der Nibelungensage mit der nordischen gemeinsamen Zügen ergiebt, bereits in Deutschland begonnen haben muss, lässt sich auch aus dem zweiten Teil der Nibelungensage rückwärts der Beweis führen, dass die Sage von Sigmund einmal in Deutschland bekannt war; mit dem zweiten Viertel des 10. Jahrhs. verschwinden dort ihre Spuren. Ebenso dürfen die Überlieferungen über Sinfjǫtlis Tod, Sigmunds Werbung um Siglind (an. *Sigrlinn*, wofür in den nordischen Quellen durch einen Namenwechsel mit der ersten Heldensage *Hjǫrdís* eintrat), die Erzeugung Sigfrids und Sigmunds Ende (Vs. c. 10—12) für die alte fränkische Welsungensage in Anspruch genommen werden. Dagegen ist Müllenhoffs Ansicht, dass auch die Erzählungen von Sigi und Rerir (Vs. c. 1. 2) und die Abstammung des Heldengeschlechtes von dem höchsten Gotte als altfränkisches Sagengut zu betrachten seien, nicht haltbar. Die Namen *Sigi* und *Rerir* sind ganz singulär und finden nicht die geringste Anknüpfung ausserhalb des Nordens, ihre Schicksale sind teils bedeutungslos, teils aus älteren Motiven zusammengelesen, und das Vorhandensein dieser beiden ältesten Glieder der Genealogie widerspricht der späteren Darstellung der Saga, wonach Rerirs Gemahlin einen fruchtbar machenden Apfel von Óðinn und Frigg erhält, um zu einem Sohne gelangen zu können, der dann aus dem Mutterleibe geschnitten werden muss. Mit dem »ungebornen« Vǫlsungr (s. *Myth.*[4] 321 f.) betreten wir offenbar erst das Gebiet der echten Sage, aber auch ihm wird die göttliche Mithülfe zu seiner Konzeption erst

* Abweichend deuten Gering (Eddaübers. S. 183 Anm. 1) und Kauffmann (PBB. 18, 182 Anm. 2) den Namen als »Wolf«.

** Als Schwertname findet sich *Welsunc* im mhd. Volksepos (*Hds.* S. 18. 162).

vermittelst eines verbreiteten Märchenmotivs (s. *KHM.* Nr. 47. 53 und III, 87) in der Saga angedichtet worden sein, deren Tendenz, die Verteidigung der zweifelhaften Legitimität von Harald Schönhaars Dynastie, die Herleitung des Welsungengeschlechts von Óđinn forderte. Der Zusammenhang der Welsungensage bedingt die göttliche Abstammung keineswegs, und Müllenhoff ist zu dem von ihm rekonstruierten Inhalte der alten Sage nur durch Annahme einer Lücke in der Überlieferung gelangt. Dieser ältesten fränkischen Sage dürfen wir auch die in der nordischen Dichtung allerdings schön und wirksam hervortretende Teilnahme Óđins an den Schicksalen des Heldengeschlechts noch nicht zuschreiben. Sie ist erst im Norden mit der »Mythisierung« der ganzen Sage, d. h. ihrer Verbindung mit der nordischen Mythologie (s. unten § 30), zu Stande gekommen. Aber weit jünger noch ist die Anknüpfung von Sigfrids Geschlecht an Óđinn; lässt sich doch überall beobachten, dass die Nachrichten von göttlicher Abstammung der Heroen und deren Verbindung mit den Göttern verhältnismässig jung sind. Der *ἥρως ἐπώνυμος* des Geschlechtes, *Walis, wird der ältesten Sage auch als der Stammvater desselben gegolten haben *. Erst im Norden ist es durch doppelte Anknüpfung bis zu Óđinn hinaufgeführt, nachdem dieser zum höchsten Gotte erhoben worden und ihm von der nordischen Dichtung die einheitliche Schicksalsleitung in die Hand gegeben war.

Müllenhoff, *Die alte Dichtung von den Nibelungen:* ZfdA. 23, 113 ff. (vgl. Ltbl. 1880, Sp. 49 ff.); Verf., PBB. 3, 287 ff.; Edzardi, *Helden-Sagen* S. XXII ff.; Koegel, *Gesch. d. d. Litt.* I, 1, 172 ff. I, 2, 198 ff. — [1] Für die nähere Ausführung wird auf § 14 der demnächst erscheinenden Einleitung zu des Verf.'s Eddaausgabe I, 2 verwiesen.

§ 28. Uralt und ohne Frage in urgermanische Zeit hinaufreichend ist der Sigfridsmythus. Alle Versuche, für Sigfrid historische Anknüpfungspunkte zu finden (s. § 4 Anm. 8), sind mislungen und konnten nicht anders als mislingen, aber nicht weniger hoffnungslos sind die Bestrebungen derer, die uns seine Sage als Erfindung eines fränkischen Dichters verständlich machen wollen. Die mythische Grundlage der Sigfridssage ergibt sich aus den beiden Hauptthaten, die entweder alle Überlieferungen übereinstimmend oder doch sowohl die nordische als ein Teil der deutschen Überlieferung (Sigfridslied) von dem Helden berichten, der Erlegung des Drachen und Horterwerbung und der Befreiung der Jungfrau, mit Sicherheit. Nicht Namendeutungen und Lokalisierungen, die nur eine bestätigende Kraft besitzen, sondern die Handlung der Sage selber und ihr innerstes Wesen weisen mit zwingender Notwendigkeit in die Sphäre des Mythus **.

Die Hauptzüge des alten Naturmythus, aus welchem die Sigfridssage erwachsen ist, finden sich in dem eddischen Liede Fjǫlsvinnsmǫ́l und den deutschen Sigfridsmärchen mit grosser Treue erhalten. Aus der Vergleichung der verschiedenen Fassungen lässt sich mit Wahrscheinlichkeit etwa folgende Grundgestalt gewinnen. Der Held wächst, ohne seine Eltern zu kennen, im Walde bei einem kunstreichen Alben oder Schmiede auf. Er erlöst eine Jungfrau, die auf einem Berge oder in einem Turme eingeschlossen ist, umgeben von flammender Lohe oder einem grossen Wasser, Hindernisse, die

* Martins Bedenken gegen diese auch in der ersten Auflage bereits ausgesprochene Ansicht (ZfdPh. 23, 369) ist ebenda 25, 398 zurückgewiesen worden.

** Dies sei hier ausdrücklich hervorgehoben anlässlich der »Vorbemerkung« zu der S. 617 Anm. zitierten Abhandlung von E. Mogk. Wenn man freilich mit Mogk (S. 71) auf die alleinige Autorität des Béowulf-Interpolators hin sich berechtigt glaubt, Drachentötung und Hortgewinnung, als ursprünglich zur Sigmundssage gehörig, aus der Sigfridssage auszuscheiden, lässt sich ihr mythischer Gehalt leicht verflüchtigen.

jedem unüberwindlich sind ausser dem Berufenen; diesem, der nebst einem trefflichen Rosse ein besonderes Schwert besitzt, womit er den hütenden Drachen oder Riesen erlegt, ebnen sich die Schwierigkeiten von selber. Mit der Jungfrau erwirbt der Held einen unerschöpflichen Hort und den Besitz übernatürlicher Kräfte. Dann fällt er in die Gewalt dämonischer Mächte — die falschen Brüder des Märchens —, die ihn durch Zauberkünste in ihre Netze locken, die erlöste Jungfrau für sich erwerben und den Hort durch die Ermordung des Helden wieder an sich bringen. — Die Überlieferung ist hier ergänzt. Die ältesten Besitzer des Hortes und die dämonischen Gegner Sigfrids sind offenbar im Grunde identisch, wie deutlich daraus hervorgeht, dass der Name *Nibelunge* (an. *Niflungar*) »Nebelkinder« nicht nur dem mythischen Nachtgeschlechte, das den Hort ursprünglich besitzt, sondern auch den mit Sigfrids mythischen Gegnern verschmolzenen burgundischen Königen beigelegt wird, während Sigfrid und Kriemhild niemals so heissen, sodass die vielfach gegebene Erklärung der doppelten Verwendung des Namens, er hafte am Schatze und sei von den ersten Besitzern desselben auf die späteren übertragen, unstatthaft ist. Die mythische Bedeutung des Nibelungennamens, die besonders von Wilh. Müller (*Myth. der deutschen Heldensage* S. 56 ff.) geleugnet worden ist, welcher in ihm eine epische Bezeichnung der Franken sieht, erhellt aus seinem Ursprunge — vgl. *Niflhel, Niflheimr* als Bezeichnung der Unterwelt, des von Nebel erfüllten Totenreichs, in der nordischen Mythologie —, und dieser mythische Sinn der Benennung würde auch dann nicht angetastet, wenn Wilmanns mit der Annahme Recht hätte, dass sie ursprünglich nur den letzten Besitzern des Hortes zukam und von diesen erst auf die mythischen Zwerge, die Sigfrid tötet, übertragen wurde (AfdA. 18, 95 f.).

So wenig wie Béowulf (§ 23) ist Sigfrid die Hypostase eines Gottes: weder Baldr noch Freyr ist in ihm vermenschlicht, und auch unmittelbare Ableitung dieser Heldengestalt aus dem Wodanskultus ist abzulehnen. Will man den Mythus von Sigfrid und Brunhild aus dem Göttermythus deuten, so müsste er jedesfalls in eine Zeit zurückreichen, da die Germanen Tius als Himmelsgott und die Sonnengöttin Frija als seine Gemahlin verehrten: in den Fjolsvinnsmǫl ist die erlöste *Menglǫd* »die Halsbandfrohe« im engsten Zusammenhang gedacht mit der Halsbandgöttin Frija (Frigg), an deren Stelle erst später im nordischen Halsbandmythus Freyja trat. Allein der der Dichtung von Sigfrid und Brunhild zu Grunde liegende elementare Naturvorgang erscheint im Sigfridsmythus von allem Anfang an so menschlich aufgefasst, dass seine Herleitung aus dem Göttermythus überflüssig ist. Einen Lichtheros, der die Sonnenjungfrau erwirbt, dürfen wir gewiss in Sigfrid sehen, aber der Tagesmythus hat sich in der epischen Gestalt der Sage mit Zügen der nahe verwandten Form des Jahreszeitenmythus gemischt. Der junge Tag weckt am Morgen, nachdem er den Nebeldrachen erlegt hat, die auf dem Himmelsberge schlafende Sonne; die Morgenröte verschwindet vor seinem Glanze. Am Abend aber erliegt er den düsteren Nebelmächten, welche die Sonne wieder in die unterirdische Tiefe ihres Reiches versenken. Auf diese Naturanschauung als mythische Grundlage der Dichtung von Sigfrid und Brunhild deutet nicht nur der Name ihrer mythischen Gegner, der Nibelunge, als der Mächte der Finsternis, sondern namentlich auch die Vorstellung der nordischen Sage, dass Brunhild auf einsamer Felsenhöhe (*Hindarfjall*) hinter einem Flammenwall schlummert. Von einer nordischen Erdichtung kann bei diesem Zuge nicht die Rede sein. In einer Urkunde des Erzbischofs Bardo von Mainz von 1043 heisst der mächtige Quarzblock auf dem Gipfel des Feldbergs im Taunus *lapis qui vulgo dicitur lectulus Brunihildę,* und, wenn man die Beziehung auf die Brunhild der Nibelungensage zugiebt — dieselbe lässt sich mit Grund nicht leugnen —, so kann nicht spätere Dichtung, sondern nur die Sage zu dieser Bezeichnung Anlass gegeben haben, da die deutsche Nibelungendichtung ein »Lager der Brunhild« auf der Höhe eines Berges nicht mehr kennt *. Andere Lokalisierungen [1] sind weniger beweisend. Und will man auf die Urkunde von 1043 keinen Wert legen und die Version des Sigfridsliedes als völlig wertlos bei Seite schieben, so hat doch selbst das Nibelungenlied, das von der Brunhild alles Mythische nach Kräften abstreift, ihren Wohnsitz nach dem fernen Isenstein verlegt, und ihre Figur verleugnet noch in der ritterlichen Umgebung des Liedes den übermenschlichen Ursprung nicht. Die Deutung als Tagesmythus erhellt Sigfrids Erweckung der auf dem Felsen schlafenden und von der Waberlohe umgebenen Jungfrau, sowie den frühen Tod des Helden und die Erwerbung seiner Braut durch seine Gegner, die in der epischen Sage mit den Burgunden zusammengefallenen Nibelungen. Auch der Drachenkampf findet in diesem Rahmen seine Erklärung. Allein diesem kann auch ein Jahreszeitenmythus zu Grunde liegen, der zur Erklärung der Horterwerbung wohl eine unerlässliche Annahme ist. Der Lichtheros, der im Frühlingsgewitter den Wolkendrachen tötet und die sommerliche Vegetation (den unermesslichen Hort) aus den Fesseln des Winters befreit, ist eine allgemein verbreitete Form des Heroenmythus. In den epischen Gestaltungen des Sigfridsmythus sind demnach neben dem zu Grunde liegenden Tagesmythus Züge eines Jahreszeitenmythus erkennbar. Dass auch in den Darstellungen von der Erlösung der Jungfrau einzelne Züge in Vorstellungen vom Wechsel der Jahreszeiten ihre Erklärung finden (Vogt, ZfdPh. 25, 413 f.), braucht nicht geleugnet zu werden, aber unstatthaft scheint es, die natursymbolische Deutung auf die verschiedenen Formen auszudehnen, in denen die Dichtung von Sigfrid und Brunhild uns in den nordischen Quellen erhalten ist. Der tragische Vorgang, dass Sigurđ in Gunnars Gestalt die ihm selber bestimmte Braut für den Gegner erwerben muss, gehört lediglich der Dichtung an, und eine mythische Ausdeutung, selbst wenn sie so sinnreich ist wie die von Wilmanns (AfdA. 18, 72) vorgetragene, verkennt die Grenzen der mythischen und der epischen Ausgestaltung.

Jedesfalls hat sich der alte Mythus in unserer ältesten Überlieferung der Nibelungensage bereits völlig zur menschlichen Heroensage entwickelt. Diese Umbildung hat sich bei den Rheinfranken vollzogen. Noch in ihrer nordischen Gestalt, wie in den deutschen Gestaltungen, verleugnet die Sigfridssage diese ihre Heimat nicht, und die Namen *Nibulung* u. ä., die nach Müllenhoffs treffender Bemerkung ein Vater seinem Kinde erst geben konnte, nachdem ihre ursprüngliche Bedeutung in der Sage verblasst war, erscheinen zuerst und am häufigsten bei den Franken (*ZE* Nr. 10, 2. 61, 1—3; dazu ZfdPh. 4, 349. 454; Koegel I, 2, 209 f.), ebenso *Sigifrid* (ZfdA. 23, 159 ff.; Koegel I, 2, 204 f.). Auf die bekannte Stelle des Waltharius 555, wo von den *Franci nebulones* die Rede ist, darf freilich kein Gewicht gelegt werden; Walther braucht hier ein lat. Schimpfwort, das zu den Nibelungen der Sage keinerlei Beziehung hat. Um so bedeutsamer dagegen ist in der eddischen Überlieferung *Frakkland* als Name für das Reich der Vǫlsunge: am Rhein ist Sigurđ geboren und aufgewachsen, am Rhein hat er den Hort gewonnen

* [Eben vor der Drucklegung erhalte ich Braunes Aufsatz *Brunhildenbett* (PBB. 23, 246 ff.), mit dessen Auffassung die meinige völlig übereinstimmt.]

(vgl. Vkv. 15), die auf Hindarfjall schlafende Walküre sucht er *suðr til Frakklands*, er findet nach Brot af Sig. 5 den Tod *sunnan Rínar*, und in den Rhein wird endlich der Hort versenkt (Akv. 29). Wenn der Nibelungenhort, jedesfalls schon in der ältesten fränkischen Sage, zum Rheingold geworden ist, so wird zur Ausbildung dieser Vorstellung die Goldhaltigkeit des Rheins mitgewirkt haben; hatte diese Thatsache im Munde der Franken die sagenhafte Form angenommen, in den Fluten des Rheins liege ein grosser Schatz verborgen, so lag für sie nichts näher, als mit diesem Schatze den unerschöpflichen Hort ihres Nibelungenmythus zu identifizieren (s. zuletzt Vogt, ZfdPh. 25, 412). Aus den dämonischen Nibelungen wurden in ihrer heroischen Form rheinische Könige, aus der Albin, die durch einen Zauber- oder Liebestrank den arglosen Sigfrid verlockt — ein noch heute in norwegischen und färöischen Sagen fortlebender Albenmythus [2] — eine schöne Königstochter. Doch es hafteten einzelne dämonische Züge. Trugen in dem Mythus vermutlich die nibelungischen Brüder zusammen die Schuld an Sigfrids Ermordung, wie sie auch nach der Þs. und dem Sigfridsliede dieselbe ziemlich gleichmässig teilen, so ging sie in der epischen Form der Sage mehr auf *Haguno* (an. *Hǫgni*, ags. *Hagona* als Personenname PBB. 20, 192 f., ahd. Belege *ZE* Nr. 11, mhd. *Hagene*) über. Er ist noch in der Þs. c. 169 f. (vgl. auch c. 361. 391) ein Albensohn und der Stiefbruder der rheinischen Könige, in der oberdeutschen Sage ihr mâc oder Vasall; im Norden ist er der rechte Bruder, und der Mord wurde dort auf den Stiefbruder *Gotþormr* (vgl. Hyndl. 27) gewälzt, der erst nach der Verbindung der mythischen mit der historischen Sage in den Komplex eintrat. Offenbar ist Hagen seinem Ursprunge nach ein rein mythisches Wesen, »der Nibelung κατ' ἐξοχήν«, und vielleicht schon durch den Namen als solcher angedeutet (vgl. Koegel I, 2, 207 ff.). Das dämonische Wesen der Albin, das diese verlor, haftete in der alten fränkischen Sage an der Mutter, welche nun den zum Vergessenheitstrank gewordenen Liebestrank dem Helden reicht oder reichen lässt: mit dem Zauberwesen ging im Norden auch der Name der Tochter *Grîmhild*, der diese als eine »verhüllte Kämpferin«, also eine Nachtdämonin, im Gegensatze zu der erlösten Jungfrau *Brunhild*, der »Kämpferin im Panzer«, bezeichnet, auf die Mutter über, während die deutsche Sage den alten Namen für die Tochter behielt und der Mutter den typischen Namen der Heldenmütter *Ôda* (mhd. *Uote*) gab. Die nordische Sage hat für die Tochter den Namen *Guþrún* (*Goþrún*?) vermutlich aus einer anderen Sage übernommen*. Wenn im Norden dem fränkischen *Sigifrid* der Name *Sigurþr* aus älterem *Sigvǫrþr, Sigorþr* (Sievers, Ark. f. nord. Fil. 5, 135 ff.) entspricht, so darf man annehmen, dass der fremdländische Name durch einen heimischen anklingenden und dem ersten Kompositionsgliede nach gleichen Namen ersetzt wurde. In dem Mythus bemächtigen sich die Nibelungen der von Sigfrid erlösten Jungfrau wieder. Daraus ist in der späteren Sage ein zweiter Flammenritt geworden: Sigfrid reitet zum zweiten Male durch die Waberlohe, um für die nibelungischen Brüder (die Gjúkungen) Brunhild zu erwerben, und der Liebestrank wurde zum Vergessenheitstrank, wie ihn die Sage brauchte,

* Koegels entgegengesetzte Auffassung des Verhältnisses zwischen den Namen *Grímhildr* und *Guþrún* (*Gesch. d. d. Litt.* I, 2, 205) verbietet sich schon durch die Rücksichtnahme auf die historische *Hildico* (§ 29). Über den rein mythischen Charakter des Namens *Grímhildr* und seine Beschränkung im Norden auf dämonische Wesen (die Huldern) s. Jiriczek, Zs. f. vgl. Litteraturgesch. N. F. 7, 57 f.; Mitt. der schles. Ges. f. Volksk. 1894/95, H. 1, S. 31. Die Vermeidung desselben für die in der nordischen Dichtung überwiegend sympathisch aufgefasste Tochter des Gjúki mag sich eben dadurch erklären.

um Sigfrids Handeln zu motivieren. Allein noch in den nordischen Quellen blicken ältere Sagenformen durch, die auf verschiedene, ursprünglich nebeneinander hergehende, aber später in chronologischen Zusammenhang gebrachte, epische Umbildungen des alten Mythus deuten. Nach der einen Form erweckte Sigfrid die schlafende Jungfrau und verlobte sich mit ihr; nach der anderen erwarb er sie für Gunther, mit dessen Schwester er sich vermählt hat. Beiden Fassungen aber gemeinsam ist die Vorstellung, dass Sigfrid der der Brunhild vom Schicksal bestimmte Erlöser ist, sowie der Zauberschlaf und der Flammenritt, die in der alten Sage unzertrennlich zusammengehören [3].

W. Müller, *Versuch einer mythologischen Erklärung der Nibelungensage*, Berlin 1841. ZfdA. 3, 43 ff.; K. Steiger, *Die verschiedenen Gestaltungen der Siegfriedssage*, 1873 (Leipz. Diss.); Detter, PBB. 18, 194 ff. (vgl. ebda S. 78 ff. und Heinzel, AfdA. 15, 168 ff.). Ferner ist auch zu diesem § die zu § 26 angeführte Litteratur zu vergleichen *. — [1] Rieger, *Die Nibelungensage in ihren Beziehungen zum Rheinland:* Quartalbl. des hist. Ver. f. d. Grossherzogt. Hessen 1881, S. 34 ff.; Jiriczek, *Die deutsche Heldensage* [2] S. 68. — [2] Jiriczek, Zs. f. vgl. Litteraturgesch. N. F. 7, 49 ff. — [3] Verf., ZfdPh. 24, 1 ff.; Vogt, ebda 25, 413 f.

§ 29. Der Sigfridsmythus bietet der Untersuchung besonders deshalb so grosse Schwierigkeiten, weil er in seinem zweiten Teile, also abgesehen von Drachenkampf, Horterwerbung, Besitz übernatürlicher Kräfte und Erlösung der Jungfrau, nicht in reiner Gestalt, sondern nur mit der historischen Burgundensage kontaminiert erscheint. Die Ausscheidung der mythischen Bestandteile und die Rekonstruktion des Mythus in dem mit Sigfrids Ankunft am Hofe der burgundischen Könige (Gjúkungen) anhebenden Abschnitt der Sage wird durch diesen Umstand bedeutend erschwert.

Im Jahre 437 drang in die rheinfränkische Heimat der Sigfridssage eine erschütternde Kunde aus dem Nachbarreiche der Burgunden. Nachdem bereits zwei Jahre vorher die Burgunden nach einem misslungenen Einfall in Belgien von dem römischen Feldherrn Aëtius zu einem schmählichen Frieden genötigt worden waren, wurden sie 437 in einer entscheidenden Schlacht von den Hunnen fast vernichtet; ihr König Gundicarius (so geben Prosper Aquitanus und Cassiodor den Namen) fiel, 20000 Mann verloren sie, ihre politische Existenz war gebrochen (vgl. § 7) [1]. Dieses mit fast lakonischer Kürze von den zeitgenössischen Historikern gebuchten Ereignisses — *illum* (Gundicarium) *Chunni cum populo suo ac stirpe deleverunt* sagt Prosper — bemächtigte sich die Sage, und in ihr wurde Attila, der nicht wohl dabei beteiligt gewesen sein kann, als Vertreter alles hunnischen Wesens auch der Vernichter der Burgunden, als welchen ihn schon Paulus Diaconus kennt. Woher diese Hunnen kamen und ob sie Hülfsvölker des Aëtius waren, erfahren wir nicht; hat, wie man vermuten darf, bei dieser geheimnisvollen Zerstörung des ersten germanischen Königreichs auf römischem Boden Verrat eine Rolle gespielt, so fehlte zur Sagenbildung auch dieser mächtige Faktor nicht. In *Gundicarius* oder *Gundaharius*, wie die Lex Burg. ihn nennt, finden wir das historische Prototyp für den Gunther (an. *Gunnarr*, ags. *Gúđhere*, mhd. *Gunther*) der Nibelungensage, in seiner und seines Volkes Vernichtung durch die Hunnen die geschichtliche Grundlage des zweiten Teils des grossen Sagenkomplexes; auch die Rheinpfalz, die Gegend um Worms, als damaliger Wohnsitz der Burgunden, ist in der Sage festgehalten. Ausser Gunther gehören der historischen burgundischen Überlieferung auch an *Gibica* (an. *Gjúki*, ags. *Gifica*, mhd. *Gibeche*), den mit Ausnahme des Nibelungenliedes und sonst weniger Quellen die germanische Sage als Vater der

* [Nicht mehr benutzen konnte ich die Schrift von H. Patzig, *Zur Geschichte des Sigfridsmythus* (Progr. des Friedrichsgymn. zu Berlin. Ostern 1898). — *Korrekturnote*].

burgundischen Könige anerkennt; der in der nordischen Sage und in einigen anderen Überlieferungen nicht vorkommende *Gîselher;* und vermutlich auch der nordische *Gotþormr* (*Gutþormr*), wenn dieser Name, wie wahrscheinlich, aus **Goþmárr* oder **Gúþmárr* entstellt ist, wofür die deutsche Sage *Gêrnôt* einsetzte. Alle vier Namen erscheinen zusammen in der vor 516 erlassenen Lex Burgundionum Tit. III (Mon. Germ. LL. III, 533), wo König Gundobad seine Vorfahren nennt: *Si quos apud regiae memoriae auctores nostros, id est Gibicam, Godomarem* [var. *Gundomarem, Gondemarum*], *Gislaharium, Gundaharium, patrem quoque nostrum et patruum liberos liberasve fuisse constiterit, in eadem libertate permaneant.* Über die verwandtschaftlichen Beziehungen und die chronologische Folge der vier historischen Burgundenkönige entscheidet diese Aufzählung allerdings nichts; nur Gibichs Stellung in der Sage als einer älteren Generation angehörig bestätigt sie, für die geschichtliche Grundlage des brüderlichen Verhältnisses zwischen Gunther, Gêrnôt (Godomar) und Gîselher bietet sie keinen Anhalt.

Wenige Jahre später (453) erregte ein anderes Ereignis die Gemüter in den germanischen Landen. Attila war plötzlich, als er in der Brautnacht trunken neben seiner jungen Gemahlin *Ildico* (d. i. *Hildikô*) lag, an einem Blutsturze verschieden. Am Morgen fanden ihn seine Diener in seinem Blute schwimmend, aber ohne Wunden, neben ihm das junge Weib mit gesenktem Blicke unter ihrem Schleier weinend. So erzählt Jordanes c. 49 nach Priscus. Die näheren Umstände waren wohl dazu angethan, das Mädchen zu verdächtigen, und in der That heisst es schon beim Comes Marcellinus, der etwa gleichzeitig mit Jordanes schrieb, Attila habe in der Nacht durch die Hand eines Weibes seinen Tod gefunden. Die Sage suchte den angeblichen Gewaltakt zu motivieren, und nichts lag näher als die Auffassung von Hildikôs That als Rache für die Ermordung ihrer Verwandten durch den »Schrecken ganz Europas«. Nach dem Poeta Saxo und der Quedlinburger Chronik rächte sie den Tod ihres Vaters (*Hds.* S. 10); dort aber, wo der ungerochene verräterische Untergang der burgundischen Könige durch Attila den Gegenstand des epischen Gesanges bildete, wurde Hildikô als eine burgundische Prinzessin und ihre That als Blutrache für ihre Brüder aufgefasst. Eine episch-historische Sage etwa folgender Gestalt hatte sich demnach gebildet: Attila, der Gemahl der burgundischen Königstochter Hild, besiegt und tötet verräterisch deren Brüder, die burgundischen Könige Gundahari, Godomar und Gislahari, Söhne des Gibica, und findet durch die rächende Hand seiner Gattin den Tod. Unschwer erkennt man hierin die Grundgestalt des zweiten Teils der Nibelungensage in ihrer nordischen Fassung.

Diese historische Burgundensage ist mit der Sigfridssage verschmolzen. Diese Thatsache darf nach den grundlegenden Forschungen Lachmanns und Müllenhoffs als feststehend betrachtet werden. Auch dass die Sagenkontamination am Rheine, wo die historischen Ereignisse spielten, die dem zweiten Teile der Sage zu Grunde liegen, und wo auch die Sage selbst noch ihren Schauplatz hat, und zwar in der rheinfränkischen Heimat der Sigfridssage, vor sich gegangen ist, darf als höchst wahrscheinlich gelten. Die erste Ausbildung der historischen Sage vom Untergang der Burgunden kann allerdings noch den Burgunden selbst zufallen, und in dieser ältesten Form, ohne Verbindung mit der Sigfridssage, mag sie zu den Angelsachsen gelangt sein, bei welchen der Wídsíđ zwar Kenntnis von Gifica (19) und Gúđhere (65 ff.) bezeugt, aber lebendige Bekanntschaft mit der Sigfridssage vor der normannischen Eroberung, trotz der verworrenen Mitteilungen eines Béowulf-Interpolators, nicht nachweisbar ist (Binz, PBB. 20, 190 ff. 202 ff.). Die

Burgunden verliessen aber schon 443 die Wormser Gegend und wurden in ihren neuen Sitzen zwischen Genf und Lyon bald romanisiert; erst bei den Rheinfranken, die in der Germania prima die Burgunden ablösten, kann die Nibelungensage als Sageneinheit, wohl noch in der zweiten Hälfte des 5. Jahrhs., zu Stande gekommen sein. Wenn freilich die burgundischen Könige im Waltharius Franken, im Biterolf (auch Klage 303) zwar Burgunden, aber auch Franken oder Rheinfranken heissen, so kann das eine Korrektur auf Grund der späteren geographischen Verhältnisse sein. Alle weiteren Fragen, wie und wodurch die Verbindung der mythisch-heroischen und der historischen Sage sich vollzogen hat, lassen höchstens Vermutungen, keineswegs befriedigende Antworten zu.

Nicht mit Sicherheit zu entscheiden ist zunächst, ob die Sage von Attilas Tod den Abschluss der schon verbundenen Sigfrid-Burgundensage bildete, oder ob sich jene, bereits vor der Kontamination der historischen Sage mit dem Sigfridsmythus, mit der Sage vom Untergang der Burgunden verbunden hatte. Wahrscheinlicher aber ist letztere Annahme: wenn die historische Sage bereits eine *Hild (Hildikô)* als Schwester der burgundischen Könige kannte, so konnte die Übereinstimmung im Namen zwischen ihr und *Grîmhild,* der Schwester der Nibelungen, für das Zusammenfliessen von Historie und Mythus eine wesentliche Stütze darbieten, namentlich bei der bekannten germanischen Sitte, statt des zusammengesetzten Eigennamens nur das eine der beiden Glieder zu setzen*. Name und Figur der Hild(ikô) sind aber erst durch den Anschluss von Attilas Tod an den Untergang der Burgunden in die historische Sage gekommen. Es ist damit die Hauptfrage berührt, welche gemeinsamen Elemente in den beiden Sagenkreisen ihre Verschmelzung veranlasst haben können. Da uns der Schluss des Sigfridsmythus nur in seiner kontaminierten Gestalt bekannt ist, kommen wir bei ihrer Beantwortung über unsichere Vermutungen nicht hinaus. Ist unsere bisherige Entwicklung der Sagenbestandteile und ihrer Ausbildung richtig, so ist im allgemeinen allerdings klar, dass die nibelungischen Brüder und ihre Schwester, in der mythischen Sage bereits am Rheine lokalisiert, mit den burgundischen Brüdern und deren Schwester Hild zusammenfielen, und nach dem oben bemerkten wenigstens wahrscheinlich, dass der Name von Sigfrids Gemahlin, Grimhild, das Verwachsen beider Sagenkreise erleichterte. Einen mythischen Gunther neben dem historischen vermutete Lachmann ohne genügenden Grund. Auch der Zwergkönig Gibich, der unter verschiedenen Namenformen *(Gübich, Hibich, Gâweke, Gäbke)* in Volkssagen nachgewiesen ist (Rieger, Germ. 3, 171. Quartalbll. des hist. Ver. f. Hessen 1881, S. 43 f.), erklärt die Verbindungen der Burgundenkönige mit den Nibelungen nicht, zumal er als mildes, freundliches Wesen, im Einklang mit seinem Namen, auftritt. Dagegen kann, worauf neuerdings Vogt (ZfdPh. 25, 411 ff.) mit Recht hingewiesen hat, die Auffassung des Nibelungenhortes durch die Rheinfranken als Rheingold zur Verschmelzung der Sagen, d. h. zuvörderst zur Identifizierung der burgundischen Könige mit den rheinischen Nibelungen mitgewirkt haben. In der Sage ist ein grosser Schatz der epische Ausdruck für Herrschaft und Macht, und schon in der episch-historischen Burgundensage mag gesungen worden sein, dass Attila den König Gundahari und die Seinen verräterisch zu sich lockte, um sich seines gewaltigen Hortes zu bemächtigen. Dafür spricht die Rolle, welche der Schatz in dem zweiten Teile der Sage

* *Hild* = *Grîmhild,* wie *Hildr* = *Brynhildr* Helr. 6[2] (vgl. SnE. I, 360[13]), *Bera* = *Kostbera* Atlm. 31[1]. 49[5], *Þjófr* = *Friðþjófr* FAS. II, 91 ff. S. ZfdPh. 24, 29 Anm.

spielt, in der nordischen Fassung als eigentliches und fast einziges Bindeglied mit dem ersten Teile, in der straffer zusammenhängenden und anders motivierten deutschen als Rudiment einer älteren Gestalt; dafür könnte auch das begeisterte Lob sprechen, das der Wîdsîđ, der die Burgundensage vermutlich noch ohne Verbindung mit der Sigfridssage kannte, der Freigebigkeit des Gunther spendet. Bei dieser Voraussetzung lag es für die Franken nahe, in den Burgunden, den Bewohnern des von der Natur reich gesegneten, früh durch römische Kultur gehobenen Wormser Landstrichs, deren Untergang in der Sage eben durch ihren Reichtum, episch ausgedrückt durch Attilas Gier nach ihrem Schatze, veranlasst wurde, die zeitweiligen Herren ihres mythischen Nibelungenhortes zu sehen, der in den Fluten des Rheins verborgen lag. Waren in den beiden Sagen als gemeinsame Elemente einmal die Figuren der verderbenbringenden (Grîm-)Hild und der Mörderin Hild(ikô), beide als Schwester eines Brüderpaares oder einer Trias von Brüdern, ferner aber ein unheilvoller Schatz, nach der mythischen Sage im Rheine lagernd, nach der historischen im Besitze eines in den Rheinlanden ansässigen Königsgeschlechtes, vorhanden, so lässt sich ihre Verbindung in der Hauptsache wohl verstehen. Sie wäre dann bei den rheinischen Franken nach 453, aber vermutlich erst einige Dezennien später, erfolgt. In anderer Weise hat Heinzel diese Verbindung erklären wollen. Er sucht mit Scharfsinn und Gelehrsamkeit nachzuweisen, dass sie erst in Skandinavien zu Stande gekommen sei, und zwar in der Weise, »dass man in den Helden beider Sagen Personen zu erkennen glaubte, oder sich an Personen erinnert fühlte, welche in einer dritten Sage schon von vornherein in Verbindung gebracht waren«; er muss dann eine Rückwanderung der verbundenen Sage nach Deutschland annehmen (*Über die Nibs.* S. 29 ff.). Der Nachweis für diesen komplizierten Entwicklungsgang ist aber weder durch Heinzel selber (vgl. Ltbl. 1886, Sp. 449 ff.), noch durch Detters kühne und künstliche Kombinationen (PBB. 18, 194 ff.) erbracht; der zuletzt genannte Gelehrte hält übrigens den Sigfridsmythus für ursprünglich skandinavisch.

Fest ist die Verbindung beider Sagenkreise anfänglich nicht gewesen; der ursprünglich wohl in beiden Sagen eine Rolle spielende unheilvolle Hort der nach Sigfrids Ermordung in die Gewalt der ursprünglichen Besitzer, der Nibelungen, zurückgekehrt ist, bildet das Bindeglied, indem Attila, der Sigfrids Wittwe heiratet, aus Gier nach demselben die mit den burgundischen Königen verschmolzenen nibelungischen Brüder vernichtet. Eine weitere, ganz äusserliche, Verbindung, wodurch Brunhild zu Attilas Schwester gemacht wurde, ist erst im Norden hinzugekommen. Der epischen Ausprägung der historischen Sage innerhalb des Sagenkomplexes kam dann die ältere Welsungensage zur Hülfe (§ 27).

[1] Waitz, *Forschungen zur deutschen Gesch.* I, 1 ff. (1862), A. Jahn, *Die Geschichte der Burgundionen und Burgundiens bis zum Ende der I. Dynastie*, I (1874), 341 ff.

§ 30. Aus ihrer fränkischen Heimat ist die Sage von den Nibelungen nach dem skandinavischen Norden gelangt. Diese Einwanderung, über deren vermutlichen Weg und vermutliche Zeit in § 16 gehandelt ist, darf man sich nicht als einmaligen Sagenimport vorstellen. Vielmehr lassen sich in den Eddaliedern eine ältere und eine jüngere Sagenschicht deutlich unterscheiden. Bereits in der älteren hat die deutsche Überlieferung eigenartige Umwandlungen und Weiterbildungen erfahren, teils mehr äusserlich durch Anknüpfung nordischer Sagen, teils durch den tiefgreifenden Einfluss nordischer Lebensanschauung und nordischen Geistes. Durch die Anknüpfung der skandinavischen Sage von Helgi Hundingsbani, der zu Sigmunds Sohne und Sinfjǫtlis Halbbruder gemacht wurde, an die Welsungensage kamen einzelne Züge aus jener in diese[1]: so vermutlich Sigurđs Vaterrache und damit seine Erziehung durch einen Stiefvater Alf, während der ältere, in der Þs. und dem Sigfridsliede bewahrte Zug, demzufolge er ohne seine Eltern zu kennen bei einem Schmiede im Walde aufwächst, noch einmal unverstanden in den Fáfnismǫ́l Str. 2 durchbricht; aus der Sage von Helgi Hjǫrvarđsson stammt der nordische Name von Sigurđs Mutter *Hjǫrdís,* der den fränkischen *Sigilind* (an. *Sigrlinn*) durch Tausch verdrängte (s. § 27). Weit bedeutsamer aber wurde für die Entwicklung der Nibelungensage im Norden ihr Anschluss an die nordische Mythologie. Bei den Nordleuten wird das Vǫlsungengeschlecht zum Lieblingsgeschlecht des Kampf- und Sieggottes Óđinn, der die Leitung seiner Schicksale übernimmt und schliesslich folgerichtig zu seinem Stammvater gemacht wird (§ 27). Diese innige Verbindung des Welsungengeschlechts mit dem höchsten Gotte bereits der fränkischen Sage zuzuschreiben, wie es Müllenhoff gethan hat (s. die Ausführung bei Scherer, *Vortr. und Aufs.* S. 105 ff.), haben wir kein Recht. Auch die Vorgeschichte des Nibelungenhortes ist nordische Dichtung: der schon in der deutschen Sage unheilvoll wirkende Schatz ist im Norden mit der Götterwelt in Verbindung gebracht; die Asen selber sind es, die ihn willkürlich und gewaltsam den ursprünglichen Besitzern, den Zwergen, entreissen, und von ihnen kommt er mitsamt dem an ihn geknüpften Fluche erst den Riesen, dann den Menschen zu. Das verderbenbringende Gold — namentlich der Ring, den der Zwerg zuletzt noch hergeben muss, der *Andvaranautr* —, durch Raub bemächtigt, durch Unthaten vererbt, wird in der düsteren nordischen Weltbetrachtung zum tragischen Symbol, und Óđinn selber, der Schützer der Vǫlsunge, legt damit zugleich den Grund zu ihrem Untergange. Allerdings ist es der nordischen Dichtung nicht gelungen, die alte Sage auf dieser Grundlage des skandinavischen Schicksalsglaubens konsequent und lückenlos umzugestalten; in Wirklichkeit bestimmt das Motiv des allen seinen Besitzern zum Verderben gereichenden Schatzes die Handlung der nordischen Sage nicht. Von anderen Umwandlungen der älteren skandinavischen Dichtung muss namentlich das Verhältnis zwischen Sigfrid und Brunhild hervorgehoben werden. Die zwei Hauptformen desselben (§ 28 Schluss) treten zwar in der Edda noch deutlich hervor, zeigen aber in zunehmendem Masse die Neigung zu biographischer Verarbeitung. Aber erst in der Grípisspá hat diese zur Spaltung der von Sigurđ durch den Flammenritt aus ihrem Zauberschlafe erweckten Jungfrau in eine Walküre *Sigrdrífa* (*Sigrdrif?*), von der er Belehrung empfängt, und eine Walküre *Brynhildr,* die er für Gunnarr erwirbt, geführt. Der Name *Sigrdrífa,* der in den Versen nur einmal vorkommt (Fáfn. 44), war ursprünglich vermutlich eine appellativische Bezeichnung der Walküre Brynhild als »Siegspenderin«. Neben diesen zwei Hauptformen sind schon früh Nebenformen entstanden, indem die Walküre — die dem Norden geläufige Gestalt der übermenschlichen Jungfrau — mehr und mehr zur menschlichen Schwester Atlis oder Schwägerin Heimirs wurde, bei denen sie erzogen wird[2]. Erst in der Vǫlsungasaga tritt eine Tochter Sigurđs und Brynhilds auf, *Áslaug,* eine an eine in Norwegen lokalisierte Märchenfigur angeknüpfte genealogische Fälschung; die Eddalieder kennen nur ein keusches Verhältnis[3]. Ferner ist Hǫgni zum rechten Bruder Gunnars geworden; er rät ab vom Morde, den jetzt Gotþormr, der Stiefbruder der Gjukungen, wie anfänglich Haguno, vollführt; ist Gotþormr der historische Godomar, so scheint er doch erst im Norden die finstere Seite von Hagens Heldengestalt übernommen zu haben.

Der jüngeren Sagenschicht, die vor allem im Brot af Sig., in der Guþrúnarkviþa I und III, den Atlamǫl, der erhaltenen Bearbeitung der Atlakviþa, sowie in dem Liede, welches dem Verfasser der Vǫlsungasaga für c. 25 über Guđrúns Träume vorlag, zu Tage tritt, gehören besonders folgende Züge an: die Ermordung Sigurđs im Freien, die Hǫgni selber der Guđrún meldet, während in der älteren Schicht der Held im Bette neben seinem Weibe getötet wird*; der Saalbrand in Akv.; das Auftreten Dietrichs (*Þjóđrekr*) an Atlis Hof, wo er seine Mannen verloren hat, im dritten Guþrúnliede, in welchem sich eine merkwürdige Mischung beider Sagenschichten darin zeigt, dass es ein freundliches Verhältnis zwischen Atli und seiner Gemahlin voraussetzt, obwohl jener ihre Brüder getötet hat; die Figur der Helche (*Herkja*) als Atlis Beischläferin in demselben späten Gedichte; der nachgeborene Sohn Hǫgnis *Hniflungr* nach Atlm. 83, den sonst nur die niederdeutsche Sage unter verschiedenen Namen (*Aldrian, Ranke, Hǫgni Hǫgnason*) kennt[4]. Diese Züge, denen sich andere Einzelheiten anreihen liessen, deuten auf eine erneute Einwanderung der in Deutschland umgestalteten Sage in den Norden, die nach dem vermutlichen Alter der unter ihrem Einflusse stehenden Lieder, sowie der Namenform *Þjóđrekr* (= as. *Thiodrîc*, vgl. *Þiaurikr* in der altschwedischen Röksteininschrift vom Anfang des 10. Jahrhs.; dagegen *Þiđrekr* in der Þs., *Tiđrikur* im fär. Högniliede), dem Ende des 9. oder der ersten Hälfte des 10. Jahrhs. angehören mag. Wo der Sammler der Eddalieder in der Prosa *Frá dauþa Sigorþar* die verschiedenen Versionen über Sigurđs Tod erwähnt, beruft er sich für die Ermordung im Walde ausdrücklich auf die Berichte deutscher Männer (*en þýþverskir menn segja svá, at þeir dræpi hann úti í skógi*). Die erwähnten Züge sind unzweifelhaft ebensoviele Spuren der niederdeutschen Sagengestalt des 9./10. Jahrhs. (vgl. § 16). Eine Stütze hat die hier vorgetragene, zuerst von Edzardi begründete, auch von F. Jónsson (*Litt.-Hist.* I, 67 f.) angenommene, Ansicht durch Zimmers Abhandlung (1887) *Keltische Beiträge* I (ZfdA. 32, 196 ff.) erhalten. Zimmer führt darin den Nachweis (a. a. O. S. 290—324. 327 f.), dass die Iren im 9. oder in der ersten Hälfte des 10. Jahrhs. von nordischen Wikingern die Nibelungensage vernommen und aus derselben einige halbverstandene Züge für ihre eigene formell abgeschlossene Heldensage verwandt haben. Diese Züge aber, namentlich Sigfrids Hornhaut und seine Ermordung durch Hagen, sind der älteren nordischen Sage unbekannt und müssen also einer jüngeren Form der Sage angehören, wie sie zunächst stückweise und das alte Gefüge nur erst in Einzelheiten lockernd um die Scheide des 9. und 10. Jahrhs. ihren Weg nach Norwegen und Island fand. Die Art und Weise, wie Golther (*Stud.* S. 95 ff. Germ. 33, 476 f.) sich die Berührungen irischer und nordischer Sage zurechtlegt, die er als Symptome der ersten Einwanderung der deutschen Nibelungensage in den Norden betrachtet, wobei Irland eine Station gebildet habe, ist rein willkürlich. Wenn man schon Sigfrids Hornhaut für die alte Sage zur Not zugeben könnte, so weisen doch die in der irischen Sage sich findende (Zimmer S. 317 f.) Tarnkappe, unzweifelhaft ein jüngerer Ersatz für den Gestaltentausch (s. Wilmanns, AfdA. 18, 75), und das in ihr hervortretende, der älteren Sagengestalt völlig fremde Motiv der Rache für den ermordeten Gatten an den eigenen Brüdern mit Entschiedenheit auf die in Deutschland umgestaltete Nibelungensage.

* An dieser Auffassung des Bettodes als der älteren, auch in der deutschen Sage einmal geltenden, Überlieferung muss ich gegen Golther (*Stud.* S. 78 ff.) u. a. festhalten; s. auch Lichtenberger S. 182 und Wilmanns, AfdA. 18, 83 f.

Um dieselbe Zeit, als die fränkische Nibelungensage zum ersten Male in den skandinavischen Norden drang — also auf jeden Fall spätestens im Laufe des 8. Jahrhs. (§ 16) —, wird auch die gotische Ermanarichsage (§ 42) in deutschen (sächsischen?) Liedern und Erzählungen nach dem Norden getragen worden sein. Sie wurde dort äusserlich und lose an die Nibelungensage angeknüpft, indem Sigurđs Wittwe, die in der älteren Sage mit ihrem zweiten ungeliebten Gatten Atli den Tod fand, sich in dritter Ehe mit Jónakr vermählt, und Svanhild als Tochter Sigurđs und der Guđrún aufgefasst wird. Diese Anknüpfung, die alle nordischen (norw.-isl.) Quellen voraussetzen, muss spätestens im 8. Jahrh. erfolgt sein, da Bragis Ragnarsdrápa aus der ersten Hälfte des 9. sie mit der Bezeichnung von Sǫrli und Hamđir als *Gjúka niþjar* »Nachkommen Gjúkis« bereits voraussetzt. Auch Saxo scheint durch den Namen *Guthruna* für die in seiner Erzählung den hellespontischen Brüdern zur Hülfe kommende Zauberin Kenntnis der Sagenverbindung zu verraten (s. unten § 43).

[1] Verf., PBB. 4, 187 ff.; Bugge, *Helge-digtene* S. 173 f. 252. — [2] Verf., ZfdPh. 24, 1 ff. (s. dort S. 11 f. die ältere Litteratur über die Brunhild-Sigrdrifa-Frage). — [3] Verf., PBB. 3, 205 ff. — [4] s. § 16, Anm. 3.

§ 31. Die fränkische Nibelungensage, deren ursprüngliche Gestalt trotz aller Veränderungen und Weiterbildungen der Norden im wesentlichen bewahrt hat, erscheint in der deutschen Überlieferung bedeutend umgestaltet. Diese Umgestaltung ist, auch wenn neue historische Ereignisse sie beeinflusst haben sollten, tief in der Sage selbst begründet und aus ethischen und ästhetischen Bedürfnissen zu erklären. In der nordischen Gestalt bedingt das Verhältnis zwischen Sigfrid und Brunhild den notwendigen Abschluss des ersten Teils der Sage. Indem Sigfrid die ihm durch das Schicksal und durch ihren eigenen Eid bestimmte Brunhild für Gunther erwirbt und sich selber einer anderen vermählt, macht er Brunhild eidbrüchig, und wenn diese, die ihn, trotzdem er an ihr gefrevelt hat, zu lieben fortfährt, des Helden Tod von ihrem Gatten fordert, dann aber dem Geliebten in den Tod folgt, so ist ein völlig befriedigender Abschluss gegeben. Die Bewirkerin seines Todes ist mit dem Helden gefallen, das Werkzeug ihrer Rache von dem Sterbenden getötet. Einer Versöhnung der Witwe Sigfrids mit ihren Brüdern stand somit nach altgermanischer Anschauung nichts im Wege. Notwendige Folge war, dass die Anknüpfung der historischen Burgundensage an die Sigfridssage keine straffe Einheit herstellen konnte: an eine abgeschlossene Handlung trat eine neue, mit jener nur lose vermittelt durch den unheilvoll von Geschlecht zu Geschlecht fortwirkenden Hort, wozu die nordische Ausbildung der Sage noch die wenig glückliche Verbindung gefügt hat, dass sie Atli zu Brynhilds Bruder machte, der zur Sühne Guđrún als Frau erhält. Die nordische Grímhild-Guđrún des zweiten Teils der Sage hat mit der des ersten kaum mehr gemein, als dass sie in beiden die Schwester der Gjukungen ist. Gerade durch diesen Mangel an strenger Einheit der Handlung erweist sich die in ihrem ersten Teile dem Mythus, im zweiten der Geschichte noch näher stehende nordische Sagengestalt als die ursprünglichere.

Die enger in sich zusammenhängende deutsche Sagengestalt, auf welche schon ästhetische Anforderungen führen mussten, findet offenbar ihren Keim in dem Zurückweichen des Verständnisses für die ursprüngliche heidnische Bedeutung der Sigfridssage in christlicher Zeit. Als die Walkürennatur Brunhilds immer mehr verblasste und an Stelle der Verletzung ihres schicksalbestimmenden Eides und getäuschter Liebe gekränktes Ehrgefühl und

Eifersucht die Triebfedern zu Sigfrids Ermordung wurden, als seine frühere Verlobung mit Brunhild oder (in der anderen Hauptform der Sage, s. § 28) sein Betrug bei ihrer Erwerbung für Gunther, wo nicht ganz vergessen, so doch völlig in den Hintergrund getreten waren, und Sigfrid somit unschuldig fiel, trat das Bedürfnis der Rache für den Tod des blühenden Helden hervor. Ethische und ästhetische Rücksichten trafen darin zusammen. Nahe lag, dass Sigfrids ungerochener Tod dem Attila als Vorwand zu der verräterischen Einladung der Burgunden dienen konnte, während doch Habgier sein wirkliches Motiv war: eine Spur dieser Auffassung findet sich in der Vǫlsungasaga c. 36 (B. 173[22 f.]), die hier dem, in unserer Überlieferung lückenhaften, Texte der Atlamǫl folgt (Edzardi, Germ. 23, 411 und Verf.'s Anm. zu Atlm. 40). Von da war der Übergang leicht zu der anderen Auffassung, dass Sigfrids Witwe Attilas Habgier benutzt zur Ausführung der Rache an ihren Brüdern: Spuren derselben treten in der Þiđrekssaga c. 359. 423 ff. neben der jüngeren hervor. In dieser Sagenfassung fiel die Rache an Attila dem nachgeborenen Sohne Hagens zu: so noch die Þs., die freilich durch Mischung mehrerer Sagenformen dieselbe nur verdunkelt erhalten hat; deutlicher das färöische Högnilied, wo die Rache an Grimhild und ihrem Werkzeuge Attila (*Guđrun Júkadottir* und *Artàla*) durch Hǫgni Hǫgnason in der Weise vollzogen wird, dass er die Schätzegierigen in den Berg lockt und bei dem Horte verhungern lässt, während in der Hvenschen Chronik und dem dänischen Liede von Grimilds Rache diese Strafe allein Grimhild ereilt. So muss also das niederdeutsch-skandinavische Lied gesungen haben, das für die drei genannten Überlieferungen die gemeinsame Quelle war (§ 18). Dass diese Fassung auch in Oberdeutschland nicht gänzlich unbekannt war, lehrt der Schluss der Klage, der sich allerdings nicht in A findet (Vs. 4323 ff.), sowie die Zeugnisse *Hds.* Nr. 126. *ZE* Nr. 73 (vgl. *Myth.*[4] 799). Endlich trat Attila ganz zurück und vollführt Grimhild die Rache an Sigfrids Mördern, ihren Brüdern, gegen den Willen ihres Gemahls oder doch jedesfalls ohne seine Beteiligung. Die Strafe trifft jetzt sie allein, und sie fällt Dietrich von Bern zu, an dessen Stelle nur im Nibelungenliede der alte Hildebrand getreten ist.

Diese entscheidende Wendung, derzufolge Sigfrids Witwe die Mörder ihres ersten Gatten an Attilas Hof lockt um sie zu vernichten, ohne dass Attilas Gier nach dem Nibelungenhorte noch eine Rolle spielt, hat die Nibelungensage, obgleich auch die jüngere niederdeutsche Sage diese Gestalt mit einer älteren vermischt kennt, unzweifelhaft in Oberdeutschland genommen. Auch ohne äusseren Anlass ist sie nach dem oben Erörterten und wenn man die steigende soziale Bedeutung des Ehebundes und die damit der Gattin des Ermordeten auferlegte heilige Pflicht der Blutrache erwägt, vollkommen verständlich. Es bedarf also der zuerst von A. Giesebrecht (Hagen Germ. 2, 210 ff.) aufgestellten, dann oft wiederholten Vermutung nicht, dass die Geschichte der Zerstörung des burgundischen Reiches in Savoyen durch die Franken im Jahre 538, wobei die burgundische Königstochter Chrodhild ihre Söhne zur Vernichtung ihres eigenen Geschlechtes trieb, die Umbildung der Sage veranlasst oder erleichtert habe, um diese einschneidendste Wandlung in der deutschen Sagengestalt zu erklären. Nach Oberdeutschland weist schon das Vorkommen der umgedeuteten und verschobenen Namenform *Criemhilt* u. s. w. auch in Mittel- und Niederdeutschland, wohin sie durch oberdeutsche Lieder vor der Mitte des 8. Jahrhs. verbreitet sein muss (*ZE* Nr. 12; anders Koegel I, 2, 206 Anm.). In Oberdeutschland, wir dürfen genauer sagen in Österreich, muss die anziehende Gestalt des edlen Markgrafen Rüdiger in die Nibelungensage gekommen sein, der zuerst zu Etzel, dann zu Dietrich und mit diesem zu den Nibelungen in Beziehung trat (vgl. § 50). Beide aber, Dietrich und Rüdiger, können ihre wirksamen Rollen erst in der Sage erhalten haben, als durch die letzte Umgestaltung des Stoffes Etzel, in dessen Schutze sie weilen, von dem Vorwurfe der Habgier und der Treulosigkeit entlastet wurde und die Haupthandlung von ihm auf Kriemhild überging. Dass die grosse Veränderung der Sage nicht mehr in fränkischer Gegend, sondern auf bairisch-österreichischem Gebiete erfolgt sein muss, wird endlich und vor allem durch die für die deutsche Dichtung charakteristische Umbildung der Figur und des epischen Charakters Etzels erwiesen. Als »Gottesgeissel« lebte Attila in der Erinnerung der Franken, und so, grausam, habgierig und treulos, kennen ihn die nordischen Quellen; in der deutschen Dichtung dagegen, der er als milder, weiser Herrscher, als die Zuflucht aller verbannten Recken gilt, spiegelt sich das Bild des historischen Hunnenkönigs wieder, wie es sich bei den verbündeten Germanenstämmen, vor allen bei den Ostgoten, gebildet und von ihnen aus nach den bairisch-österreichischen Alpenländern verbreitet hatte. Nur dort treffen die Voraussetzungen zusammen, unter welchen die deutsche Umgestaltung der Sage verständlich wird[1]. Kriemhild bildet nun den Mittelpunkt des Interesses und das verbindende Glied zwischen beiden Teilen der Sage, und die oberdeutsche Nibelungendichtung hat zu ihr in Hagen ein gewaltiges Gegenbild geschaffen, die grossartigste und zugleich unheimlichste Verkörperung der Vasallentreue. Dem Dietrich von Bern, dem in der oberdeutschen Sage kein Held an Ruhm und Stärke gleichkam, übertrug sie die Bezwingung der rheinischen Haupthelden, Gunthers und Hagens, und ursprünglich auch das Strafgericht an Kriemhild, wie noch, nach oberdeutscher Überlieferung, in der Þs. c. 392 und dem Anhang zum HB. Wie er das waltende Schicksal, so vertritt Rüdiger, dessen Sage in ihrer Ausbildung lediglich der Dichtung zufällt, der seinen Tod findet durch das eigene Schwert, welches er seinem Eidam Giselher, wie die Þs. c. 388 ursprünglicher als das Nibelungenlied erzählt, geschenkt hat, in der Nibelungendichtung die Macht des Charakters und der Persönlichkeit.

In dem ersten Teil der Sage ist für die deutsche Sagengestalt das Zurücktreten der ursprünglich im Mythus wurzelnden Partien charakteristisch. Es gilt dies allerdings namentlich von der durch das Nibelungenlied vertretenen süddeutschen Dichtung, denn der Kern des Sigfridsliedes zeigt, dass die alte Überlieferung von Sigfrids Jugend sich auch in Deutschland lange behauptete, am längsten vermutlich in der rheinfränkischen Heimat der Sigfridssage. Die Reihenfolge von Sigfrids Jugendthaten in dem zweiten Teile des Liedes vom Hürnen Seyfrid — Drachenkampf, Hortgewinnung, Befreiung der mit Kriemhild zusammengeworfenen Jungfrau und Hochzeit — deckt sich, trotz allen Entstellungen und Verrohungen, so völlig mit der im Norden durch die Fáfnismǫl und Sigrdrifumǫl bezeugten Sagenform, dass darin ein direkter Niederschlag der alten fränkischen Sage vermutet werden darf. Aber auch die Þiðrekssaga hat noch vielfach dem Nibelungenliede gegenüber ältere Überlieferung gewahrt: so namentlich in ihrer Darstellung von Sigfrids Jugend, die im Norden durch die Anknüpfung der Helgisage umgemodelt wurde (§ 30), ferner in der Ersetzung des alten Gestaltentausches durch einen Kleidertausch — der Tarnkappe gegenüber immerhin verhältnismässig ursprünglich —, in der Schilderung von Sigfrids Ermordung und dem weiteren Verlaufe der sich daraus entwickelnden Handlung; überhaupt fällt in dem ersten Teil der Sage der Vergleich zwischen Þs. und Nib. durchweg zu

Gunsten der Ursprünglichkeit ersterer Quelle aus. Im Nibelungenliede sind die Reste der alten Sigfridssage in eine nach dem Muster der höfischen Romane und nach der Geschmacksrichtung der ritterlichen Gesellschaft einheitlich gestaltete Dichtung verwoben. Aus dem verwaisten länderlosen Recken ist ein am väterlichen Hofe sorgfältig erzogener Königssohn geworden; Drachenkampf und Horterwerbung, ursprünglich in der Sage vereint, werden als zwei selbständige Jugendthaten nur beiläufig und episodisch erwähnt; der mythische Ursprung des Nibelungenschatzes ist durch ein Märchenmotiv ersetzt, und nur in dem Namen *Nibelunc* für die früheren Besitzer des Hortes bricht alte Tradition durch; die Erlösung der hinter einem Flammenwall schlafenden Walküre ist in die Gewinnung einer auf fernem Eiland sitzenden übermenschlich starken Königin verwandelt, wobei Kampfspiele den Ritt durch die Lohe, ein unsichtbar machender Mantel den Gestaltentausch, eine Ringszene im Ehegemach das keusche Beilager vertreten; der Betrug bei der Erwerbung, das den tragischen Konflikt herbeiführende Motiv der alten Sage, musste gekränktem Ehrgefühl, die getäuschte Liebe beleidigtem Rangstolze weichen; Brunhild, die in der Edda mit dem einzig geliebten Helden den Scheiterhaufen bestieg, um wenigstens im Tode an seiner Seite zu ruhen, verschwindet nach Sigfrids Ermordung spurlos. Christentum und Rittertum wirkten zusammen, um die alte Sage schwer zu schädigen, allein in demselben Masse als die alten Züge des Mythus verblassten, spannen sich neue Fäden durch Verkettung der Handlung und Verinnerlichung der Charaktere zum Gewebe einer neuen Dichtung zusammen. Die sehr lohnende aber nicht minder schwierige Untersuchung, die das Eigentum des Nibelungendichters von dem ihm zu Gebote stehenden Sagenstoff auszusondern unternimmt, zuletzt von Wilmanns scharfsinnig geführt, kann in dieser Skizze nicht in Angriff genommen werden. Desgleichen verbietet der Raum, auf eine Vergleichung der Sage vom Untergang der Nibelungen nach der ober- und niederdeutschen Fassung einzugehen; die Þs. hat hier verschiedene Sagenversionen kontaminiert, eine altniederdeutsche, in welcher Osiđ und Iring (§ 32) und die oberdeutsche, in welcher wie im Nibelungenliede Rüdiger und Dietrich hervorragende Rollen inne hatten[2]

[1] Vogt, ZfdPh. 25, 414 ff. — [2] Busch, *Die ursprünglichen Lieder vom Ende der Nibelungen*, Halle 1882 (vgl. Gött. gel. Anz. 1882, St. 50; Ltbl. 1883, Sp. 168 ff.); Henning, QF. 31, 322 ff.; Wilmanns, AfdA. 18, 96 ff. Vgl. ferner die zu § 18, Anm. 2 angeführte Litteratur.

§ 32. Es erübrigt, einige An- und Auswüchse der Nibelungensage in gedrängter Übersicht zusammenzustellen.

In der altniederdeutschen Version vom Ende der Nibelungen, die ihre Spuren in der Þs., aber mit der oberdeutschen vermischt (§ 31), hinterlassen hat, scheint die dort dem Rüdiger (resp. dem Dietrich) zugeteilte wirksame Rolle durch Osiđ besetzt gewesen zu sein. Der Herzog Osiđ wirbt für Attila um Grimhilds Hand (c. 356 f.) und bezwingt Gunnar, den er in den Wurmgarten werfen lässt (c. 383). Neben ihm spielte in dieser Fassung Iring eine bedeutende Rolle. Iring (*Írungr*) überfällt anf Grimhilds Bitte, zu der er in besonders nahem Verhältnisse gedacht wird, die Knechte, wie Blœdelîn im Nib., und eröffnet so den Kampf (c. 378 f.), und wiederum auf Grimhilds Bitten greift er Hǫgni an, den er schwer verwundet, aber nur um selbst durch Hǫgnis Speer den Tod zu finden (c. 387). Mit Recht weist Wilmanns (AfdA. 18, 99) darauf, dass gerade die an Osiđ und Iring geknüpften Ereignisse in der Saga an bestimmten Örtlichkeiten in Súsat (Soest) lokalisiert sind (vgl. Holthausen, PBB. 9, 452 ff.). Reste einer altniederdeutschen Schicht der Sage, die der ganzen Anlage nach der nordischen näher stand als die reicher entwickelte und in grösseren Verhältnissen sich abspielende oberdeutsche, sind hier erkennbar. Von den beiden in Niederdeutschland in die Sage eingeführten Helden ist Osid sonst unbekannt, Iring aber ist noch im Nib. eine zwar episodische, aber durch die Dichtung mit Liebe ausgestaltete Figur.

Irnfrid und Iring[1] gehören nach dem Nibelungenliede zusammen; mit Hâwart, der als Irings Herr gilt, leben sie an Etzels Hof; nach der Klage 373 ff. sind sie in des Reiches Acht (*Hds.* S. 128 ff.). Schon Widukind in seiner sächsischen Geschichte I, 9 ff., den andere Berichte ergänzen, kennt Irnfrid und Iring vereinigt. Anlässlich der Zerstörung des thüringischen Reiches durch den Frankenkönig Theodorich, Chlodowechs Sohn, im Bunde mit den Sachsen (um 530), erzählt er folgende, offenbar sächsische, Sage. Der letzte thüringische König Irminfrid, des Theodorich Schwager, von den Feinden eingeschlossen, flieht mit Weib und Kindern, wird aber von Theodorich trüglich zurückgerufen, welcher darauf Iring, den vertrauten Rat des unglücklichen Königs, durch falsche Versprechungen zu überreden weiss, seinen Herrn zu töten. Als aber Iring statt der erhofften Belohnung des Landes verwiesen wird, ersticht er den Frankenkönig, legt den Leichnam seines Herrn über den toten Dietrich und bahnt sich mit dem Schwerte einen Weg. Hier ist der historische letzte König der Thüringer Irminfrid bereits mit einer mythischen Überlieferung verschmolzen. Aus dem Schlusse von Widukinds Erzählung, der aller Wahrscheinlichkeit nach ein sächsisches Lied zu Grunde liegt, ergiebt sich nämlich, dass die Milchstrasse bei den sächsischen Stämmen nach Iring benannt war: *mirari tamen non possumus, in tantam famam praevaluisse, ut Iringis nomine quem ita vocitant lacteus caeli circulus usque in praesens sit notatus;* dazu stimmt die altenglische Glosse *via secta: Iringes uueg* resp. *Iuuaringes weg* (*Myth.*[4] 297 f. *Hds.* S. 444 f. PBB. 16, 504. 20, 201 f.). Ob Iring als mythisches Wesen in die Sage vom Untergang des thüringischen Reiches eintrat, oder ob ein historischer thüringischer Held dieses Namens erst sekundär mit einem gleichnamigen mythischen Wesen verschmolzen ist, lässt sich nicht entscheiden. Seinen Namen (*Îring,* daneben ahd. *Iaring,* ags. *Iuring*) hat J. Grimm zu altn. *Rígr,* dem Pseudonym Heimdalls gestellt, an welchen allerdings Züge der Iringssage gemahnen. Die Vorgeschichte der durch Widukind um 967 aufgezeichneten Sage ist dunkel. Wir finden aber, dass über beide Helden, Irminfrid und Iring, vom 10. bis zum 12. Jahrh. fortdauernd sagenhafte Traditionen in Nieder- und Mitteldeutschland bestanden, und schon in der Schrift *de Suevorum origine* (ZfdA. 17, 57 ff.), die, obgleich erst aus dem 13. Jahrh. überliefert, ihrer Sagenfassung nach älter ist, sind sie wie in der Nibelungensage an Attilas Hof versetzt. In die Nibelungensage werden sie durch sächsische Dichtung gekommen sein, nachdem sie bereits früher zu Etzel in Beziehung getreten waren. Auf sächsische Sagenpflege weist die oben besprochene, anfänglich jedesfalls bedeutendere, Rolle Irings in der Þs.; dass diese Irnfrid nicht kennt, spricht nicht dagegen: er kann als unwesentlich in der in einfachen und personenarmen Verhältnissen wurzelnden altniederdeutschen Nibelungendichtung früh bei Seite geschoben worden sein. Irings auch in oberdeutscher Sage ursprünglich bedeutendere Rolle bezeugt noch seine Aristie im Nibelungenliede (Str. 1965 ff.); auch in einer Version der oberdeutschen Sage scheint er auf Kriemhilds Bitten in den Kampf mit Hagen eingetreten zu sein (vgl. Nib. 1991 ff., 2003 und besonders 2005). Jedesfalls entstammt er der sächsischen Sage.

Nach Sachsen weisen auch die beiden Markgrafen Gêre und Eckewart.

In ersterem hat Lachmann (*Anm.* S. 336) gewiss richtig den aus den Slavenkriegen Otto I. bekannten Markgrafen Gero von Ostsachsen gesehen, der i. J. 965 starb. Eckewarts Figur scheint zusammengeflossen aus dem historischen gleichnamigen Markgrafen von Meissen (985—1002) und einer mythischen Gestalt, die ihre ursprüngliche Stelle in der Harlungensage (§ 41) hatte und zum typischen Warner in der Heldensage wurde [2]. Im Nibelungenliede wie in der Saga (c. 367) erscheint Eckewart als Wächter von Rüdigers Mark, und in beiden Darstellungen warnt er die Burgunden vor den Hunnen, wie an späterer Stelle (Nib. 1661 ff. Þs. c. 375) Dietrich. Aus der widerspruchsvollen und unklaren Art von Eckewarts Einführung und Stellung — er soll aus Sigfrids oder Kriemhilds Dienst zu Rüdiger übergegangen sein — darf man kaum auf eine Version der Sage schliessen, in der Eckewart einst grössere Bedeutung hatte. Die Unverständlichkeiten erklären sich durch die Herübernahme seiner typisch ausgebildeten Figur aus einer anderen Sage und ihre nur unvollkommene Einfügung in einen älteren Zusammenhang. Die Warnung der Nibelungen fiel in der ursprünglichen Sagengestalt ihrer Schwester zu (Akv. 8. Atlm. 4. Vs. c. 33); bei der Umgestaltung der Sage wurde das dankbare, die Spannung erhöhende Motiv nicht aufgegeben, sondern auf andere Personen übertragen, aber nicht überall gleichmässig: bald auf Dietrich, bald auf Rüdiger — in der Þs. c. 369 ist es seine Frau —, bald auf den treuen Eckart der Volkssage und Harlungensage, der dann an eine in ihren Ursprüngen historische Figur seine Anknüpfung fand.

Von den burgundischen Helden gehören der jüngsten Schicht der Sagenentwicklung Dankwart und Volkêr an, die dem Hagen als Bruder und Freund zugesellt wurden. Dankwart ist der Þs. fremd, Volker aber erscheint in der gemeindeutschen Sage — nur im Biterolf fehlt er — innig mit Hagen verbunden, dessen Verwandter (Þs. c. 361) oder gar Bruder er zuletzt geworden ist. Er ist in Alzey in der Pfalz, also unweit von Worms, lokalisiert, wo seit dem 13. Jahrh. eine Fiedel im Wappen eines Truchsessengeschlechtes, aber auch der Stadt selber nachweisbar ist, woher die Alzeyer auch »die Fiedler« hiessen (*Hds.* Nr. 172. *ZE* Nr. 26, 5. 39). Es ist der kühne Spielmann, dessen Rolle im Nibelungenliede mit sichtlicher Liebe ausgeführt ist, vermutlich eine Erfindung rheinischer Spielleute, welche das Wappen bereits voraussetzt. Wie Dankwart, dem im Nibelungenliede eine besondere Aristie zu Teil fällt, ist auch Ortwîn von Metz, der merkwürdiger Weise gegen Ende des Gedichtes verschwindet, der Þs. unbekannt. Auf die der Etzel- und Dietrichssage angehörenden Helden, die an Etzels Hof auftreten, wird, soweit nötig, an anderer Stelle eingegangen (§ 50).

Neben neuen Personen treten neue Lokalisierungen auf. Den Vernichtungskampf gegen die Burgunden, welcher vermutlich auf dem linken Rheinufer stattfand, aber in der Sage schon früh, wo nicht von allem Anfang an, aus einer offenen Feldschlacht zu einer verräterischen Einladung an den hunnischen Hof geworden war, versetzte die niederdeutsche Sage nach Westfalen, die oberdeutsche nach Ungarn. Dort residiert Attila in Súsat (Soest), hier in Etzelenburc (Ofen). Hagen wurde unter Einfluss der fränkischen Trojasage nach Troja benannt (schon Walthar. 28 *veniens de germine Troiae,* auch Þs. c. 389. 425 *af Troia*); in den süddeutschen Quellen heisst er *von Tronege, Tronje* (*Hds.* S. 97), indem die Sage ihn nach der merowingischen Pfalz Tronje (Kirchheim) im elsässischen Nordgau, also nicht gar zu weit von Worms, lokalisierte, vermutlich um sein Vasallenverhältnis zu Gunther zu erklären (vgl. Heinzel, *Über die Walthers.* S. 79 ff.). Mit der halbgelehrten Trojasage hängt wohl auch zusammen die Lokalisierung des ursprünglich als länderloser Recke aufgefassten Sigfrid in Xanten (*ze Santen, ad Sanctos*) wohin schon Fredegar die Troja Francorum verlegt. Nach späterer Überlieferung soll Hagen Xanten gegründet haben; im Xantener Bischofsrecht von 1463 heisst es: *Hector van Troien, den wij noemen Haegen van Troien* (*ZE* Nr. 52, 1 = *Hds.* Nr. 131 b)[3].

Nicht vom Dichter des Nibelungenliedes erfunden, sondern ein ziemlich alter, vermutlich bei den Franken entstandener, Anwuchs der Sigfridssage ist der Sachsenkrieg, Sigfrids Kämpfe für die Burgunden gegen Liudegêr von Sachsen und dessen Bruder Liudegast von Dänemark, wozu eine nordische Variante in den Kämpfen Sigurđs und der Gjukungen mit den Gandalfssöhnen und dem nordischen Nationalhelden Starkađr vorliegt, welche wohl die Stelle sächsischer Helden einnehmen. Der Bericht des Nornagestsþáttr c. 6 wird bestätigt durch Notizen in der Vǫlsungasaga c. 29 und wohl auch im Rosengarten D, wo Frute von Dänemark, von Gunther aus seinem Lande vertrieben, an die Stelle der Brüder des Nib. getreten scheint (*Hds.* S. 281 f.)[4]

Die Sage vom Rosengarten (von den Isungen)[5] scheint sich ebenfalls aus einem alten, in unserer Überlieferung fast verschollenen, Zuge der Sigfridssage gebildet zu haben. Der länderlose, verwaiste Recke, der nach dem Drachenkampfe an den Hof der Nibelungen (Burgunden) kam, galt der älteren Sage als Gunthers Dienstmann; noch im Nibelungenliede tritt dieses ursprüngliche Verhältnis, trotz der folgenschweren Umgestaltung von Sigfrids Geburt und Jugend, bei dem ersten Auftreten des jungen Helden in Worms, namentlich aber auf der Fahrt nach Island und bei den aus dem Betrug bei Brunhilds Erwerbung entspriessenden Verwicklungen unverkennbar hervor. Als uralt und schon in der mythischen Sigfridssage vorhanden erweist diese Auffassung die Natur des Albenmythus, dessen besondere Eigentümlichkeit gerade hierin besteht, dass blühende Jünglinge den Unterirdischen verfallen und zu ihrem Dienste gezwungen werden (vgl. § 28). Es muss eine epische Form dieser mythischen Anschauung vorausgesetzt werden, in der ein dämonischer König den dienstbaren Helden zu Zweikämpfen in seinem Dienste zwang; nach der Verschmelzung der mythischen Nibelungen mit den historischen Burgunderkönigen scheint diese Sage, losgelöst von dem Komplex der Nibelungensage, isoliert weiter bestanden zu haben; sie suchte so naturgemäss Anknüpfung an andere Sagenvorstellungen. Nach der Þiđrekssaga c. 219 ff. kämpft Sigfrid als Bannerführer Königs Isungs von Bertangaland mit Dietrich von Bern; im Biterolf ist der Massenkampf der rheinischen und der östlichen Helden, unter ihnen auch Sigfrid und Dietrich, bei Worms der Kern des Gedichtes; in den Rosengärten findet sich der Zweikampf in Zusammenhang gebracht mit der mythischen Vorstellung von dem Rosengarten, dessen Besitzerin durch Zweikämpfe gewonnen wird, einem Motive, welches in anderer Verbindung im Laurin erscheint. Es beweisen diese drei unabhängigen Erzählungen die Existenz einer Dichtung vom Kampfe Sigfrids und Dietrichs, die mit dem Siege des letzteren endete, also oberdeutschen Ursprungs war. In der Fassung der Þs. aber steht Sigfrid im Dienste Isungs, und, wenn er schliesslich auch hier von Dietrich besiegt wird, so wird doch seine Niederlage nur durch Dietrichs Tücke und Meineid herbeigeführt. Diese Fassung kennt also sowohl Sigfrids Dienstbarkeit als seine Unbesiegbarkeit auf ehrlichem Wege; in ihr scheint ein Niederschlag des alten Albenmythus erkennbar, in welchem die Nibelungen durch die Isungen (s. § 36) ersetzt sind und die Sage sekundär an die junge Erfindung vom Zweikampfe zwischen Dietrich und Sigfrid angeknüpft ist; Gunnarr und Hǫgni stehen in der Þs. sogar auf Seiten des gotisch-bairischen Helden. Eine neue

Motivierung des Zweikampfes ist es, wenn im Bit. 9473 ff. (vgl. Nib. 1097, 3: *Hds.* S. 82 f.) ein Jugendaufenthalt Sigfrids bei Etzel vorausgesetzt wird, wohin er als Dietrichs Gefangener gekommen sein soll. Die dänischen, auf niederdeutscher Grundlage beruhenden, Lieder »Kong Diderik og hans Kæmper« (*DgF.* Nr. 7, vgl. IV, 602 ff.) und »Kong Diderik i Birtingsland« (*DgF.* Nr. 8) kennen den Zweikampf gleichfalls, setzen aber bereits Einwirkung einer Rosengartenversion voraus. Näheres Eingehen auf das Motiv der Zwölfkämpfe (Roseng., Þs., Virg., Walthar.) ist an dieser Stelle untunlich. Auch die Frage, wann der Rosengartenmythus nach Worms lokalisiert wurde, muss hier unerörtert bleiben. Die Verbindung dieses Mythus mit dem Zweikampf zwischen Dietrich und Sigfrid scheint nicht älter zu sein als die Entstehung der ältesten Rosengartendichtung (A^1 nach Holz) selber.

[1] Müllenhoff, ZfdA. 17, 57 ff. 19, 130 ff. 30, 247 ff.; Uhland, *Schr.* I, 467 ff.; Koegel, *Gesch. d. d. Litt.* I, 1, 124 ff. — [2] A. Giesebrecht, Hagen Germ. 2, 232; Henning, QF. 31, 14 ff.; Wilmanns, AfdA. 18, 102. — [3] Über die fränkische Trojasage s. namentlich Zarncke, Ber. der sächs. Ges. der Wiss. 1866, S. 257 ff. und Kurth, *Hist. poët. des Méroving.* S. 505 ff. [O. Dippe, *Die fränk. Trojanersagen* (Progr. Wandsbeck 1896), s. Jahresb. 1896, X, 41]. — [4] Müllenhoff, *Nordalb. Studien* 1 (1844), 191 ff. *Zur Gesch. der Nib. Nôt* S. 32 f.; Raszmann I, 184 f. — [5] Uhland, *Schr.* VIII, 504 ff.; Edzardi, Germ. 26, 172 ff.; Heinzel, *Über die Nibs.* S. 11 ff. (und die dort zitierte Litt.); Holz, *Rosengarten* S. C ff.; Schönbach, *Über die Sage von Bit. und Dietl.* S. 11 ff. [Jiriczek, *DHS.* I, 253 ff.].

C. Ortnit-Wolfdietrichsage oder Hartungensage.

§ 33. Die Sagen von Ortnit und Wolfdietrich liegen in der *oberdeutschen* Überlieferung, welche durch die mhd. Gedichte von Ortnit und Wolfdietrich und den Auszug in Dietrichs Flucht 2109—2294 (§ 20), sowie durch den süddeutscher Sage folgenden Bericht der Þidrekssaga c. 416—422 vertreten wird, nur verbunden vor. Da in dieser Verbindung Wolfdietrich an die Stelle des jüngeren Hartung getreten ist, kann dieser Sagenkomplex auch als Hartungensage bezeichnet werden, obgleich dieser Name eigentlich nur einer älteren Sage gebührt, deren ersten Teil die *niederdeutsche* Überlieferung in älterer und selbständiger Gestalt erhalten hat, welche durch nordische Quellen erläutert und ergänzt wird. Im Folgenden ist versucht, im Anschluss an Müllenhoffs grundlegende Untersuchungen, die historische Ausbildung der Hartungensage in ihren Hauptzügen zu entwickeln.

Müllenhoff, ZfdA. 6, 435 ff. 12, 344 ff. (= *ZE* Nr. 24). 30, 238 ff.; Amelung, *DHB* 3, XIX ff.; Jaenicke, *DHB* 4, XXXVIII ff.; W. Müller, *Myth. der deutsch. Heldens.* S. 196 ff.; Heinzel, *Ostgoth. Heldens.* S. 66 ff. 75 ff. (s. auch AfdA. 9, 251 f.); Kurth, *Hist. poët. des Méroving.* S. 374 ff.; E. H. Meyer, ZfdA. 38, 65 ff.; Bugge, *Helge-digtene* S. 70 ff. 227 ff. 238 ff.

§ 34. Die mhd. Spielmannsgedichte von Wolfdietrich bieten der Sagenforschung ausserordentliche Schwierigkeiten. In ihren drei oder vier im einzelnen weit auseinandergehenden Fassungen erscheint die alte Sage so üppig von jüngeren Erweiterungen und Zuthaten umrankt, so gründlich durch die Einflechtung zahlreicher, den verschiedensten Quellen entstammender, Abenteuer entstellt, dass, bei dem gänzlichen Fehlen von Mittelgliedern zwischen den geschichtlichen Berichten und den mhd. Dichtungen, eine wirkliche Entwicklungsgeschichte der Sage gar nicht in Angriff genommen werden kann. Entkleidet man die Überlieferung des 13. Jahrhs. aller mit Bestimmtheit oder Wahrscheinlichkeit als sekundär erkennbaren Züge und löst man auch die Verbindung Wolfdietrichs mit Ortnit und dessen Wittwe zunächst ab, so stellt sich als der Kern der Wolfdietrichssage, wie sie sich etwa im 12. Jahrh. gestaltet hatte, folgende Erzählung heraus. Wolfdietrich, der

Sohn des Königs Hugdietrich von Konstantinopel (nach C des Königs Trippel von Athen), wird als neugeborenes Kind unter den Wölfen gefunden, die ihm nichts zu leide thun. Dem Umstande verdankt er seinen Namen. Im übrigen weichen die beiden wichtigsten Bearbeitungen in der Erzählung von Wolfdietrichs Geburt stark von einander ab: nach dem Wolfd. A wird das Kind, weil sein Vater, durch die Verleumdungen seines treulosen Ratgebers Sabene irregeführt, seine Echtheit bezweifelt, dem Herzog Berchtung von Meran zur Tötung übergeben, der es aber rettet, als er staunend sieht, dass selbst die wilden Wölfe im Walde es verschonen; der Wolfd. B dagegen macht den Helden zur Frucht eines heimlichen Liebesbundes zwischen Hugdietrich und der schönen Hiltburg, der Tochter Königs Walgunt von Salnecke. Der angebliche oder wirkliche Makel unehelicher Geburt haftet aber nach beiden Versionen der Sage an Wolfdietrich. Nach gemeinsamer Überlieferung wächst dieser unter der Obhut des treuen alten Berchtung auf. Bei Hugdietrichs Tod wird sein Reich unter seine drei Söhne geteilt, Wolfdietrich aber von seinen Brüdern, die ihm uneheliche Geburt vorwerfen, (auf Sabenes Anstiften nach Wolfd. A) aus seinem Erbe vertrieben. Berchtung und seine sechzehn Söhne stehen im Kampfe zu ihm, sechs von ihnen mit der ganzen Mannschaft fallen, die übrigen geraten in Gefangenschaft, nachdem der von ihnen getrennte Wolfdietrich ausgezogen ist, um fern von der Heimat Hülfe zu suchen. Nach vielen Abenteuern, in deren Zahl, Anordnung und Ausführung die verschiedenen Fassungen wieder stark von einander abweichen, gelingt es ihm, indem er an der Spitze eines gewaltigen Heeres aus seinem unfreiwilligen Exil zurückkehrt, die treuen Dienstmannen — der alte Berchtung ist inzwischen aus Gram gestorben — zu befreien, seine Brüder gefangen zu nehmen und sein Reich wiederzuerobern.

Diese Sage ist in ihrem Ursprunge wesentlich historisch, wenn auch früh mit unhistorischen Zügen versetzt. In Wolfdietrich und seinem Vater Hugdietrich haben wir nach Müllenhoffs Nachweis geschichtliche fränkische Figuren zu erblicken. Dass zunächst der Name *Hugdietrich*, d. i. »der fränkische Dietrich«, den Merowingerkönig Theodorich I. bezeichnet, ist unbestritten und unbestreitbar. In den Quedlinburger Annalen (s. § 18) findet sich folgende Notiz: *Hugo Theodoricus iste* (nämlich Theodorich, Chlodowechs Sohn) *dicitur, id est Francus, quia olim omnes Franci Hugones vocabantur a suo quodam duce Hugone* (Mon. Germ. SS. III, 31). Bestätigt wird sie durch Widukind I, 9, der *Thiadricus* zu einem Sohne des *Huga* (Chlodowech) macht. *Hugones* (ags. *Húgas* Beow. 2502. 2914) war ein alter epischer Name der Franken; im Wídsíđ Vs. 24 wird ein *Þéodríc* genannt als Herrscher über die Franken, der an einer späteren Stelle (Vs. 115) mit *Seafola* (mhd. *Sabene*) verbunden wiederkehrt, und noch der Poeta Saxo vom Ende des 9. Jahrhs. weiss, dass der austrasische Theodorich in Liedern gefeiert wurde (*Theodricos . . . . . canunt* V, 119). *Hugdietrich* (*Hugo Theodoricus*) ist somit Theodorich von Metz, der älteste und tüchtigste, aber vor keinem Frevel sich scheuende Sohn des Chlodowech, der zuerst die deutschen Länder unter dem Namen Austrasien vereint besass, der Vernichter des thüringischen Reiches (511—534). In Hugdietrichs Sohne *Wolfdietrich* sind Erinnerungen an Theodorichs Sohn Theodebert I. festgehalten, der energisch und rücksichtslos, wie sein Vater, aber zugleich nicht ohne milde und edelmütige Regungen war, und dessen Persönlichkeit und Machtstellung — auch die Alemannen und Bajuwarier unterwarf er der fränkischen Herrschaft — zu epischer Verherrlichung wohl Anlass geben konnte († 548). Theodorich war der Sohn eines Kebsweibes, er teilte nach Chlodowechs Tod das Reich mit seinen drei Brüdern, nicht ohne Streitigkeiten mit denselben. Gegen Theodebert, dem grundlos uneheliche Geburt vorgeworfen wurde, sollen sich nach Theodorichs Tod seine Oheime erhoben haben, die ihm das Reich nehmen wollten, doch durch die Treue der fränkischen Grossen soll er seine Herrschaft behauptet haben (Greg. Tur. III, 23). Der Kern der Wolfdietrichssage weist demnach auf eine Verschlingung der Geschichte der beiden Merowinger Theodorich und Theodebert, die in der Geschichte wiederholt nebeneinander erscheinen; die Sage hätte sie, indem nur der Name des fränkischen Theodorich (Hugo Theodoricus) dem Vater verblieb, auf den Sohn zusammengedrängt; aus dem kurzen Kampfe Theodeberts gegen seine ländergierigen Oheime, den sie mit den Streitigkeiten des Theodorich mit seinen Brüdern verband, machte die Sage eine lange Vertreibung aus seinem Reiche, die Treue seiner Dienstmannen aber, die ihm die Herrschaft erhielt, erhob sie zur treibenden ethischen Kraft der poetischen Ausbildung. Die aussereheliche Geburt Wolfdietrichs ist vom Vater Theodorich auf den Sohn übertragen, dessen Ansprüche auf die Krone gleichfalls angezweifelt wurden; uneheliche Geburt spielt ja in der Geschichte der Merowinger eine sehr bedeutende Rolle und ist in der uns vorliegenden Sagengestalt noch immer ein sehr wesentliches Motiv für die Handlung. Schon dieser Umstand würde die Ansicht W. Müllers und Bugges* widerlegen, die zwar die Beziehung von Hugdietrich auf den fränkischen Theodorich nicht leugnen, aber in Wolfdietrich ursprünglich den ostgotischen Theodorich sehen und seine Sage als eine von Haus aus gotische auffassen, die erst später zu den Westfranken drang. Nun ist zwar auch der ostgotische Theodorich, Theodemers Sohn, ein uneheliches Kind, aber seine Mutter Erelieva (Jord. c. 52) ist der Dietrichssage völlig fremd, und auf Dietrichs Abstammung von einer Konkubine deutet nirgends eine Spur. Auch Wolfdietrichs östliche Heimat in der späten mhd. Dichtung weist nur scheinbar auf die Jugendschicksale des ostgotischen Theodorich auf der Balkanhalbinsel und die Eroberung Italiens von Byzanz aus, da wiederum die so reich verzweigte und in zeitlich abgestufter Reihenfolge vorliegende Überlieferung der Dietrichssage nichts davon weiss, vielmehr übereinstimmend Italien als Dietrichs Erbreich betrachtet. Die Lokalisierung der Wolfdietrichssage nach Griechenland und den griechischen Küstenländern muss anders erklärt werden (S. 675). Heinzel, der mit Müllenhoff an der fränkischen Heimat der Wolfdietrichssage festhält und sie durch neue Beobachtungen gestützt hat, meint doch (*Ostgoth. Heldens.* S. 66 f.), dass die Gestalt des treuen Herzogs Berchtung von Meran von Haus aus in der gotischen Heldensage ihren Platz gehabt habe und erst nachträglich vom ostgotischen Dietrich zum fränkischen Wolfdietrich übergetreten sei. Nun lassen sich allerdings Einwirkungen der Dietrichssage auf die epische Ausbildung der Sage von Wolfdietrich wahrscheinlich machen (§ 38), aber Berchtung scheint seinem Ursprung nach überhaupt keine historische Figur zu sein, und der Name *Mêrân*, obgleich unstreitig ein alter epischer Name für die ostgotischen Lande, ist der deutschen Epik als Stammland Dietrichs und der Goten sonst unbekannt. Jedesfalls ist daran festzuhalten, dass die Sage von Wolfdietrich wesentlich auf Personen und Ereignisse der merowingischen Geschichte zurückgeht, und wenn von Theodorich berichtet wird, dass er in fränkischen Liedern besungen wurde, so werden eben diese Lieder als die Anfänge der Hug- und Wolfdietrichssage zu gelten haben.

* *Helge-digtene* S. 71. 238; dagegen schliesst sich Bugge noch im Ark. f. nord. Fil. 12, 2 der Ansicht Müllenhoffs an.

Andererseits sind unhistorische Elemente in der Sage unverkennbar. Berchtung, den sein Name, wenn auch die für den Stammvater eines Heldengeschlechtes nicht passende patronymische Form so wenig ursprünglich ist wie »Vǫlsungr« in der Sage von den älteren Welsungen (§ 27), als ein glänzendes, lichtes Wesen kennzeichnet, als der treue Erzieher und Vasall, und Sabene (ags. *Seafola* Wîds. 115, ahd. *Sauulo Sabulo*: ZfdA. 6, 459. 30, 240), d. i. »der Kluge, Verschlagene«, als der ungetreue Ratgeber und Ränkeschmied, sind uralte mythische Gegensätze, die sich ebenso gegenüberstehen wie Eckehart und Sibeche in der Harlungensage. Mythische Züge bewahren auch die Überlieferungen von Wolfdietrichs Geburt und Jugendschicksalen, die vielfach an die Sage von Sigfrids Geburt und Jugend nach der sächsisch-fränkischen Fassung und an verwandte Sagen gemahnen. Allein es scheint gewagt, aus diesen mythischen Anklängen auf einen »Berchtungenmythus« zu schliessen, welcher der historischen Sage von dem fränkischen Dietrichspaare erst zu ihrer epischen Form verholfen hätte. Inhalt und Deutung eines solchen Mythus blieben dunkel. Vielmehr wird auch ohne diese Annahme die epische Ausbildung der Sage durch das mehr und mehr in den Vordergrund tretende Motiv der Treue der Mannen zu ihrem König und des Königs zu seinen Mannen wohl verständlich. In den Gestalten des greisen Berchtung und seiner Söhne fand die Sage die Personifikation dieses treibenden Motivs, indem sie vermutlich die frei umherschwebenden mythischen Gegensätze des treuen und des ungetreuen Dieners mit den historischen Details, die sich bereits zu verflüchtigen begannen, amalgamierte. Die Ersetzung der fränkischen Grossen (*leudes*), die die Erbansprüche des Theodebert schützten (Greg. Tur. III, 23), durch eine bestimmte, scharf umrissene Person, den väterlichen Freund des jungen Fürsten, war für die epische Fixierung der geschichtlichen Sage so unerlässlich und selbstredend, dass es zu ihrer Erklärung der Heranziehung der ostgotischen Heldensage nicht bedarf. Die Rolle des Berchtung dem Wolfdietrich und seiner Mutter gegenüber zeigt keine besonderen Ähnlichkeiten mit dem Verhältnis des alten Hildebrand zu Dietrich und findet allerwärts in germanischer Zeit ihre historischen Voraussetzungen; die Stellung Sabenes aber zu der verwittweten Königin und ihren unmündigen Söhnen — Wolfd. A 167 f. richtet er sogar an des Königs Stelle — erinnert sehr stark an die des merowingischen Majordomus. Mythisch ist nur ihr Gegensatz; die Ausgestaltung ihrer Rollen und Figuren wurzelt in den historischen Verhältnissen und in ethisch-poetischen Motiven. Aus der Wolfdietrichssage ist die Gestalt Berchtungs (Berhtêr) von Meran in die Rothersage gekommen (§ 61). Der Name des Helden *Wolfdietrîch* (*der Wolf her Dietrîch* Wolfd. A. 113, 4. 139, 4 u. ö.) scheint ihn als den verbannten Dietrich anzudeuten, und die Sage von seiner Auffindung unter den Wölfen könnte leicht nur eine durch den Namen veranlasste Anlehnung eines weitverbreiteten Motivs (*Myth.*[4] 323 f.) sein.

Die Sage von Wolfdietrich muss sich bald nach Theodeberts Tod (548) gebildet haben; dem Wîdsîđ ist sie bereits geläufig, und zwar ist mit dem *Þéodric*, der nach Vs. 24 über die Franken herrschte, sicherlich Theodorich I. (Hugdietrich), mit dem *Þéodric* aber, der Vs. 115 neben Seafola unter dem Gesinde des Eormenríc genannt wird, dieser oder Wolfdietrich gemeint (s. auch Binz, PBB. 20, 199 f.; anders Heinzel, *Ostgoth. Heldens.* S. 8 f.). Die fränkische Heimat der Sage ist schon deshalb nicht zu bezweifeln, weil ihre historischen Elemente fränkischer Überlieferung entstammen. Darauf weist auch die von Heinzel (a. a. O. S. 68 f.) nachgewiesene Ähnlichkeit der Wolfdietrichfabel mit der altfranzösischen Chanson de geste »Parise la Duchesse«, die sich nur als das Resultat paralleler Entwicklung westfränkischer historischer Überlieferung in der romanischen und germanischen Epik erklären lässt. Zweifelhaft ist, ob eine Erinnerung an die fränkische Heimat noch in der verwirrten Anspielung in Dfl. 2347 ff. durchbricht (*Hds.* S. 221 f.). Wohl aber weisen einige Namen von Helden, die, obgleich in Verbindung mit Dietrich von Bern überliefert, ursprünglich der Wolfdietrichssage anzugehören scheinen, nach Franken: *Helferîch von Lûne* (Laon), über welchen bereits in § 7 gehandelt wurde, sein Bruder *Liudgast, Ortwîn* und *Hûc (von Tenemarke)*, alle vier im Eckenliede Str. 55 ff. Dietrichs Gegner, aber wahrscheinlich, ebenso wie Sigestap (§ 47), erst mit ihm in Verbindung gebracht, als die Sage Dietrichs von Bern durch die Auffassung von Bern-Verona als Bonn an den Niederrhein gelangte. Inwieweit die Ausbildung der fränkischen Dietrichssage, wie sie in den mhd. Wolfdietrichen vorliegt, noch bei den Franken erfolgt ist, lässt sich bei dem völligen Mangel an Mittelgliedern nicht mit Sicherheit entscheiden. Die Verbreitung der Sage in Niederdeutschland beweist das dänische Lied von *Gralver* (*DgF.* Nr. 29), d. i. *Grâulfr* »Grauwolf«, oder *Granuoll,* d. i. *grán ulf* (Akkusativform), das von einem nd. Gedichte des 13. Jahrhs. über Wolfdietrichs Drachenkampf abstammt[1]. Einwirkungen der Wolfdietrichssage auf irische Sagen sucht Bugge (*Helge-digtene* S. 74 ff.) wahrscheinlich zu machen; sehr zweifelhaft sind die Versuche desselben Gelehrten, in den eddischen Helgiliedern Nachahmungen eines angelsächsischen, auf fränkischer Quelle beruhenden, Liedes von Wolfdietrich nachzuweisen (ebda S. 79 ff. 227 ff. 238 ff.). Immerhin ist es wahrscheinlich, dass schon in der fränkischen Wolfdietrichsdichtung wesentlich verschiedene Formen der Sage neben einander herliefen, insbesondere eine dem Wolfdietrich B entsprechende Form ohne den ungetreuen Sabene neben der bereits im Wídsíð vorausgesetzten Hauptform der Sage.

Um die Lokalisierung der Sage in Griechenland und in den griechischen Küstenländern zu erklären, nimmt Müllenhoff in nicht recht überzeugender Weise eine Wanderung der deutschen Heldensage in den Osten an. Dagegen hat neuerdings G. Sarrazin (ZfdPh. 29, 564) auf die Erzählung Gregors von Tours (VII, 38) von dem Prätendenten Gundovald hingewiesen, der aus der Verbannung in Konstantinopel kam, um, als unehelicher Sohn Chlotachars I., sein angebliches Erbrecht gegen seine Brüder geltend zu machen, und 585 ermordet wurde. In diesem Abenteurer, dessen Schicksale thatsächlich nur sehr äusserlich an Wolfdietrichs Geschicke erinnern (s. die Darstellung bei Dahn, *Urgesch. der germ. und rom. Völker* 3, 259 ff.), wird niemand das Prototyp des Sagenhelden erblicken wollen, doch wäre es denkbar, dass Gundovalds Aufenthalt in Byzanz den ersten Anstoss zur Lokalisierung der schon ausgebildeten Sage im Osten gegeben hätte. Nötig ist aber diese Annahme nicht, zumal wir gar nicht wissen können, wann und wo sie zu stande gekommen ist. Auf die Versetzung Wolfdietrichs nach Griechenland und seines treuen Berchtung nach Meran, d. i. Dalmatien, Kroatien und Istrien, das als Stammland der Goten galt (vgl. Kchr. D. 424, 9 ff. und eine Regensburger Glosse des 12. Jahrhs. *Gothi Meranare ZE* Nr. 36)[2], kann der Wunsch eingewirkt haben, jenen zum Ahnherrn der Amelungen, diesen zum Stammvater der Wülfingen zu erheben (vgl. § 38). Sie kann sich aber auch vornehmlich, wenn nicht lediglich, unter Einfluss der Kreuzzüge in der Spielmannsdichtung vollzogen haben. Entscheiden lässt sich diese Frage kaum.

[1] Bugge, Arkiv f. nord. Fil. 12, 1 ff. — [2] Die Frage ist eingehend unter-

sucht von Heinzel, *Ostgoth. Heldens.* S. 9—26; vgl. auch v. Grienberger, ZfdA. 39, 168 ff. [Jiriczek, *DHS.* I, 125 ff.].

§ 35. In Betreff der jüngeren Bestandteile der Wolfdietrichssage, die mit der Entwicklungsgeschichte der eigentlichen Sage nur noch in losem Zusammenhange stehen, können nur wenige Andeutungen gegeben werden.

Nur der Wolfdietrich B erzählt ausführlich die Fabel vom Vater des Helden, Hugdietrichs Brautfahrt[1]. Hugdietrich erwirbt durch List, indem er sich als Mädchen verkleidet, die von ihrem Vater, dem König Walgunt von Salnecke, der sie keinem Freier gönnt, in einen Turm eingeschlossene Hiltburg. Eine besondere Gestalt der beliebten Frauenraubsagen tritt darin hervor: der Werber dringt zu der ängstlich gehüteten Jungfrau in Frauenkleidern und schwängert sie. Ein altes, vielverbreitetes, in Mythen, Sagen und Märchen der verschiedensten Völker wiederkehrendes Motiv ist auf Hugdietrich übertragen, von dem die ältere Überlieferung wohl kaum viel gewusst hat und dessen Schicksale die spätere Dichtung nach Analogie anderer Sagen ergänzte. Die antike Erzählung von Achilles und Deidamia, der nordische Mythus von Óđins Werbung in Weibsgestalt um Rindr sind unabhängige Formen desselben Sagenmotivs, das mit tragischem Ausgange in der über den ganzen Norden verbreiteten Sage von Hagbarđ und Signy vorliegt und ferner u. a. in dem Gedicht vom »Sperber« (Altd. Bl. 1, 238. ZfdA. 5, 426) und in dem Märchen »Rapunzel« (*KHM.* Nr. 12) seine Parallelen findet. Weit über die thatsächlich gegebene Überlieferung hinausgehend und deshalb unannehmbar ist der Versuch von K. Wolfskehl, in der Sage von Hugdietrich einen alten germanischen Mythus nachzuweisen.

Die Anordnung und der Inhalt der Abenteuer, welche Wolfdietrich auf dem Wege nach Lamparten und auch später noch zu bestehen hat, sind in den einzelnen Bearbeitungen sehr verschieden. Die alte Anordnung scheint zerstört. Einige Hauptabenteuer stimmen aber in den wesentlichsten Zügen in den verschiedenen Fassungen überein, und zu diesen hat Uhland mehrfach (*Schr.* I, 177 ff., VII, 538 ff.; s. oben § 6) interessante Parallelen in den Abenteuern des Isfandiyār im Schahname nachgewiesen, die sich durch das Eindringen orientalischer Überlieferungen genügend erklären lassen. Auf Benutzung von Motiven der französischen Epik hat Heinzel die Aufmerksamkeit gelenkt (*Ostgoth. Heldens.* S. 77 ff.); auf den Einfluss spätgriechischer Mythen und des hellenistischen Romans haben Jaenicke (*DHB* 4, XLIII) und neuerdings E. H. Meyer (ZfdA. 38, 87 ff.) gewiesen. Die meisten dieser Abenteuer sind jedesfalls erst im Zeitalter der Kreuzzüge zur Bereicherung des Stoffes von den Spielleuten aufgegriffen worden: so Wolfdietrichs Besuch bei dem messerwerfenden Heiden und seiner Tochter Marpali (Wolfd. A nach dem Dresd. HB. 252—287, B 531—648, D VI, 1—221), eine nach Meyers Nachweis durch frz. Dichtung vermittelte antike Mischfabel; ferner die Geschichte, wie der Held die Königin durch den Kampf mit einem Ungeheuer gewinnt, dem er zum Wahrzeichen die Zunge ausschneidet, und wie er sich dann durch die Zunge und den Ring im Becher als Töter des Ungeheuers ausweist (Wolfd. A Dresd. HB. 300 ff., B 764 ff., D VIII, 155 ff.), ein gleichfalls schon im Altertum bekanntes, auch im Tristanroman sich findendes Motiv (*DHB* 4, XLIII f. AfdA. 15, 185 f.), das übrigens zu den verbreitetsten internationalen Wandermotiven gehört[2]; auch die Erschlagung eines Serpant, der mit einem Löwen kämpft, in B und D gehört wohl in diesen Kreis morgenländisch-byzantinischer Anekdoten. Älter scheint das Abenteuer mit einer Wasserfrau, die den schlafenden Helden weckt und sich aus einem schuppigen Ungeheuer in das schönste Weib verwandelt, das sich ihm vergeblich als Gemahlin anbietet (so A 465—505); in B entspricht die Begegnung mit einem zottigen Waldweibe, der rauhen Else, deren Reich *zer alten Troye* ist, die sich aber durch ein Bad im Jungbrunnen in die schöne Sigeminne verwandelt (308—342). Vielfach ähnliche Züge hat das Fragment »Abor und das Meerweib« (ZfdA. 5, 6). Bugge (*Helge-digtene* S. 227 ff.), der ohne genügende Anhaltspunkte einen historischen Zusammenhang zwischen diesem Wolfdietrichabenteuer und den Hrímgerþarmǫ́l (Helg. Hjǫrv. 12—30) annimmt, weist mit mehr Grund auf Übereinstimmungen der deutschen Sage mit Motiven der Odysseussage: der Kern des Abenteuers ist aber im deutschen Märchenschatz begründet, womit dann allerdings (nur in weit späterer Zeit, als Bugge seiner Theorie zu Liebe annimmt) Motive von Odysseus' Begegnungen mit Kalypso und Kirke in spätgriechischen Nachklängen verbunden sein mögen. Die in allen Fassungen begegnende Erzählung von der Frau in Kindesnöten geht vermutlich zurück auf die Apokalypse 12, 2 f. 13 f.

Wolfdietrich beschliesst der jüngeren Überlieferung nach, wie Heime und Walther, sein Leben im Kloster: so erzählen der Wolfd. D und die Bearbeitung im Dresdener HB. (Str. 326 ff.). Er hat dort, auf einer Bahre liegend, einen Kampf mit den Geistern der von ihm Erschlagenen zu bestehen; nach demselben ist er ganz ergraut, lebt aber noch 16 Jahre im Kloster (D X, 123 ff.), während andere Überlieferung ihn noch in derselben Nacht von den Teufeln in die Hölle führen lässt. Das Motiv des »Moniage« des alten Helden ist unstreitig ein ursprünglich im altfrz. Epos ausgebildetes Motiv [3]. Auf die Form aber, welche dasselbe in der Wolfdietrichssage angenommen hat, mag eine Sage von Einfluss gewesen sein, die sich an den Tod des Kaisers Lothar I. knüpfte, der wenige Tage nach seinem Eintritt ins Kloster starb (vgl. *DHB* 4, XLV f.).

Wichtiger ist die Verbindung Wolfdietrichs mit Ortnit und dessen Witwe. Nach der älteren Überlieferung zieht der von seinen Brüdern und Sabene schwer bedrängte Wolfdietrich aus, um bei Ortnit von Lamparten Hülfe zu suchen. Nach vielen Abenteuern tötet er den Wurm, der Ortnit das Leben genommen hat, gewinnt Ortnits goldene Brünne und Schwert und vermählt sich, nachdem er sich als Drachentöter ausgewiesen, mit Ortnits Witwe Liebgart (Sidrat in D). Diesen Teil der Sage kennt auch die Þs. c. 417—422. Nach Wolfd. A fällt Ortnits Tod bereits vor Wolfdietrichs Ankunft in Garten; nach B besiegt Wolfdietrich den Ortnit im Turnier, wird sein Freund und zieht nach einem halben Jahre wieder aus Garten weg: diese resultatlose erste Begegnung ist selbstverständlich jüngere Zuthat. Gemeinsam aber ist den Überlieferungen die Auffassung Wolfdietrichs als Rächers von Ortnits Tod an dem Drachen: diese Wendung hat die Wolfdietrichssage durch ihre Verbindung mit der Hartungensage genommen.

[1] K. Wolfskehl, *Germ. Werbungssagen. 1. Hugdietrich. Jarl Apollonius.* Darmstadt 1893, S. 1—25. — [2] Hartland, *The legend of Perseus* III, 203 ff. — [3] P. Rajna, *Le origini dell' epopea francese*, S. 456; Nyrop, *Den oldfranske heltedigtn.* S. 148; Heinzel, *Walthers.* S. 26 f. *Ostgoth. Heldens.* S. 80 f. 87.

§ 36. Tacitus (Germ. c. 43) berichtet, dass die vandilische Völkerschaft der *Nahanarvali* — oder *Naharvali,* s. Much, PBB. 17, 31 f. — ein göttliches Brüderpaar, die von den Römern dem Castor und Pollux verglichenen *Alcis* verehrte, deren Kultus ein *sacerdos muliebri ornatu* vorstand. Dieser Kultus scheint einmal allen Vandiliern gemeinsam gewesen zu sein, und in dem *antiquae religionis lucus,* dem altheiligen Hain, wo derselbe vor sich ging, wird man das Heiligtum des vandilischen Kultverbandes sehen dürfen. Bei Jordanes c. 22 führt das Königsgeschlecht der Vandalen den Namen

Asdingi, und bei Dio heisst der Teil der Vandilier, der im Laufe des markomannischen Krieges (um 170) südwärts über die Karpaten drang und sich im nördlichen Dacien niederliess, *Ἀστιγγοι*, vermutlich weil dieser Zug unter der Führung jener Dynastie stattfand. Der Name wäre got. **Hazdiggôs* (zu **hazds* an. *haddr* »Haar einer Frau«), und ein Zusammenhang dieses Namens mit dem nahanarvalischen Brüderpaar ist nicht abzuweisen. Durch Müllenhoffs glänzende Abhandlung in den *ZE* Nr. 24 (ZfdA. 12, 344—354) ist als festgestellt anzusehen, dass die vandalische Dynastie ihren Namen, der »Männer mit weiblicher Haartracht« bedeutete, von einem dioskurischen Heroenpaare herleitete, das bei den östlichen Germanen göttliche Verehrung genoss. Im Norden finden wir das Brüderpaar wieder als die beiden jüngsten unter den zwölf Arngrímssöhnen, die *Haddingjar* (Hyndl. 23. Ǫrvarodds s. c. 14. Hervar. s. c. 2. Saxo ed. MV. p. 250, ed. Holder 166 4—7), nach der Hervararsaga Zwillinge und zusammen nur so viel vermögend als éiner. In den verlorenen Kǫruljóþ, deren die prosaische Nachschrift zur Helga kviþa Hundingsbana II gedenkt, war offenbar an die Stelle des einen dieser Brüder der dritte Helgi *Haddingjaskati* »Kämpfer der Haddinge« (vgl. SnE. I, 482. FAS. II, 8 = Flat. I, 24) getreten. Auf Grund jenes verlorenen Liedes weiter umgestaltet liegt die Sage vor in der Hrómundar saga Greipssonar (FAS. II, 372 ff.). Was hier erzählt wird von dem Kampfe der neun Greipssöhne mit dem haddingischen Helgi auf dem Eise des Vænersees (vgl. auch Saxo p. 290 ff. MV., p. 194 ff. H.), wobei die Walküre Kara über dem Haupte des geliebten Helden schwebt und durch Zauberlieder seine Feinde lähmt, hält Müllenhoff (ZfdA. 12, 351. 23, 127) für wesentlich dieselbe Sage wie die in der Þs. c. 349 ff. mitgeteilte deutsche von Hertniđs Kampf mit den Isungen, in dem seine Frau Ostacia ihn durch Zauber schirmt, sogar als fliegender Drache an der Schlacht teilnimmt. Mag auch diese Vergleichung unsicher bleiben, unzweifelhaft ist in der nordischen Heldensage der alte vandilische Heroenmythus von den Hazdingen nachgewiesen. Freilich ist er im Norden nur lückenhaft überliefert; vollständig hat ihn aber die deutsche Heldensage erhalten.

In der niederdeutschen, durch die Þs. erhaltenen, Sage erscheint der ältere der beiden Brüder als *Hertniđ*, wovon mhd. *Ortnît* eine entstellte Namenform ist. Die Saga kennt deren drei: der dritte, dessen unglücklichen Drachenkampf c. 417 berichtet, entstammt deutlich süddeutscher Überlieferung, und von seiner Identität mit den beiden anderen hat der Sagaschreiber keine Ahnung gehabt. Der erste und der zweite Hertníđ der Saga, der eine ein Enkel des andern, sind nur Spaltungen éines ursprünglichen niederdeutschen *Hardnîd.* Sein jüngerer Bruder ist nach der Þs. *Hirđir* (c. 22. 31) = nd. *Herder* as. *Hardheri.* Ihr gemeinsamer Name muss in der deutschen Heldensage *Hardinge* (mhd. *Hartunge*) gewesen sein = vand.-got. **Hazdingôs,* an. *Hadding(j)ar,* ags. *Heardingas.* Die Verbreitung der Sage in England bezeugen die von Binz (PBB. 20, 201) gesammelten Belege für die Namen *Harding(us), Herding(us)* u. s. w.; Spuren des Namens in der süddeutschen Sage verzeichnet Haupt in der Vorrede zum *Engelhard* S. IX; in der schwedischen Bearbeitung der Þs. findet sich neben *Hertniđ* auch *Herding.*

In der oberdeutschen Sage ist an die Stelle des Hardheri Wolfdietrich getreten (§ 37). Aus der Vergleichung der nieder- und der oberdeutschen Sage, unter Hinzuziehung der nordischen Zeugnisse, ist Müllenhoff zu folgender Grundgestalt der Hartungensage gelangt, die zwar durch kühne Rekonstruktion gewonnen ist, aber grosse innere Wahrscheinlichkeit besitzt. Der ältere Hartung, Hartnît (Ortnît), erkämpft sich gegen ein riesisches Geschlecht (die Isungen »Eismänner«) ein schönes Weib, das dem Geliebten im Kampfe gegen die Ihrigen beisteht. Später zieht er, mit einer goldglänzenden Rüstung angethan, aus, um einen Drachen zu bekämpfen, welcher ihn verschlingt. Aber er findet seinen Rächer in seinem jüngeren Bruder Hartheri (Wolfdietrich), der den Wurm erschlägt, des Bruders Waffen anlegt, sein Ross besteigt und von der trauernden Witwe an des Bruders statt als Gemahl angenommen wird. Den ersten Teil der mythischen Sage, der bruchstücksweise in der nordischen und niederdeutschen Überlieferung (Þs. c. 349—353) bewahrt ist, hätte die süddeutsche Ortnitsage nach dem Typus der Brautfahrten und unter dem Einfluss der Kreuzzüge zu Ortnits Meerfahrt umgestaltet. Der zweite Teil ist nur durch die oberdeutsche Überlieferung — die Wolfdietrichepen und Þs. c. 417—422, hier auf Dietrich von Bern übertragen — gerettet.

Die alten vandilischen Hazdinge, das mythische Brüderpaar, das aus den Trümmern der Überlieferung vor unserem Blicke auftaucht, waren also jugendliche, streitbare, rossebändigende Helden, wie die indischen Açvins und die griechischen Dioskuren. Aus diesem Dioskurenmythus leitet Müllenhoff auch die nordische Erzählung von *Baldr* und *Váli* her; diese Entsprechung ist aber nicht genügend gesichert. In der Þs. c. 105 f. wird erzählt, wie Thidrek und Fasold einen Helden, Sistram, aus dem Schlunde eines Drachen befreien; dieselbe Sage wird in der Virginal von Rentwîn, dem Sohne des Helferîch von Lûne, berichtet, nur dass hier Hildebrand willkürlich für Dietrich eingetreten ist, der wie in der Þs. auch auf einem Kapitell im Baseler Münster aus dem Anfange des 12. Jahrhs. als Befreier erscheint. Aber auch Dietrich von Bern ist hier wohl nur irrtümlich in die Stelle Wolfdietrichs eingerückt, wie in dem Berichte der Þs. über seine Erlegung des Drachen, der König Hertnið getötet hatte. Endlich scheint Wolfdietrich auch in dieser Sage nur ein Ersatz für den jüngeren Bruder, der hier den älteren aus dem Rachen des Untiers befreit, wie er ursprünglich seinen Tod an dem Drachen, der ihn verschlungen, rächte. In dieser älteren Form ist die Sage — offenbar nur eine jüngere Umgestaltung des Hartungenmythus — als Volkssage von *Baltram* und *Sintram* in der Schweiz überliefert[1]. Die Entwicklung des Dioskurenmythus zur Heldensage entzieht sich im einzelnen unserer Kenntnis; und ebensowenig lässt sich über die ursprüngliche Bedeutung des von Müllenhoff rekonstruierten Mythus mit Sicherheit urteilen. Eine alte Beziehung zum Himmelsgotte, wie andere idg. Dioskurenmythen[2] und auf germ. Gebiete die Sage von den Harlungen (§ 41) sie aufweisen, ist nirgends mehr erkennbar.

[1] Grimm, *Deutsche Sagen* Nr. 220; Wackernagel, ZfdA. 6, 156 ff.; Müllenhoff, ZfdA. 12, 329. 353; *DHB* 5, XXVI. — [2] Myriantheus, *Die Açvins oder arischen Dioskuren*, München 1876.

§ 37. Die niederdeutsche Spielmannsdichtung hat die Hartungensage in Russland lokalisiert: die Þs. macht den älteren Hertnið zum Beherrscher Russlands und fast des ganzen Ostens mit der Hauptstadt *Holmgarðr* (d. i. Nowgorod) und zu seinen Söhnen und Nachfolgern Osantrix von Vilcinaland, Waldemar von Russland und Polen und den von einem Kebsweibe geborenen Jarl Ilias von Griechenland. Letzterer hat nach der Saga (c. 31) zwei Söhne, die wieder Hertnið und Hirðir [dafür »Osið« in der anderen Rezension] heissen. Da in der süddeutschen Sage Ortnit der Neffe, früher jedoch der Sohn (vgl. noch Ortn. 55) des *Ŷljas von Riuzen,* dieser aber mit dem *Ilias af Greka* der Þs. identisch ist, so liegt die Folgerung nahe, dass Hertnið nur durch falsche Vervielfältigung der Vater des Ilias geworden ist: ursprünglich war er sein Sohn, der ältere von zwei Brüdern. Waldemar, in dessen Gesellschaft Ilias auftritt, ist deutlich Wladimir der Grosse, der um 1000 über Russland herrschte und in der Sage mit seinem Zeitgenossen Boleslav von Polen zusammengeworfen wurde (G. Storm, Aarb. f. nord. Oldk. 1877, S. 343); Ilias selber ist kein anderer als Wladimirs Hauptheld Ilja von Murom. Beide entlehnte die niederdeutsche Sage aus der russischen Heldensage, was nicht wohl vor dem Ende des 11. Jahrhs. geschehen sein kann. Die Berührungen zwischen niederdeutscher und russischer Sage erklären sich in dieser Zeit durch Handelsverbindungen und Seefahrt. Die alte Hartungensage, die der Verfasser der Þs. noch vollständiger gekannt zu haben scheint (c. 355: *oc af hanum* [Hertníđ] *er allmikil saga, þo at þess verđe nu eigi her getet*), ist dann in der niederdeutschen Spielmannsdichtung später in willkürlicher Weise mit dem Wilzenkönig in Verbindung gebracht.

Die Wanderung der Sage aus Niederdeutschland nach Oberdeutschland kann nach dem bisher gesagten, da auch in der süddeutschen Sage Ŷljas von Riuzen fest mit der Handlung verwachsen ist, erst zu Ende des 11. oder zu Anfang des 12. Jahrhs. vor sich gegangen sein: um 1190 begegnet in Oberbaiern *Ilias* als Personenname (ZfdA. 12, 354). In Oberdeutschland ist die Ortnitsage nach der Lombardei, Ortnits Residenz nach *Garte(n)*, d. i. Garda am Gardasee (*Gartesê* Ortn. 88, *Gartsê* Wolfd. A 523 f.) verpflanzt worden: nach Müllenhoffs glaublicher Annahme durch eine Verwechslung seiner alten Hauptstadt Nowgorod (mnd. *Nougarden Nôgarden*, mhd. *Nôgarten*) mit dem oberitalienischen Garda. Aber weitere Anknüpfungspunkte für diese Lokalisierung fehlen; die Andeutungen Heinzels (AfdA. 9, 251 f.) führen kaum weiter. Auch in *Bergara*, wohin die Þs. c. 417 ihren dritten Hertníđ versetzt, wird eine oberitalienische Stadt zu suchen sein, sei es nun Bergamo (PBB. 9, 475) oder Brescia (= *Brissen* Ortn. 5, 3).

Erst etwas später, nach der Mitte des 12. Jahrhs., scheint in der süddeutschen Sage Wolfdietrich an die Stelle des jüngeren Hartung getreten zu sein, da noch der Dichter des König Rother den Wolfdietrich ausser Beziehung zu Ortnit gekannt haben muss und umgekehrt die niederdeutsche Hartungensage keine Beziehungen auf die fränkische Dietrichssage aufweist. Als der jüngere Hartung, der Drachentöter, in der Sage stark verblasst war, konnte leicht ein anderer berühmter Drachenkämpfer ihn ersetzen. Es mag dabei auch unwillkürliche Kontamination von Sagenzügen, die sich an die Gestalten Wolfdietrichs und Dietrichs von Bern knüpften, im Spiele gewesen sein, s. § 38. Die Verbindung der Ortnit- und Wolfdietrichsage musste aber bei so gewaltsamem Anschluss eine lose bleiben: so nimmt es nicht Wunder, dass die Dichtung zu verschiedenen Mitteln griff, dieselbe fester zu knüpfen. Eines dieser Mittel ist es, wenn im Wolfdietrich D (vgl. auch B 346) Ortnit von Wolfdietrich oder dessen Vater Zins verlangt, ein Motiv der Alexandersage.

Als der Dichter des uns erhaltenen Ortnit und Wolfdietrich A in den dreissiger Jahren des 13. Jahrhs. (§ 20) zur Bearbeitung des Stoffes schritt, war die eigentliche Ortnitsage augenscheinlich schon sehr dürftig geworden. Er hat, vermutlich mit Zugrundelegung eines älteren, auch in dem Auszuge Dfl. 2109 ff. benutzten, Spielmannsgedichtes, seine Fabel frei komponiert und erweitert. Die Sage von der gefährlichen, doch mit Erfolg gekrönten Brautfahrt und dem unglücklichen Drachenkampf des Königs Ortnit lehnte er an zeitgenössische Ereignisse an, vor allem an die Geschichte des Kreuzzugs des Königs Andreas von Ungarn, unter Teilnahme des süddeutschen Adels, im Jahre 1217. *Muntabûr* (Mons Tabor), wohin der Dichter die Kämpfe um die Braut verlegt, ist die sarrazenische Veste, die im Jahre 1212 von Saladins Bruder, dem Sultan Malek-al-Adel, auf dem Berge Tabor erbaut, 1217 von den Kreuzfahrern vergeblich belagert und 1218 von den Söhnen des Sultans wieder geschleift wurde. Auch der Name des grausamen Mohrenkönigs, um dessen Tochter Ortnit wirbt, *Machorel*, der zu Suders in Syrien (d. i. Tyrus) herrscht und dem Jerusalem unterthan ist (Ortn. 13 f.), klingt an den des syrischen Sultans an. Die geschickte Einflechtung des zauberkundigen Zwerges *Alberich*, der an Stelle des Ilias zu Ortnits Vater wurde, mag sich gleichfalls an einen »parvus Sarracenus« angelehnt haben, der bei der Belagerung von Tabor eine dem Alberich in dem mhd. Gedichte ähnliche Rolle spielte; von grösserem Einfluss auf diese ansprechende kecke Erfindung ist aber wohl die Figur des Auberon im Huon de Bordeaux gewesen, womit alte Züge des Zwergkönigs in der heimischen Sage zusammenflossen. Es kann der alte Zug, dass ein kunstreicher Zwerg für Ortnit seine Waffen schmiedet (vgl. Þs. c. 167), zur Verknüpfung der Motive mitgewirkt haben, aber an eine Kontamination der Ortnitsage mit einer ausgebildeten Zwergensage braucht nicht gedacht zu werden. Andere Einzelheiten der Erzählung, auf welche hier nicht weiter eingegangen werden kann, sind aus der Vorgeschichte des Apolloniusromans entlehnt oder aus der Zeitgeschichte geschöpft[1].

[1] Müllenhoff, ZfdA. 13, 186 ff. = *DHB* 3, XXV ff.; Lindner, *Die Beziehungen des Ortnit zu Huon de Bordeaux*, 1872 (Rost. Diss.); Seemüller, ZfdA. 26, 201 ff.; E. H. Meyer, ZfdA. 38, 65 ff.

§ 38. Die Sage von Wolfdietrich, die sich von Beeinflussungen der gotischen (bairisch-österreichischen) Dietrichssage nicht frei gehalten hat, hat ihrerseits auf die epische Ausbildung der Sage von Dietrich von Bern eingewirkt. Auch abgesehen von dem Berichte der Þs. c. 417 ff., in welchem Dietrich erst ganz spät die Rolle Wolfdietrichs übernommen hat, und von dem Eintreten fränkischer Helden in den Sagenkreis des Berners, sind Berührungen zwischen beiden Sagenkreisen unverkennbar. Das Verhältnis des alten Hildebrand zu Dietrich zeigt Ähnlichkeit mit dem Berchtungs zu Wolfdietrich, wenn auch weder auf der einen noch auf der anderen Seite an direkte Nachbildung gedacht zu werden braucht (§ 31). Beide Dietriche werden aus ihrem Lande vertrieben und müssen es mit fremder Hülfe zurückerobern, nach langem, dreissig- oder zweiunddreissigjährigem Exil, und in einer Gestaltung der Dietrichssage kehrt auch die Gefangennahme und Befreiung der Dienstmannen wieder. Dass beide Helden einen Löwen im Wappen führen und Ähnliches der Art ist freilich ohne Gewicht (*Hds.* S. 260. 406). Ohne dass damit für jeden einzelnen Fall über die Priorität eines Zuges in einem der beiden Sagenkreise etwas entschieden würde, darf doch darauf hingewiesen werden, dass der Volkssage Wolfdietrich als der ältere Held galt: die Wolfdietrichsdichtung macht Dietrich von Bern zu einem Nachkommen Hug- und Wolfdietrichs, Hildebrand zu einem Nachkommen Berchtungs. Wenn der Wolfdietrich D IX, 210 ff. die treuen Meister der Heldensage, Hildebrand und Eckehart, von dem treuen Berchtung herleitet, so trifft die Überlieferung damit nicht nur den ethischen Sinn der Heldensage sehr schön, sondern sie erkennt zu gleicher Zeit auch das höhere Alter der Wolfdietrichssage an. Und wenn man auch den verwirrten genealogischen Angaben in Dietrichs Flucht und den trüben Reminiscenzen eines späten Schriftstellers im Anhang zum Heldenbuch nicht mehr Wert beilegen wird als ihnen gebührt, so dürfen sie immerhin als Zeugnisse für eine festgewurzelte Tradition eine gewisse Beachtung beanspruchen.

Andererseits mag bemerkt werden, dass im Bit. 10995 ein junger Sabene, der stets neben einem jungen Berchtung auftritt, als Sibeches Sohn gilt.

D. SAGENKREIS VON ERMANARICH, DIETRICH VON BERN UND ETZEL.

§ 39. In den deutschen epischen Bearbeitungen des Dietrichscyklus (§ 18. 20) ist dieser mit der älteren Sage von Ermanarich verbunden. Allein die Ermanarichsage hat auch in Deutschland einmal für sich bestanden; der ältere gotische Held ist erst verhältnismässig spät in der Sage des jüngeren Gotenkönigs an die Stelle des Odoaker getreten, nachdem zwischen Theodorich und Attila (Etzel) die Verbindung schon längst hergestellt war. Es soll zunächst der Versuch gemacht werden, eine Geschichte der Ermanarichsage zu entwerfen, wobei freilich der äusserst fragmentarischen Überlieferung wegen für wissenschaftliche Kombination ein weites Feld bleibt.

Litteratur über die ostgotische Sage: M. Rieger, Zs. f. d. Myth. 1, 229 ff.; W. Müller, Hennebergers Jahrb. f. d. Litteraturgesch. 1, 159 ff. *Myth. der deutschen Heldensage* S. 148 ff. (der wertvollste Abschnitt dieses Werkes); Uhland, *Schr.* VIII, 334 ff. (= Germ. 1, 304 ff.); Heinzel, *Über die ostgothische Heldensage*, Wien 1889 (aus den Wiener SB. CXIX); Koegel, *Gesch. d. d. Litt.* I, 1, 146 ff. 2, 210 ff. — Zur Orientierung ist dienlich: Karl Meyer, *Die Dietrichssage in ihrer geschichtlichen Entwicklung*, Basel 1868.

Ermanarichsage: J. Grimm, ZfdA. 3, 151 ff.; Müllenhoff, ebda 12, 302 ff. (= *ZE* Nr. 13). 30, 221 ff.; Bugge, Arkiv f. nord. Fil. 1, 1 ff. PBB. 12, 69 ff.; Roediger, Zs. d. Ver. f. Volksk. 1, 241 ff. [Jiriczek, *DHS.* I, 55—118]. — Spezielle Litteratur zur Dietrichssage s. zu § 44 ff.

I. Ermanarichsage.

§ 40. Der *Ermenrîch* des mhd. Volksepos (an. *Jǫrmunrekr*, älter *Ermenrekr* Ragnarsdr. 3[2] Gering, ags. *Eormenríc*, got. **Aírmanareiks*) ist der kriegerische König der Ostgoten Ermanarich, der nach den Zeugnissen der Historiker um die Mitte des 4. Jahrhs. ein weites Gebiet in seiner Gewalt hatte, bis ihn der Einfall der Hunnen im Jahre 375, noch bevor er ihnen in einer Schlacht entgegengetreten war, in Verzweiflung und zum Selbstmorde trieb Diesem Berichte des zeitgenössischen Geschichtschreibers Ammianus Marcellinus (31, 3, 1) zu misstrauen liegt, trotz der psychologischen Schwierigkeit, den ungermanischen Selbstmord des Ermanarich zu erklären, kein genügender Grund vor. Wohl aber wird es begreiflich, wie der rätselhafte freiwillige Tod eines ruhmreichen und mächtigen Königs, nicht um der Schande der Gefangenschaft oder der Niederlage zu entgehen, sondern unter dem lähmenden Eindrucke einer drohenden, durch das Gerücht in unheimlichen Farben geschilderten, Gefahr zur Motivierung drängen und damit zur Sagenbildung Anlass geben musste. Schon bald nach Ermanarichs tragischem Ende, das für sein Volk den Anfang langer Unselbständigkeit und Unsesshaftigkeit bedeutete, scheint er ein Held des ostgotischen Volksgesanges geworden zu sein. Um die Mitte des 6. Jahrhs. erzählt Jordanes (Get. c. 24), nachdem er mit epischer Übertreibung Ermanarichs weit ausgedehnte Herrschaft über ganz Scythien und Germanien und den Einbruch der Hunnen dargestellt hat, folgendes: *Hermanaricus, rex Gothorum, licet, ut superius retulimus, multarum gentium extiterat triumphator, de Hunnorum tamen adventu dum cogitat, Rosomonorum gens infida, quae tunc inter alias illi famulatum exhibebat, tali eum nanciscitur occasione decipere. dum enim quandam mulierem Sunilda* (*Sunielh, Sunihil* varr.) *nomine ex gente memorata pro mariti fraudulento discessu rex furore commotus equis ferocibus inligatam incitatisque cursibus* *per diversa divelli praecepisset, fratres eius Sarus et Ammius, germanae obitum vindicantes, Hermanarici latus ferro petierunt; quo vulnere saucius egram vitam corporis inbecillitate contraxit.* Der Schriftsteller berichtet weiter, der hunnische König Balamber habe diesen Umstand zu einem Angriff auf die Ostgoten benutzt, und schliesst seine Erzählung: *inter haec Hermanaricus tam vulneris dolore quam etiam Hunnorum incursionibus non ferens grandevus et plenus dierum centesimo decimo anno vitae suae defunctus est* (Mon. Germ. Auct. antiq. V, 1, 91). Der historische Kern der Sage ist hier bereits durch unhistorische Elemente überwuchert; eine Gewaltthat des von Jordanes noch als *nobilissimus Amalorum* gepriesenen Königs, die ja immerhin an wirklich geschehenes anknüpfen kann, aber gewiss ursprünglich mit seinem Tode und dem Untergang seiner Herrschaft in keiner Verbindung stand, erscheint durchaus in sagenhaftem Gewande. Die *Rosomonorum gens,* der die getötete Frau und die rächenden Brüder angehören, ist schwerlich historisch, wenn auch eine sichere Deutung des Namens noch nicht gelungen ist*. Episch aber sind vor allem die Namen der *Sunilda* (got. **Sōnihilds,* ahd. **Suonhilt,* wie sich nach *Suanailta* in einer Sanct Galler Urkunde v. J. 786 vermuten lässt: Müllenhoff ZfdA. 12, 302 und im Index zu Jord. ed. Mommsen S. 154) **, im Norden zu *Svanhildr* umgedeutet, und die der beiden Brüder, die trotz der historisierenden Erzählung allein die Angreifer sind. *Sarus* und *Ammius* begegnen im Norden als *Sǫrli* (as. *Sarulo,* lang. *Sarilo*), eine Diminutivbildung zu got. **Sarus* »der Gewaffnete« (vgl. *sarwa* »Rüstung«), und *Hampér* (ahd. *Hamadeo Hamadeoch,* got. **Hama-þius*) »der gerüstete Krieger«, wozu *Ammius* (got. **Hamjis*? **Hamja*?, vgl. *ga-hamōn* »sich bekleiden« zu **hama,* as. ahd. *-hamo*) entweder Koseform oder eher die nicht zusammengesetzte ursprüngliche Namenform ist: die Brüder sind also nach ihren Brünnen benannt, die in der nordischen Sage eine so wichtige Rolle spielen ***. Leider ist der Bericht des Jordanes vielfach unklar und in einem wichtigen Punkte unvollständig: weder erfahren wir den Namen von Sunildas Gemahl noch ersehen wir deutlich die näheren Umstände seiner Schuld, obwohl der Ausdruck *pro mariti fraudulento discessu* sich nach Jiriczeks scharfsinniger Interpretation [*DHS.* I, 58 f.] nur auf den verräterischen Abfall eines Mannes aus einem dem Ermanarich dienstpflichtigen Stamme beziehen lässt. Hinfällig wird durch diese auf den Sprachgebrauch des Jordanes gestützte Auslegung der Versuch, aus der gotischen Überlieferung die nordische Fassung der Sage herauszulesen und in der von Rossen zerrissenen Frau Ermanarichs eigene Gattin zu sehen. Ermanarich rächte vielmehr nach der ältesten Form der Sage an Sunilda die treulose Empörung ihres Gemahls, der vielleicht der Fürst der dem Gotenkönige dienstpflichtigen Rosomonen war, gegen seinen Oberherrn; der Schuldige selber war also wohl entwischt. Ob Sunilda an den verräterischen Absichten ihres Mannes beteiligt war, bleibt unsicher, und den Namen des Empörers nennt Jordanes nicht. Die vieldeutige und vielbesprochene

* Am ansprechendsten ist die Deutung Bugges (Ark. 1, 2 ff.): *Rosomoni* = got. **Rusmunans* »die Rötlichen, Falschen«; andere epische Deutungen versuchen Koegel I, 1, 148 und v. Grienberger, ZfdA. 39, 159 Anm. Als slavisches Volk sucht Heinzel (*Über die Hervararsaga* S. 102) die *Rosomoni* nachzuweisen.

** Es muss aber bemerkt werden, dass *Suanailta* sich auch als *Swana-hilt* »Schwanhild« verstehen lässt [s. Jiriczek, *DHS.* I, 68 Anm.]. *Sun(i)-* bei Jord., mit der Variante *Sunihil,* weist jedoch wohl auf got. *Sōni-*, das auch als erstes Kompositionsglied in langobardischen Eigennamen vorkommt [ebda I, 63 Anm. 2]. Die Umdeutung der »Sühnhild« zu »Schwanhild« kann schon bei deutschen Stämmen vor sich gegangen sein.

*** Andere Etymologien der Namen bei Koegel I, 2, 217 f. Ein historischer Gotenführer *Sarus* findet sich bei Jord. Rom. 321.

Stelle des Béowulf 1197—1201, derzufolge *Háma* (Heime) dem Ermanarich (oder für den E.?) das sagenberühmte Brîsinga meni geraubt hätte, bleibt besser aus dem Spiele, und Müllenhoffs aus der Verbindung der Béowulfstelle mit dem Berichte des Historikers gefolgerte Annahme, dass einmal Heime für den Gemahl der nordischen Svanhild gegolten habe, ist unerweisbar. Ebensowenig ist die in der ersten Auflage des Grundrisses ausgesprochene Ansicht streng erweislich, dass *Bikka* (an. *Bikki*, ags. *Becca* Wîds. 115), dessen Rolle Sibich übernahm, der von Jordanes verschwiegene Name von Sunildas Gemahl gewesen sei, wenn auch durch diese Vermutung einige Züge der späteren Sage ungezwungen ihre Erklärung finden (s. § 41).

Über den Ursprung der Sage von Ermanarich und Sônhild ist tiefes Dunkel gebreitet. Es lässt sich nichts mit einiger Wahrscheinlichkeit darüber sagen. Die Namen und die Handlung weisen auf epische Dichtung; mit der historischen Überlieferung von Ermanarichs Selbstmord beim Einfall der Hunnen, die allerdings zur Sagenbildung den ersten Anstoss bot, zeigt die Sage nur geringen inneren Zusammenhang. Mehr als die blosse Möglichkeit, dass ein historischer Gewaltakt des mächtigen Herrschers ihr zu Grunde liegen kann, ist nicht vorhanden, wenn auch nicht zu leugnen ist, dass die Sage in ihrem Streben, Ermanarichs tragisches Ende zu erklären, sehr leicht zur Verwertung eines vermutlich ursprünglich folgenlosen Ereignisses aus der Zeit seiner Regierung greifen konnte. Jedesfalls findet eine mythische Deutung der Svanhildsage, wie sie Müllenhoff und zuletzt Roediger versucht haben, keine Stütze in unserer Überlieferung, die schon in ihrer ältesten Form rein episch-sagenhaft ist und alte mythische Züge nirgends mehr hervortreten lässt.

§ 41. Bei den oberdeutschen Stämmen, zu denen die Sage von den Goten in Italien früh gelangt sein muss, sind aus älterer Zeit nur spärliche Zeugnisse, keine epischen Gestaltungen, erhalten. Ermanarich — so viel lässt sich erkennen —, bei Jordanes trotz seines grausamen Gerichts an jener Frau aus dem Volke der Rosomonen als »der edelste der Amaler« aufgefasst, ist in der oberdeutschen Sage bald zum epischen Typus des Tyrannen geworden, und ihm zur Seite trat als sein böser Dämon, als der ungetreue Ratgeber und Bewirker alles Unheils, das den König und sein Haus trifft, Bikka, dessen oberdeutscher Name **Biccho* nicht einmal auf uns gekommen ist. Die Sage motiviert seine bösen Ratschläge verschieden: nach Þs. c. 276f. und dem Anhang zum HB hat Ermanarich seiner Frau Gewalt angethan oder anthun wollen*), nach Saxo hat er seine Brüder getötet. Gewiss brauchen diese Züge kein Nachklang alter Sage zu sein. Das Motiv der Rache für die Kränkung der häuslichen Ehre ist in Geschichte und Sage so verbreitet (s. die Zusammenstellung bei Heinzel, *Ostgoth. Heldens.* S. 8), dass es zu jeder Zeit in die Sage gedrungen sein kann. Allein die Möglichkeit bleibt bestehen, dass es die Umgestaltung eines älteren Motivs ist (Rache für jene von Jordanes berichtete Gewaltthat), das mit dem Verblassen und Verschwinden der eigentlichen Sônhildsage in Deutschland natürlich unverständlich wurde. Die Vermutung, dass ursprünglich Bikka Sônhilds Gemahl gewesen ist, erhält so eine, freilich unsichere, Stütze. Die Sage hat dann auf den König und seinen Rat eine Reihe anderer Schandthaten gehäuft. Ermanarichs einziger Sohn

* Dazu stellt sich noch eine Redaktion der dänischen Ballade von »Marsk Stig« (*DgF.* Nr. 145), deren veränderte Motivierung auf Kenntnis eines dänischen, auf niederdeutscher Quelle beruhenden, Liedes von Ermanarich und Sibich weist: s. Bugge, Det phil.-histor. Samfunds Mindeskr., Kph. 1879, S. 64 ff. [Jiriczek, *DHS.* I, 113 f.].

wird durch Bikkas Verleumdungen in den Tod getrieben. Für Deutschland bezeugen Anspielungen in Dfl. 2457 ff. (vgl. 3847 ff.) Kenntnis dieses, in den nordischen Quellen mit dem Svanhildmotiv verknüpften, Zuges: hier, wie in den Quedlinburger Annalen, heisst dieser Sohn *Friedrich* (der *Freođeric* des Wîds. 124?), in den nordischen Berichten *Randvér,* bei Saxo *Broderus,* während die Þs. c. 278 ff. den einzigen Sohn zu dreien, *Friđrekr, Reginbaldr* und *Samson,* vervielfältigt hat. Weiter erzählt die Sage, wie Ermanarich auf Anstiften seines Rates seine Neffen überfällt und tötet: diese Wendung beruht auf Verschmelzung der Ermanarichsage mit einer ursprünglich selbständigen mythischen Sage, der Harlungensage.

Die am ausführlichsten, aber in Einzelheiten vielfach entstellt, durch die Þs. c. 281 f. erhaltene, durch ags. und mhd. Zeugnisse, sowie durch die Quedlinburger Annalen bestätigte Sage von den beiden Harlungen (ags. *Herelingas*) Ambrica und Frîdila (ags. *Emerca* und *Fridla,* in den Quedl. Ann. *Embrica* und *Frilla,* mhd. *Imbrecke* und *Frîtele*) ist bei den Alemannen ausgebildet. In der zu Grunde liegenden heroischen Form des Mythus hat es sich vor allem um den grossen Schatz der Harlungen gehandelt, dessen alter mythischer Name *Brîsingo meni* (ags. *Brísinga* [*brosinga* Hs.] *mene* Béow. 1199, an. *Brísingamen*) war, sowie um die Gegnerschaft ihres treuen Hüters *Eckehart* und des ungetreuen Ratgebers *Sibicho.* Müllenhoff hat in seinem nachgelassenen Aufsatze »Frija und der Halsbandmythus« (ZfdA. 30, 217 ff.) den Harlungenmythus als altgermanischen Dioskurenmythus erwiesen: es sind die Harlungen junge und reiche Zwillinge (die schatzhütenden Açvins des Veda, das Zwielicht), die ausgesandt werden, um dem Himmelsgotte Irmintiu die Braut, die mit dem Geschmeide (dem Brîsingo meni) geschmückte Sonnenjungfrau (Sūryā) heimzuholen; allein sie entbrennen selbst in Liebe zur strahlenden Maid, gewinnen durch Schätze ihre Gunst und werden von dem erzürnten Gotte für ihre pflichtvergessene Untreue mit dem Tode bestraft. Der Harlungenmythus ist früh nach Breisach im Breisgau lokalisiert, wo Eckehard von Aura (*Hds.* S. 42) ihn zu Anfang des 12. Jahrhs. kennt und Orts- und Personennamen ihn genügend bezeugen (Mone, *Heldens.* S. 80 f. *ZE* Nr. 13. 26, 11. 65; Hertz, *Deutsche Sage im Elsass* S. 223 ff.): Anlass zur Lokalisierung gab gewiss der Name des Harlungenschatzes, des Brîsingo meni, der an den mons Brisiacus erinnerte. Bei den Alemannen hat sich dann die Harlungensage mit der Sage von Ermanarich verbunden, vor dem 7. Jahrh., denn dem Wîdsîđ sind die Harlungen bekannt und, was stärker ins Gewicht fällt, der Béowulf kennt das Brísinga mene bereits in Ermanarichs Besitz. Die Sage kann zu dieser Verbindung nicht ausschliesslich durch die Übereinstimmung in den Namen des Irmintiu und des Ermanarich gelangt sein. Vielmehr müssen Elemente in der Ermanarichsage den Anschluss des heroisierten Mythus von dem grausamen Tode der Zwillingsbrüder ermöglicht haben. Wenn man voraussetzen darf, dass schon vor dem Anschluss der Harlungensage Ermanarich in der Sage als »das Kolossalbild eines grausamen und habsüchtigen Herrschers« galt, welcher gegen sein eigenes Geschlecht wütete, unermessliche Macht und also nach der Anschauung jener Zeiten auch einen unerschöpflichen Hort besass, wie ja auch sein Reichtum lange sprichwörtlich geblieben ist (Dfl. 7854 ff. *Hds.* Nr. 56. 124), lässt sich die Verknüpfung verstehen: Ermanarich überfällt aus Gier nach ihrem Schatze seine Neffen, die Harlungen, vermutlich indem er sie unter dem Vorwande einer Verhandlung verräterisch zu sich lockt (vgl. Dfl. 2551), und lässt sie erhängen. Mit den Harlungen traten die alten mythischen Gegensätze Eckehart und Sibicho in die Ermanarichsage ein; in Berchtung und Sabene der

Wolfdietrichssage (§ 34) haben sie ihre nächstliegenden Parallelen. Das Verhältnis zwichen Sibich und Bikki ist unklar, doch darf man die beiden Namen (ahd. *Sibicho* — *Biccho*) wohl ebensowenig als ihre Träger für ursprünglich identisch halten. Wahrscheinlicher ist die Annahme, dass Bikka als des Königs böser Ratgeber der Ermanarich-Sônhildsage von Haus aus angehörte, aber durch die in der Harlungensage heimische Figur seines Doppelgängers Sibica (*Sifka* in der Þs., mhd. *Sibeche*) in der deutschen Sage alsbald verdrängt wurde, wozu die Ähnlichkeit der Namen der beiden Ungetreuen, die auch die Verschmelzung beider Sagen erleichtert haben mag, Anlass geben konnte. In den nordischen Quellen, welche die Harlungensage nicht kennen — über Saxo s. § 43 —, heisst der Ratgeber nicht **Sifki (*Sibico)* oder **Sjúki (*Sibuco)*, sondern *Bikki* (*Bicco* bei Saxo). Der Widsid nennt *Becca* (Vs. 115) neben den Harlungen (Vs. 112 f.) unter dem Ingesinde Ermanarichs; *Sifeca* in Vs. 116 wird mit Binz (PBB. 20, 207 f.) nicht auf den Sibich unserer Sage zu beziehen sein, der vielmehr wie sein Gegner Eckehart in dem Heldenkataloge fehlt.

Der Tod der Sônhild, die ausschliesslich in der schon genannten San Galler Urkunde v. J. 786 als *Suanailta* neben ihrem Vater *Heimo* und in Gesellschaft von *Saraleoz* und *Eghiart* erscheint, und die Rache ihrer Brüder an Ermanarich sind in der späteren deutschen Sage ganz vergessen. Dass die Sage einmal allgemein bekannt gewesen ist, bekunden die Zeugnisse des Eckehard von Aura und der Quedlinburger Annalen, sowie Anspielungen auf Ermanarichs schwere Krankheit in Dfl. und Þs. c. 401. Alte Züge der Sage von Sônhilds Ermordung scheinen in der Þs. c. 280 für den Tod von Ermanarichs Sohn Samson verwandt zu sein, den der erzürnte Vater auf der Jagd vom Pferde reisst, sodass er unter die Hufen von Ermanarichs Ross gerät und zertreten wird. Sporadisch scheint der getreue Eckehart die Rolle der rächenden Brüder übernommen zu haben, wie im Anhang zum HB und ähnlich in Agricolas Sprichwörtern (*Hds.* Nr. 134, 5). Nach der Verbindung der Ermanarichsage mit der Dietrichssage wurde dann — aber nur in Niederdeutschland und auch da nur vereinzelt — Dietrich der Vollstrecker der Rache: so erzählt mit merkwürdigen Anklängen an die nordische Überlieferung das niederdeutsche Volkslied von König Ermenrîcs Tod (§ 20), wie Dietrich selbzwölft in die Burg des Königs dringt und ihn samt allen seinen Mannen erschlägt (dazu vgl. noch Grundtvig, *DgF.* 1, 124).

Dass in der deutschen Sage Sônhild (Svanhildr) jemals als Ermanarichs Gattin und ihre Tötung als Strafe für wirklichen oder angeblichen Ehebruch aufgefasst worden wäre, ist durch kein Zeugnis erweisbar: Jiriczeks Theorie der Sagenverschiebungen auf Grund der Einflechtung der Harlungensage [*DHS.* I, 103 ff.] ist zwar scharfsinnig, aber kaum genügend gestützt. Eine engere Verbindung der drei an die Figur des grausamen Tyrannen geknüpften Sagen: a) Sônhild, b) Ermanarichs Sohn, c) die Harlungen, obgleich sie alle drei in Deutschland, wie wahrscheinlich auch in England (Binz PBB. 20, 207 ff.), bekannt waren, ist, soviel wir sehen können, bei den Südgermanen nicht hergestellt worden. Ein innerlicher Zusammenhang zwischen dem ersten und dem zweiten Elemente hat sich erst im Norden entwickelt.

§ 42. Während die gotische Sage, die Jordanes überliefert, in Oberdeutschland bald ihre Beliebtheit verlor und auch in Niederdeutschland, wohin sie in Verbindung mit der Harlungensage gelangte, keine sehr bedeutende Pflege gefunden zu haben scheint, ist sie im skandinavischen Norden in veränderter Form und eigentümlicher Entwicklung überliefert. Die nordische (norwegisch-isländische) Jǫrmunreksage[1] liegt vor in den Eddaliedern Hamþismǫ́l und Guþrúnarhvǫt nebst der Eingangsprosa des Sammlers, einem Teile von Bragis Ragnarsdrápa und zwei Prosaberichten von selbständigem Werte (Vǫls. c. 40—42. SnE I, 366 ff.). Abseits steht die dänische Version bei Saxo Grammaticus, die für sich zu betrachten ist. Alle norwegisch-isländischen Quellen gehen auf mehrere alte Lieder und auf mündliche Tradition zurück, alle setzen die Anknüpfung der Ermanarichsage an die Nibelungensage (§ 30), die auch andere Eddalieder kennen, bereits voraus. Die Sage, welche wir aus der Vergleichung der einzelnen Überlieferungen, über deren gegenseitiges Verhältnis keine völlige Übereinstimmung herrscht[2], als die gemeinsame westnordische erhalten, unterscheidet sich von der gotischen vor allem darin, dass Svanhild zur Gattin des Jǫrmunrek geworden und dass die Gewaltthat an ihr mit der anderen an des Königs einzigem Sohne Randvér verbunden ist; beide werden das Opfer der Verleumdungen des treulosen Bikki, der Svanhild des Ehebruchs mit ihrem Stiefsohne beschuldigt. Der König lässt Svanhild von Rossen zertreten und seinen Sohn, wie die Harlungen in der deutschen Sage, erhängen. Wie bei Jordanes rächen die Brüder der getöteten Frau, Sǫrli und Hamþér, denen als dritter (als Stiefbruder nach den Hamþ.: *enn sundrmǿþre* 13[1]) Erpr gesellt ist, die That an Jǫrmunrekr, dem sie Hände und Füsse abhauen. Sie selbst aber, die durch ihre wunderbaren Rüstungen für Waffen unverletzlich sind, werden zu Tode gesteinigt. Die Sage können die Skandinavier nicht unmittelbar von den Goten übernommen haben, da sie sich bei diesen erst gebildet haben kann, als sie die Ostseegegend bereits verlassen hatten; vielmehr ist dieselbe aus Niederdeutschland nach dem Norden (Norwegen?) eingewandert, als Volkssage, aber vermutlich auch in poetischer Form, wie man aus den Übereinstimmungen zwischen den Hamþismǫ́l und dem nd. Liede von Ermenriks Tod schliessen darf. Die Einwanderung wird gleichzeitig mit der ersten Übernahme der Nibelungensage (§ 16. 30) stattgefunden haben, also spätestens im 8. Jahrh., aber aller Wahrscheinlichkeit nach früher. Bragis Ragnarsdrápa aus der ersten Hälfte des 9. Jahrhs. setzt die Anknüpfung der Jǫrmunreksage an die Nibelungensage voraus, der doch vermutlich eine längere selbständige Entwicklung der Sage im Norden vorhergegangen ist; dasselbe bezeugt die Kenning *Jónakrs bura harmr* »Steine« im Ynglingatal des Þjóðólfr von Hvin von allerdings zweifelhaftem Alter. Das Nichtauftreten der »Brechung« in dem Namen *Erpr*, neben *jarpr*, kann für die Zeit der Einwanderung freilich nichts beweisen, da derselbe aus Deutschland übernommen sein muss, auch wenn er nicht von Haus aus der Ermanarichsage angehört haben sollte (Bugge, ZfdPh. 7, 394; [Jiriczek, *DHS.* I, 107 ff.]). Wichtiger für die Bestimmung der Zeit der Einwanderung ist der Umstand, dass die norwegisch-isländische Sagenform von der Harlungensage nichts weiss*). Darf man daraus schliessen, dass die Verbindung des Mythus von den Harlungen mit der Ermanarichsage, welche der Béowulf und vermutlich schon der Wídsíð voraussetzen und die folglich noch dem 6. Jahrh. zufällt (§ 41), erst nach der Einwanderung der Sage von Ermanarich in den Norden stattgefunden hat, so wäre damit ein fester Ansatz für die Datierung der Herübernahme gewonnen. Der verlockende Schluss, den Müllenhoff (ZfdA. 10, 177) gezogen hat, ist allerdings nicht zwingend; Zufall ist nicht ausgeschlossen (Heinzel, *Ostgoth. Heldens.* S. 5), und es muss auch die Möglichkeit zugegeben werden, dass die Harlungensage in Deutschland zurückblieb, trotzdem ihre

* Abzulehnen ist die Beziehung von Hamþ. 17 auf die Harlungen (Bugge, *Fornkv.* 439 b, aber zurückgenommen ZfdPh. 7, 403).

Verbindung mit der Ermanarichsage bereits vollzogen war [Jiriczek, *DHS.* I, 105 f.]. Wahrscheinlich aber ist weder das eine noch das andere. In jedem Falle bleibt auch von dieser Seite her unerweislich, dass die einschneidende Änderung der nordischen Sagengestalt, die Auffassung der Svanhild als Ermanarichs Gattin und ihrer Ermordung als Strafe für versuchten Ehebruch mit ihrem Stiefsohne, aus der deutschen Sage übernommen wurde. Nordische Dichtung, die auf dem alten Motiv »der Liebe zwischen Stiefmutter und Stiefsohn, welche dem Sohne das Leben kostet« (Heinzel a. a. O. S. 6 ff.), aufgebaut ist, ist die nächstliegende Annahme.

[1] Bugge, ZfdPh. 7, 392 ff.; Ranisch, *Zur Kritik und Metrik der Hamþismál*, 1888 (Berl. Diss.), S. 3 ff. [Jiriczek, *DHS.* I, 84—99]. — [2] Bestritten ist vor allem das Verhältnis zwischen Hamþismǫl und Ragnarsdrápa; vgl. einerseits Bugge, *Bidrag til den ældste skjald. hist.* S. 41 ff., andererseits F. Jónsson zuletzt in den Aarb. 1896, S. 325 ff. Es findet aber wohl überhaupt zwischen beiden Überlieferungen keine nähere Beziehung statt.

§ 43. Auch Saxo Grammaticus bringt im achten Buche (p. 411 ff. MV., p. 278 ff. Holder) eine ausführliche Erzählung der Ermanarichsage, die unmittelbar aus dänischer Tradition geschöpft hat. Sie ist bei ihm in die mythische Königsgeschichte der Dänen eingegliedert, zeigt aber in den Hauptpunkten dieselbe Fassung wie die norwegisch-isländischen Quellen. Auch er kennt *Swavilda* (verlesen aus *Swanilda*), die Schwester von vier hellespontischen Brüdern, als Gattin des *Jarmericus,* den treulosen Rat *Bicco,* der die Königin des Ehebruchs mit ihrem Stiefsohne *Broderus* zeiht, die grausame Bestrafung des Paares — nur wird der Sohn, wie in der Vǫls., schliesslich begnadigt —, endlich die Rache der Brüder, die auch hier den Tod durch Steinigung erleiden, während dem Jarmericus Arme und Beine abgehauen werden. Daneben aber sind wichtige Abweichungen unverkennbar. Namentlich weisen einige Punkte in Saxos Bericht mit Bestimmtheit auf deutschen Ursprung, vor allem die beiden Schwestersöhne *(sororii)* des Jarmericus, die er ihrer Erbansprüche wegen tötet. Unzweifelhaft sind damit die dem Norden sonst unbekannten Harlungen gemeint, und ebenso gewiss rührt die Kenntnis der noch bei Saxo in Deutschland lokalisierten und in Einzelheiten zu der späteren Version der Þs. stimmenden Sage aus Deutschland her. Auch die Vorstellung von Ermanarichs fabelhaftem Reichtum — er erbaut sich eigens eine Burg auf schroffem Felsen zur Bergung seines Hortes — wird in Verbindung mit der Harlungensage aus Niederdeutschland übernommen sein, und vielleicht noch ein paar andere Züge. Saxos eigentliche Svanhildsage aber schliesst sich in allem wesentlichen — den Namenformen, dem Auftreten Bikkis, sowie dem ganzen Verlaufe der Handlung — so eng an die norwegisch-isländische Tradition an, dass wir in dieser ihre Quelle suchen müssen, nicht, wie Jiriczek will, in der niederdeutschen Überlieferung, wo von einer ausgebildeten Svanhildsage im 12. Jahrh. keine Spur mehr vorhanden ist. Es scheint demnach die von Saxo benutzte dänische Überlieferung eine Mischung aus norwegisch-isländischer und niederdeutscher Sage zu repräsentieren. Einen Fingerzeig für die nordische Gestalt der Volkssage, aus welcher Saxos Version der Svanhildsage schöpfte, bietet die Vǫlsungasaga, die mehrere auffallende Übereinstimmungen mit dem Berichte des dänischen Historikers aufweist, offenbar Züge, die der Sagaschreiber nicht seinen schriftlichen Quellen, sondern lebendiger Volksüberlieferung entlehnte. Die Anknüpfung an die Nibelungensage tritt bei Saxo nur in dem Namen der Zauberin *Guthruna* hervor, die den hellespontischen Brüdern bei der Vollziehung der Rache für ihre Schwester beisteht, wie Guđrún ihren Söhnen.

A. Olrik, *Kilderne til Sakses Oldhist.* I, 174. II, 252 ff. [Jiriczek, *DHS.* I, 95 ff. 115 ff.].

II. Sage Dietrichs von Bern.

§ 44. Die Sage Dietrichs von Bern ist in ihrem wesentlichen Gehalte durchaus aus der Geschichte zu erklären. An der Identität Dietrichs mit dem grossen Ostgotenkönig Theodorich (got. **Þiudareiks*), dem Sohne des Theodemer (mhd. *Dietmâr*), zweifelte das Mittelalter so wenig (*Hds.* Nr. 18, 4. 23. 24. 32. *ZE* Nr. 5, 1. 30. 71), wie die heutige Sagenforschung, obgleich schon den mittelalterlichen Historikern die chronologischen Irrtümer der Sage nicht verborgen geblieben sind und für die moderne Forschung die Gegensätzlichkeit zwischen Sage und Geschichte, ja die völlige Umgestaltung der Geschichte in der Heldensage offen zu Tage liegt. Aus dem Eroberer, der im Auftrage des oströmischen Kaisers Zeno 488/89 nach Italien kam, unter verschiedenen Wechselfällen und Wendungen des Kriegsglücks in drei gewonnenen Schlachten (am Isonzo, bei Verona und an der Adda) seinen Zweck erreichte und nach einer dreijährigen Belagerung Ravennas Odoaker niederstiess (493), ist in der Sage schliesslich ein Vertriebener geworden, der nach langem Exil und einem vergeblichen Eroberungsversuche endlich mit fremder Hülfe sein rechtmässiges Erbe wiedererlangt. Ein Scheingrund der Geschichte, indem der oströmische Kaiser, in dessen Auftrage Theodorich handelte, sich als natürlichen Erben des weströmischen Reiches betrachtete, wurde von der Sage, die ihre Sympathien keinem Usurpator gönnte, willig aufgegriffen. Aber der Umstand, dass Dietrich von Byzanz aus sein Land erobert hat, ist in der Sage schon sehr bald in Vergessenheit geraten: was man für diese Anschauung beigebracht hat, die Erwähnung Zenos bei Heinrich von München (*Hds.* Nr. 84, S. 227) und bei Königshofen (ZfdA. 15, 319 f.), ist auf gelehrten Ursprung zurückzuführen, und die neuerdings von Kauffmann aufgestellte Ansicht, unter dem *Hûneo truhtîn* des Hildebrandsliedes sei Zeno, nicht Attila zu verstehen, indem nach frühmittelalterlichem Sprachgebrauch für den Kaiser von Byzanz der Balkanherrscher eingetreten sei (*Festgabe für Sievers* S. 154 f.), zerreisst den Faden unserer zusammenhängenden Sagenüberlieferung. Vielmehr ist schon in unserer ältesten Überlieferung an die Stelle Ostroms der Hof des Hunnenkönigs, d. h. Attilas, getreten, den sich schon das Hildebrandslied unter dem *Hûneo truhtîn* gedacht haben muss (§ 14): auf diese Wendung der Sage hat das Abhängigkeitsverhältnis, in welchem die Ostgoten zu den Hunnen standen, sowie die Verwechslung Theodorichs mit seinem Vater Theodemer eingewirkt. Die wesentlichste und rätselhafteste Abweichung der Dietrichssage von der Geschichte aber und zugleich ihr Kernpunkt, die Umwandlung des siegreichen Eroberers Italiens in einen Flüchtling, wird nur durch die Annahme erklärbar, dass in der Sage Dietrichs von Bern mit der Thatsache der Eroberung Italiens durch Theodorich seine Jugendschicksale zusammengeflossen sind.

Historische Erinnerungen an die wechselvollen Schicksale Theodorichs zwischen der Schlacht unter den Mauern Veronas und der entscheidenden Schlacht an der Adda, vor allem der Verlust des schon gewonnenen Mailand durch Tufas Verrat, fehlen allerdings der Sage nicht. Sie bilden, verbunden mit der dreijährigen Belagerung Ravennas, die Elemente der Rabenschlachtsage, sie sind also nicht an die endliche Eroberung Italiens, sondern an den später in der Sage vorausgeschickten misglückten Wiedereroberungsversuch geknüpft. Allein, wie neuestens Jiriczek eingehend erörtert hat, die wesentlichen sagenbildenden Elemente sind der voritalischen Zeit der Goten entnommen: die Periode in Theodorichs Leben vom Einbruch der Goten in Mösien (473), noch unter Theodemer, der aber gleich nachher (474/475) starb, bis zu seinem siegreichen Einzuge in die Thore Ravennas, ein zwanzigjähriger Zeitraum unsteten Wanderlebens, schwerer Kämpfe und wechselnder Geschicke, hat zu der Vorstellung des Flüchtlings geführt, der in beständigem Kampfe gegen sein hartes Schicksal lange Jahre im Exil zubringen muss. Undenkbar wäre es nicht (Kauffmann a. a. O. S. 154), dass die in allen Quellen hervortretende dreissig- oder zweiunddreissigjährige Dauer * der Landflucht auf alter epischer Überlieferung beruhte: es wäre die Zeit von der Vergeiselung des jungen Theodorich nach Byzanz (462) bis zur definitiven Besitzergreifung Italiens (493). Auch bestimmte geschichtliche Einzelheiten aus Theodorichs voritalischer Periode sind in der Sage bewahrt geblieben, auf welche noch zurückzukommen ist. Es ist die Exilsage also wesentlich auf der epischen Überlieferung von Theodorichs Jugendgeschichte aufgebaut, aber ihre Ausbildung scheint, ausser in den historischen Voraussetzungen der Eroberung Italiens, auch Nahrung gefunden zu haben in der Vorstellung, die sich schon früh nachweisen lässt (Heinzel, *Ostgoth. Heldens.* S. 32 ff.) und vermutlich schon bei den Goten selber verbreitet war, dass Italien bereits vor Theodorich in gotischem Besitze gewesen sei, woraus sich als Konsequenz die Vorstellung von einer Vertreibung aus dem Erblande und der endlichen Heimkehr entwickeln musste. Dass Theodorich als Herrscher Italiens nach langer segensreicher Regierung starb, ist durch die Sage festgehalten, und das historische Bild des edlen und gerechten, nur zögernd zum Schwerte greifenden, aber dann in seinem Zorn unwiderstehlichen Gotenkönigs ist allem Wandel der geschichtlichen Einzelheiten zum Trotz in der deutschen Sage unverrückt geblieben. Die älteste erhaltene Gestalt der Dietrichssage mit ihren drei Elementen: Flucht, Exil, siegreiche Heimkehr repräsentiert demnach gewissermassen eine epische Auswahl der sympathischsten Züge aus Theodorichs Geschichte, bei deren Verbindung vor allem der Wunsch massgebend gewesen sein wird, die Heldengestalt des grossen Königs von dem Makel zu säubern, der durch die meuchlerische Ermordung Odoakers sein edles Bild entstellt.

Die Gegnerschaft zwischen Dietrich und Odoaker ist in der ältesten Sage, wie sie sich aus den Anspielungen des Hildebrandsliedes ergiebt, nur mit Umkehrung der Rollen, festgehalten (s. § 14): der deutlichste Beweis dafür, dass Dietrich von Bern von Hause aus kein anderer als Theodorich ist. Die Ausbildung der Sage von Theodorich fällt in ihren ersten Anfängen unzweifelhaft noch den Ostgoten zu, aber in ihrem vollen Umfange kann sie in den wenigen Jahrzehnten von Theodorichs Tod bis zum Untergange des ostgotischen Reiches (526—555) nicht mehr zustande gekommen sein; vielmehr muss sie befreundeten oberdeutschen Stämmen zugeschrieben werden, am ersten wohl den verbündeten Alemannen. *Dietrîch von Berne* (= Verona, als die erste bedeutendere Stadt Oberitaliens, die man von Deutschland aus betrat) als Personenname ist in älterer Zeit vornehmlich in Südwestdeutschland nachgewiesen (Uhland, *Schr.* VIII, 334 ff. *ZE* Nr. 20); ebenso findet sich *Amelung* häufig in alemannischen Urkunden des 8.—10. Jahrhs. (Uhland a. a. O. 379 Anm. 1). Zu den Alemannen wird die gotische Sage zum Teil jedesfalls

* 30 Jahre nach dem Hildebrandsliede 50 und Déors Klage 18; 32 Jahre nach Ps. c. 396 und der Klage (*Hds.* S. 135). Das jüngere Hildebrandslied schwankt zwischen 32 und 33 Jahren (*MSD*[3] II, 26).

schon in poetischer Form vorgedrungen sein, und zwar sind, wie die deutsche Sagenentwicklung zeigt, namentlich zwei gotische Liedercyklen vorauszusetzen, einer über Theodorichs Jugendschicksale und Wanderleben, ein anderer über die Ereignisse bei der Eroberung Italiens. Bei den Alemannen, wo die Ermanarichsage gepflegt wurde und ihre Verbindung mit der Harlungensage erfolgte (§ 41), ist später als diese auch die Verbindung der Ermanarich- und Dietrichsage vollzogen. Ermanarich, der weitherrschende, grausame, verwandtenfeindliche König der Goten wurde an Odoakers Stelle der Gegner Dietrichs, den die Sage immer mehr zum Typus des zugleich milden und kräftigen, selbst im Elend durch Charaktergrösse und Weisheit überlegenen Helden erhob. Die Verknüpfung der beiden gotischen Helden, an sich naheliegend, namentlich bei einem den historischen Überlieferungen fremd gegenüberstehenden Stamme, durch die Annahme von einem verwandtschaftlichen Verhältnisse zwischen Oheim und Neffe gefestigt, ist dem Widsið und der nordischen Jǫrmunreksage fremd * und auch dem Hildebrandsliede noch unbekannt. Sie war also im 8. Jahrh. noch nicht oder doch nicht allgemein vollzogen. Aus den unklaren Angaben von Déors Klage (§ 13) kann die Verbindung beider Sagen und die Ersetzung Odoakers durch Ermanarich nicht mit Sicherheit gefolgert werden. Aber im 10. Jahrh. war der Anschluss vollzogen, wie die Quedlinburger Annalen, oder vielmehr die gemeinsame Quelle der Quedlinburger und Würzburger Chronik, lehren (§ 18). Es heisst dort, Ermanarich habe den Theodorich, seinen Neffen, aus Verona vertrieben und im Exil bei Attila zu verweilen gezwungen, *instimulante Odoacro patruele suo* **. Odoaker erscheint hier also in der Rolle des bösen Ratgebers, Bikkis oder Sibichs, doch ist nicht ausser Acht zu lassen, dass nach dem Wortlaut der Stelle nur die Vertreibung Dietrichs, nicht die unmittelbar vorher erwähnten Gewaltthaten Ermanarichs gegen seinen Sohn Friedrich und gegen die Harlungen den Ränken des Odoaker zugeschrieben werden. In dieser ganz vereinzelten Angabe wird kaum wirkliche Volkssage vorliegen, sondern nur ein Versuch, Geschichte und Sage in Einklang zu bringen. Eckehard von Aura polemisiert gegen diese *vulgaris fabulatio* (*Hds.* S. 41).

[Zu diesem § ist, ausser der allgemeinen zu § 39 angeführten Litteratur über die ostgotische Sage, vor allem Jiriczek, *DHS.* I, 119—149 zu vergleichen.]

§ 45. Die verschiedenen Fassungen der Sage von Dietrichs Vertreibung, Exil und Rückkehr, wie die Þs. c. 284 ff. und die mhd. Gedichte von Alpharts Tod, Dietrichs Flucht und der Rabenschlacht sie darbieten, zeigen das wachsende, bis zum Unverstand gesteigerte Streben nach Häufung seiner Thaten und Schicksale zur grösseren Verherrlichung seines Heldenruhms und seiner Charaktergrösse. Die älteste und einfachste Gestaltung der Sage ergab sich aus den Andeutungen des Hildebrandsliedes; sie enthält als

* Überhaupt ist Dietrich von Bern, wenn man von der Guþrúnarkviþa III und der daraus nur gefolgerten Prosaeinleitung zu Guþr. II absieht (§ 30), im Norden erst durch die niederdeutsche, in der Þs. kodifizierte, Sageneinwanderung des 13. Jahrhs. bekannt geworden. Die altschwedische Røksteininschrift deutet nur auf Kenntnis einer Reiterstatue des historischen Gotenkönigs; über Spuren eines mythischen Dietrichsabenteuers in der Hrólfs saga Gautrekssonar s. unten § 48. — Auch bei den Angelsachsen hat die Dietrichssage nur geringe Verbreitung erlangt (s. Binz, PBB. 20, 212 ff.).

** Etwas später heisst in QW der dritte der Brüder, die an Ermanarich die Ermordung ihres Vaters rächen, *Addacarus* (*Addacaro* Q, *Odoacro* W). Auch hier beruht Odoaker auf gelehrter Kombination als Herrscher in Italien zwischen Ermanarich und Theodorich (s. Heinzel, *Ostgoth. Heldens.* S. 3 f.). Beide Stellen rühren offenbar nicht von demselben Interpolator her (vgl. § 18).

charakteristische Punkte: Flucht vor Odoaker (Ermanarich), dreissigjähriges Exil beim Hunnenkönig Attila, kriegerische Heimkehr (§ 14. 44). Die mhd. Quellen und die Þs. dagegen stimmen darin überein, dass der endlichen Rückkehr Dietrichs in sein Erbland ein misslungener Wiedereroberungsversuch vorhergeht. Allein in dieser erweiterten Fassung lassen sich verschiedene Etappen auf der Bahn der Sagenbildung unschwer unterscheiden. Einen missglückten Versuch, sein Land wiederzugewinnen, der selbstverständlich mit einer Niederlage enden musste und anfänglich auch wirklich so endete, hat die Sage schon früh eingeschaltet, zunächst wohl mit dem Zwecke, die thatenlose Zeit des in der Überlieferung feststehenden dreissig- oder zweiunddreissigjährigen Exils durch Handlung auszufüllen: Anspielungen in der Klage 1973 ff. (*Hds.* S. 133 ff.) deuten auf diesen Sagentypus, den auch das Nibelungenlied vorauszusetzen scheint, und der allein verständlich und somit als verhältnismässig ursprünglich zu betrachten ist. Nach einem unglücklichen Wiedereroberungsversuch seines Landes wurde Dietrich gezwungen, zu Etzel zurückzukehren. Bald muss aber diese natürlichste Form der Sage komplizierteren Fassungen weichen. Zunächst werden die Ereignisse bei der Vertreibung ausgeschmückt. Nach der Þs. flieht Dietrich, gewarnt, vor Ermanarich, der mit seinem Heere anrückt, zu den Hunnen; nach jüngerer Auffassung muss er sich nach einer Niederlage seinem Oheim auf Gnade und Ungnade ergeben; noch später gewinnt er zwar die Schlacht, geht aber dennoch ins Elend, um seine gefangenen Mannen zu befreien. Die beiden letzten Formen der Vertreibungssage sind in »Dietrichs Flucht« ungeschickt verbunden; die dritte und offenbar unursprünglichste, die auch »Alpharts Tod« und der Anhang zum HB. kennen, scheint der Wolfdietrichssage nachgebildet, und selbst der alte Berchtung von Meran erscheint in typischer Rolle als *Berhtram von Bôle* (d. i. Pola in Istrien) wieder.

Ebenso lassen sich in der Darstellung des Wiedereroberungsversuches verschiedene Stufen der Sagenbildung unterscheiden. Wenn die Þs. die Rabenschlacht siegreich für Dietrich enden, diesen aber dennoch ins Exil zurückkehren lässt, so ist dies, wie der Vergleich mit der Klage ergiebt, bereits eine jüngere, durch den Tod der Helchensöhne nur ungenügend motivierte, Erfindung. Aber damit noch nicht zufrieden, lässt die mhd. Überlieferung in der uns vorliegenden Form von Dfl. und Rab. den Helden in einer ganzen Reihe von Kämpfen siegen, aber dennoch sein Reich meiden und fremden Schutz suchen. Dreimal erreicht Dietrich das ersehnte Ziel, aber jedesmal tritt er freiwillig ins Exil zurück. Bei aller Unverständigkeit dieser Motivhäufung mangelt es in diesen Dichtungen doch keineswegs an alten Zügen, die auf historische Lieder zurückgehen, aber willkürlich aus dem ursprünglichen Zusammenhang gerissen und beliebig angebracht worden sind.

Unursprünglich ist auch Dietrichs endliche friedliche Heimkehr, wie sie die Klage und Þs. c. 395 ff. berichten. Dass er der alten Sage nach an der Spitze eines hunnischen Heeres sein Reich eroberte, bezeugen das alte Hildebrandslied und die Quedlinburger Annalen. Die friedliche Rückkehr braucht mit dem vergeblichen Wiedereroberungsversuch nicht notwendig zusammenzuhängen. Vielmehr ist eine Sagenform, welche neben der Niederlage in der Rabenschlacht und der daraus sich ergebenden erneuten Zuflucht bei Etzel noch die Wiedereroberung des Erblandes kannte, mit Wahrscheinlichkeit vorauszusetzen. Auf die Umwandlung der kriegerischen Heimkehr in eine friedliche mag dann, wie Heinzel (*Ostgoth. Heldens.* S. 60 f.) annahm, die Verbindung Dietrichs mit der Nibelungenkatastrophe von Einfluss gewesen sein, in welcher Etzels und Dietrichs Mannen fielen, sodass eine Eroberung Italiens mit Waffengewalt durch diese Vorstellung ausgeschlossen wurde. Aber eine Niederlage ohne spätere Auswetzung der Scharte kann niemals in der Absicht der älteren Sage gelegen haben; erst die Auffassung, dass Dietrich in der Rabenschlacht siegt, aber seinen Sieg nicht weiter verfolgt, ermöglichte die Annahme einer friedlichen Rückkehr in sein Land. In der Klage sind ältere und jüngere Vorstellungen verbunden.

Martin, *DHB* 2, XLIX f.; Wegener, ZfdPh. Ergänzungsbd. S. 447 ff.; s. auch die zu § 20 (Anm. 8 und 9) zitierte Litteratur. [Jiriczek, *DHS.* I, 156—172].

§ 46. An den Kern der Exilsage knüpften sich Episoden. In die Kämpfe, welche sich an Dietrichs Vertreibung aus Bern anschlossen, fällt die Tötung eines jugendlichen Helden durch Witege; mit der Rabenschlacht verbunden ist die rührende, gewiss einmal in eigenen Liedern besungene, Ermordung der beiden jungen Söhne Etzels und der Helche (*Orte* und *Erpfe* Bit. 3334, *Orte* und *Scharpfe* Rab., *Ortvín* und *Erpr* Þs.) ebenfalls durch Witege, entweder allein oder unter Beistand Heimes oder eines anderen Helden. Jener jugendliche Held, später *Nuodunc* (Nib. 1637, Roseng. D 320, Þs. c. 332, vgl. *Hds.* S. 111 f.) oder *Alphart* (Alph. Tod, vgl. *Hds.* S. 213), scheint anfänglich Dietrichs junger Bruder *Diether* gewesen zu sein, dessen Tod die Sage später mit dem der Helchensöhne verband: letztere Gestalt kennen die Þiðrekssaga (c. 333) und die Rabenschlacht, sowie Anspielungen im Eckenliede 198 f. und im Meier Helmbrecht 76 ff. (*Hds.* Nr. 51). Die Vermutung, es habe bei der Sage von den Helchensöhnen eine dunkle Erinnerung an den Auszug der beiden jugendlichen Helden Sarus und Ammius (Sǫrli und Hamþér) gegen Ermanarich und ihren Fall vorgeschwebt (P. E. Müller, *Sagabibl.* II, 248. Martin, *DHB* 2, XXV), ist nicht genügend begründet; sie ist auch entbehrlich, seit durch Heinzels glücklichen Nachweis der historische Hintergrund dieser Episode aufgedeckt worden ist. Der Fall der jungen Söhne Etzels in einem unglücklichen Kriege der Hunnen gegen die Goten (Ermanarich) in der deutschen Dichtung des 13. Jahrhs. ist ein schwacher Nachklang der historischen Sage von den Kämpfen der Gepiden und Goten unter Theodemer und seinen Brüdern gegen die Söhne Attilas (§ 7); speziell der Fall von Attilas Lieblingssohn Ellak am Flusse Nedao in Pannonien wird früh in der gotischen Sage gefeiert worden sein, und wenn in der mhd. Dichtung Witege der Töter von Etzels Söhnen ist, so spiegelt sich auch in diesem Zuge die Erinnerung an Witeges historisches Urbild ab (§ 47). In merkwürdiger Weise lässt sich hier die ungemeine Zähigkeit der epischen Überlieferung beobachten: historische gotische Sage des 5. Jahrhs. leuchtet mitten aus den wirren Fabeleien später Erfindung mit der unverkennbaren Farbe alter Einzeldichtung hervor, doch so, dass von der ursprünglich gewiss reich ausgebildeten und anders umrahmten Sage nur noch die sprechendsten und daher unverwüstlichsten Grundelemente übrig geblieben sind [1].

An Dietrichs Rückkehr nach langem Exil hat sich früh der uralte Sagenstoff von dem Kampfe zwischen Vater und Sohn geknüpft, der, anfänglich tragisch endend (§ 14), in der Fassung des jüngeren Hildebrandsliedes (§ 20), wovon in der Þs. c. 406 ff. eine ältere Gestalt benutzt ist, humoristisch ausgebeutet wurde. Die bei den verschiedensten indogermanischen Völkern verbreitete Sage ist in Deutschland auf eine Figur der Dietrichssage übertragen worden (§ 47); die Frage, inwieweit die germanische Überlieferung von dem mit dem Falle des Sohnes endenden Kampfe mit den ihr zunächst stehenden Versionen bei Griechen, Iraniern, Kelten und Slaven auf eine gemeinsame mythisch-heroische Grundlage zurückzuführen ist, kann hier nicht erörtert werden [2].

[1] Martin, *DHB* 2, XXIII ff.; Heinzel, *Ostgoth. Heldens.* S. 57 ff. [Jiriczek, *DHS.* I, 308—315]. — [2] [Die weitschichtige Litteratur über diesen Stoff findet sich jetzt bequem zusammengestellt bei Jiriczek, *DHS.* I, 275—289].

§ 47. Unter Dietrichs Helden steht in der Sage seinem Herrn am nächsten sein alter Erzieher und Waffenmeister Hildebrand, in welchem eine Gestalt der ostgotischen Überlieferung festgehalten ist; am nächsten liegt jener Gensimund, durch dessen Treue nach dem Zeugnis Cassiodors (Var. VIII, 9) den unmündigen Amalerbrüdern Walamer, Theodemer und Widimer die Krone erhalten blieb, doch der Typus des erfahrenen Fürstenerziehers und Hofmeisters ist so allgemein in der altgermanischen Poesie wie im wirklichen Leben, dass nach einem bestimmten Vorbilde nicht gerade gesucht zu werden braucht. Auf ihn hat die deutsche Dichtung die Sage von dem Kampfe zwischen Vater und Sohn übertragen (§ 46), und möglicherweise ist von dorther auch der Name *Hildebrand* der typischen Figur der historischen gotischen Sage zugekommen [1]. Um Hildebrand gruppiert die Sage das Heldengeschlecht der *Wülfinge* (ags. *Wylfingas,* an. *Ylfingar*), dessen alter Name von der Dietrichssage ursprünglich wohl unabhängig war, aber allerdings auf ostgermanischen Ursprung weist [2]. In demselben ragen Wolfhart, Hildebrands Schwestersohn, der Typus des jungen ungestümen Recken, und Wolfharts Bruder Alphart, an dessen erledigte Stelle dann Sigestap tritt, hervor; aber auch der in den Rosengärten zur komischen Hauptfigur gewordene Mönch Ilsân gilt als Wülfing. Diese in den verschiedensten Differenzierungen erscheinende Sagengestalt scheint ihren Ausgangspunkt zu finden in dem Typus des Hüters und Zuchtmeisters, als welcher er in der Rabenschlacht unter dem Namen *Elsân* auftritt. Seine Pflichtversäumnis büsste er anfangs durch den Tod, später durch ein Leben im Kloster (Moniage), das endlich nach bekannten Mustern zu der burlesken Gestalt des groben und streitsüchtigen, aber auch streitbaren Mönchs führte. Der *Ilsung,* dem im Laurin der Zwergkönig zur Bekehrung überlassen werden soll (*DHB* 1, LIII), ist auch nur eine besondere Entwicklung dieser interessanten Figur [3].

In Witege und Heime [4], die schon der Widsíđ als Gesellen, und zwar als vertriebene Recken *(wræccan),* unter dem Gesinde Ermanarichs kennt, hat die jüngere Heldensage den Typus des treulosen und käuflichen, kaltherzigen und finsteren Kämpfers doppelt verkörpert: bald stehen sie zu Dietrich, bald zu Ermanarich, ursprünglich aber zu diesem. Die Gestalt Witeges findet in zwei historischen Persönlichkeiten einen Anhaltspunkt. Als Kämpfer Ermanarichs geht er ohne Frage zurück auf jenen *Vidigoia Gothorum fortissimus,* der nach Jordanes c. 34 *Sarmatum dolo occubuit* und nach c. 5 vom Volke in Liedern gefeiert wurde. **Widigauja* (mhd. *Witegouwe,* als selbständige Figur neben Witege auftretend in Dfl., Rab. und Anhang zum HB., s. *Hds.* S. 217 f. 326; daneben als Kurzform mhd. *Witege,* ags. *Wudga, Widia,* in der Þs. *Viđga*) muss ein westgotischer Held gewesen sein, der aber auch in der ostgotischen Sage bekannt war; als Gegner der Hunnen, welche im Epos die Stelle der Sarmaten einnahmen, trat er bereits früh zu Ermanarich in Beziehung. Mit geringerer Sicherheit darf in dem Kämpfer Dietrichs eine Erinnerung an den historischen Gotenkönig Witigis gesucht werden, der in Ravenna, das in der Sage Witege an Ermanarich ausliefert, kapitulierte (539/40): immerhin liesse sich durch die Annahme eines doppelten Ursprungs die epische

Überläuferrolle Witeges ansprechend erklären. Für Heime (ags. *Háma*) fehlt jede historische Anknüpfung; wie er zu Witege gesellt wurde, ist völlig dunkel, und weiter lässt sich nur vermuten, dass er durch seine Verbindung mit Witege erst zu Ermanarich, dann auch zu Dietrich in Beziehung trat und, wie sein Geselle, als Überläufer aufgefasst wurde. Von Hause aus scheint Heime eher mythisch als historisch. Aber auch für Witege muss es ein mythisches Prototyp gegeben haben, oder, schärfer ausgedrückt, es müssen auf den historisch-epischen Widigauja (Witigo) die Thaten eines ursprünglich von ihm verschiedenen mythisch-heroischen Riesenbekämpfers übertragen worden sein. Aus den zerstreuten Nachrichten von Riesenkämpfen, die Witege und Heime zusammen bestehen, schöpfen wir die dunkle Einsicht, dass in einer alten, nur in Trümmern und ärmlichen Resten erhaltenen, Sage Witege und Heime Notgestallen waren, dass sie zusammen zu Ermanarich übertraten, indem Witege mit der geschichtlichen Heldengestalt des Widigauja verschmolz, später auch, sei es nun durch die Berührung Witeges mit Witigis oder durch die Übertragung von Tufas Verrat auf ihn, zu Dietrich. Auf weitere Züge einzugehen, durch welche Witege und Heime sich als halbmythische Wesen ausweisen, ist unthunlich; auch die in der Þs. c. 132 ff. nach einer munteren niederdeutschen Spielmannsdichtung erzählten Abenteuer von Witege und Wildeber (vgl. § 19) müssen hier übergangen werden. Die Verbindung Witeges mit Wieland wird in § 65 berührt. An Heime ist zuletzt ein Moniage geknüpft; nach der Þs. c. 434 wird er Mönch im Kloster Vadincusan (d. i. das um 1170 gegründete Prämonstratenserkloster Wedinchûsen in Westfalen: PBB. 9, 491), während er in Tirol mit dem Kloster Wilten bei Innsbruck verknüpft wurde. Die jungen tirolischen Lokalsagen von Haimo und seinem Drachenkampf sind für die Heldensage unverwertbar[5].

Nur lose mit der Dietrichssage verbunden ist Dietleib, über dessen eigentliche Sage wir nur unvollkommen unterrichtet sind. In Süddeutschland, wo das Gedicht »von dem übelen wîbe« (*ZE* Nr. 28, 5) eigene Lieder von einem Kampfe Dietleibs mit einer Meerfrau bezeugt (s. auch Roseng. A. 119 und Laur. 1304), ist er in Steiermark lokalisiert. In der Þs. dagegen, die von Þetleifr, dem Sohne Biturulfs, einen ausführlichen Bericht bietet (c. 111–129), welcher neben recht willkürlichen Elementen auch schöne und offenbar echte Züge enthält, spielt die Sage von dem in seiner Jugend stumpfen Helden, in dem plötzlich die angeborene Kraft zum Durchbruch kommt, an der Ostseeküste; Þetleifr heisst »der dänische«, und noch im Bit. 1909 giebt sich Dietleip für den dänischen Recken Fruote aus (Schönbach S. 29). Aus den erhaltenen Trümmern die ursprüngliche Sage zu erschliessen, ist nicht mehr möglich: den ersten Anspruch auf Echtheit haben unleugbar die Überlieferungen von Dietleibs blöder Jugend — in der Þs. durch seine Lokalisierung nach *Tummaþorp* auf Schonen bezeichnet — und von seinem Kampfe mit einem Meerungeheuer. Jiriczek will als Kern der alten Sage einen Kampf mit einem Wasserdämon, wie Beowulfs Grendelbezwingung und die langobardische Lamissiosage, erkennen; er verweist somit die Dietleibsage in den Kreis der Nordseeheldensagen und nimmt spätere Wanderung der niederdeutschen Sage nach Oberdeutschland an[6].

Dass einige Helden aus der Wolfdietrichsage in den Sagenkreis Dietrichs von Bern übergetreten sind, als dieser mit der Auffassung von Bern als Bonn an den Niederrhein gelangte, ist in § 34 bemerkt worden. Auch Sigestap, dem die Sage den Titel eines Herzogs von Bern giebt (Nib. 2195, 1) und den sie zu Dietrich allein unter allen dessen Mannen in ein nahes verwandtschaftliches Verhältnis setzt, mag ursprünglich dem rheinischen Bern-Bonn angehören: der Name scheint eher ein mfrk. (= obd. *Sigestapf*), als ein obd., mit ahd. *stab* as. *staf* zusammengesetzter, Name zu sein: Mone, *Heldens.* S. 67. *ZE* Nr. 26, 4.

Je mehr die Sagen sich um Dietrich zusammenballen, um so deutlicher wird das Streben, seine Helden zu einer Zwölfzahl zu vereinigen. Hiess ursprünglich Dietrich selbst der Amelung (*se Þeódríc wæs Amulinga* bei Aelfred: *ZE* Nr. 5, 1; *Amulung Theoderic* in den Quedl. Ann.*; *der junge Amelunc* noch Dfl. 5655), so wird *Amelunge* oder *Bernære* nun der Gesamtname für seine Recken. Die Zwölfzahl kennt die Þiđrekssaga, zehn Amelunge kennt das Nibelungenlied, neun die Klage, während im Biterolf ihre Zahl von zehn bis dreizehn schwankt und in späteren Gedichten noch grössere Zahlenangaben sich finden. Über die Zwölfkämpfe Dietrichs und seiner Helden — das in den Gedichten vom Rosengarten, im Biterolf, in den Isungenkämpfen der Þs. und in der Virginal benutzte Motiv — ist in § 32 gehandelt.

[1] *ZE* Nr. 2; Kauffmann, *Festgabe für Sievers* S. 156 ff. [Jiriczek, *DHS.* I, 273 ff.]. — [2] Müllenhoff, ZfdA. 11, 282. 23, 170. *Beovulf* S. 90; Verf., PBB. 4, 176 ff. [Jiriczek, *DHS.* I, 291 f.]. — [3] Müllenhoff, *DHB* 1, LII f.; Holz, *Rosengarten* S. CVII f. [Jiriczek, *DHS.* I, 316 ff.]. — [4] Müllenhoff, ZfdA. 12, 255 ff. (= *ZE* Nr. 3); Uhland, *Schr.* VIII, 541 ff. [Jiriczek, *DHS.* I, 292—308]. — [5] Seemüller, *Die Wiltener Gründungssage* in der Zeitschrift des Ferdinandeums für Tirol und Vorarlberg 1895, S. 1 ff. (vgl. AfdA. 21, 332 ff.); [Jiriczek, *DHS.* I, 300. 320 f.]. — [6] *Hds.* S. 139. 215. *ZE* Nr. 23, 1. 28, 5. *DHB* 1, L f.; Schönbach, *Über die Sage von Bit. und Dietl.* S. 28 ff. [Jiriczek, *DHS.* I, 321—326. 331].

§ 48. Die Annahme eines mythischen Dietrich ist durchaus abzulehnen; seinem Ursprunge nach ist Dietrich von Bern rein historisch, und alle die Kämpfe mit Riesen, Zwergen und Ungeheuern, welche die deutsche Sage in bunter Verschiedenheit auf ihren Liebling häuft, sind erst sekundär an ihn geknüpft oder auf ihn übertragen worden. Dietrichs ungemeine Beliebtheit in den Kreisen der Bauern, namentlich in den östlichen Gegenden Oberdeutschlands, aber auch in den sächsischen Landen, schon durch die Quedlinburger Annalen bezeugt (§ 9) und durch vielfache Zeugnisse bis ins 16. Jh. nachweisbar (*Hds.* Nr. 117. 122b. 129, 4. 130. 133, 2. 133b. 133c. 136. 147. *ZE* Nr. 30. 76. Uhland, *Schr.* VIII, 340 Anm. 1), erklärt es, dass seine Figur ein Sammelpunkt für frei umherschwebende Züge der niederen Mythologie werden, ja dass sie geradezu in ältere mythische Sagen eintreten konnte, die ursprünglich von einem göttlichen oder heroischen Wesen erzählt wurden. Der besonders von Uhland, mit grösserer Beschränkung aber auch von Andern vertretenen Meinung, dass in Dietrichs Riesenkämpfen alte Mythen von Donar fortleben, kann also die Berechtigung nicht von vornherein abgesprochen werden. Zwar darf dabei nicht übersehen werden, dass, wenn auch die Existenz und die Verehrung eines südgermanischen Donnergottes durch sichere Zeugnisse feststehen und in der Natur der Sache begründet sind, doch von einer reichen Entwicklung eines Donarkults, wie der Thorskultus bei Norwegern und Isländern, in Deutschland nicht viel zu verspüren ist. Andererseits freilich kann nicht geleugnet werden, dass die Ausbildung von Gewittermythen, an den Herrn des Gewitters geknüpft, in der epischen Form von Riesenkämpfen, in den Alpen auf ganz derselben natürlichen Voraussetzung fussen würde wie im skandinavischen Hochgebirge. Undenkbar ist es also nicht, dass die ältesten Dämonenkämpfe, welche sich

* Allerdings kann Aelfreds Notiz in seiner Boethiusübersetzung aus historischer Quelle stammen (Binz, PBB. 20, 213); gewiss ist dies anzunehmen für die Quedl. Chronik (Schröder, ZfdA. 41, 26).

an Dietrich von Bern anlehnten und die allem Anschein nach aus Gewittermythen hervorgegangen sind, Ausläufer früherer Donarmythen sind. Dass aber in diesem Falle die Sage, auch des Friedensfürsten Theodorich eingedenk, alte Überlieferungen von dem durch seine Riesenkämpfe den friedlichen Anbau schützenden Bauerngotte zu neuem Glanze erhoben hätte (Uhland, *Schr.* VIII, 380 ff.), ist kaum glaublich: dass Theodorich durch Urbarmachung versumpfter Landstrecken den Feldbau gefördert hat, kam für die Sage so wenig in Betracht als, abgesehen von dem allgemeinen Faktum, seine dreissigjährige Friedensherrschaft überhaupt. Von einem »mythischen Dietrich« kann also jedesfalls nur in dem Sinne die Rede sein, dass auf den Berner mythische Sagen übertragen worden sind, in denen er die Rolle einer ursprünglich mythischen Person übernahm, nicht aber in dem Sinne W. Grimms, als sei mit dem historischen Theodorich ein älterer mythischer Heros, etwa eine Hypostase Donars, zusammengeflossen.

An dieser Stelle kommen nur die ursprünglich selbständigen Lokalsagen, die sich an Dietrich angelehnt haben, in Betracht, wobei allerdings nicht immer festzustellen ist, ob diese Verbindung von Stoffen der niederen Mythologie mit der Gestalt des beliebten Sagenhelden sich in der mündlichen Volkstradition oder in der Dichtung der Spielleute vollzogen hat. Andere »mythische« Dietrichsabenteuer sind wilde Schösslinge der entartenden Volkssage oder reine Erfindungen später Poeten: so der Hauptinhalt der Virginal, deren Riesen- und Drachenkämpfe zwar teilweise auf älterer Grundlage beruhen, aber durch weitgehende Umbildung und willkürliche Zudichtung kaum noch in den Bereich der Heldensage fallen, ferner Dietrichs Kämpfe mit dem Wunderer (§ 20 Anm. 13) und mit dem riesischen Paare Grim und Hilde (Þs. c. 16 f.), wohl auch der mit dem Riesen Sigenot. Endlich werden einzelne märchenhafte Züge aus der Wolfdietrichssage herstammen, ein Vorgang, der ja in dem Berichte der Þs. c. 417 ff. (§ 36) klar vorliegt und auch sonst leicht begreiflich ist (s. auch Heinzel, *Ostgoth. Heldens.* S. 75 f.). Einer kurzen Erörterung bedürfen die Überlieferungen von Dietrichs Gefangenschaft bei Riesen, die Eckensage und die an Dietrich geknüpften Zwergensagen.

Das Motiv von Dietrichs Gefangenschaft bei Riesen[1] scheint der älteste der mit seiner Heldenfigur verbundenen märchenhaften Züge. Es erscheint aller Wahrscheinlichkeit nach bereits in dem zweiten ags. Waldere-Fragmente (§ 13)*, wird bestätigt durch eine Anspielung im Alphart (Str. 252 f.) und hat breite Ausführung gefunden in der Virginal (Str. 315—791), freilich verquickt mit allerlei ungehörigem halbhöfischen Kram. Dietrich ist danach einmal in die Gefangenschaft oder in die Gewalt von Dämonen (Riesen) geraten und durch einen seiner Helden (Witege: Wald. und Alph.) oder durch seine Helden überhaupt (Virg., unter ihnen auch Witege) befreit. Ob auch die Fabel des Sigenôt und die Gefangenschaft bei dem Zwergkönige Laurin auf denselben alten Sagentypus zurückgehen — in beiden Versionen ist Hildebrand der eigentliche Befreier —, bleibt zweifelhaft. Eine in der ganzen Anlage und in verschiedenen Einzelzügen zur Virginal stimmende Erzählung bietet, wie Heinzel erkannt hat, der Schluss der nordischen *Hrólfs*

* Freilich ist die Stelle dunkel und mehrdeutig. Es wird auf ein Ereignis angespielt, wobei Widia, Wélands Sohn, den Theodric »aus Klemmen befreite« (*of nearwum . . . út forlét*): »über *fífela gefeald* eilte er davon«. Dass *fíf(e)la gefeald* »Gefilde (der Ungeheuer, Riesen)« bedeuten könnte, ist zweifelhaft, und bei der Auffassung von *nearu* als »Gefängnis« (vgl. Elene 711) bleibt der Plural auffallend. Aber allerdings spricht der Zusammenhang stark für Heinzels Deutung (*Ostgoth. Heldens.* S. 72 f.); s. auch Cosijn. Versl. en Med. der Kon. Akad. van Wet. Afd. Lett. III, 12, 70 f.

saga Gautrekssonar (FAS. III, 165 ff.; Detter, *Zwei Fornaldarsögur* 58, 25 ff.), in welchem die Sage auf einen schwedisch-gautischen König Hrólfr übertragen ist. Anspielungen in den Hyndluljóþ 22, wo neben anderen Helden derselbe Þórir Járnskjǫldr, der in der Saga eine so bedeutende Rolle spielt, als Gefolgsmann Hrólfs des Alten genannt wird, führen weiter zurück. »Reste ostgotischer Sage« freilich wird man nicht mit Heinzel in dieser Überlieferung erblicken dürfen, denn weder werden in den Hyndl. die Mannen Hrólfs als »Abkömmlinge des ostgotischen Ermanarich« angedeutet*, noch dürfen wir die Ansätze zur Mythisierung Dietrichs — auch der Gegner Hrólfs in der Saga ist noch zauberkundig — bereits bei den Goten suchen. Die Brautfahrt der Hrólfssaga ist eine in die menschliche Sphäre versetzte Umdichtung eines in Deutschland mit Dietrich verbundenen Märchenstoffes, der, worauf auch die Anspielung im ags. Waldere und die vermutliche Heimat der Virginal führen, sich in alemannischer Sagenpflege an die Dietrichssage angelehnt haben wird. Der Norden hat aber den Stoff, spätestens im 10. Jahrh., bereits als Dietrichsabenteuer empfangen, da die Virginalepisode und die betreffende Partie der Saga auf eine gemeinsame Sagenform zurückgehen müssen, die bereits dem Verfasser des Hyndluliedes vorlag, und nordisch umgebildete Helden des Dietrichsagenkreises (Hildebrand und Wolfhart?) noch erkennbar durchschimmern.

In der Eckensage[2], welche in zwei Berichten, die mittelbar auf gemeinsame Quelle zurückgehen, dem nur in verschiedenen jüngeren Umarbeitungen erhaltenen oberdeutschen Eckenliede (§ 20) und einer Erzählung der Þs. c. 96 ff. vorliegt, ist eine mythische Überlieferung von Kämpfen mit Sturmdämonen auf Dietrich übertragen. Dass Dietrichs Gegner in dieser Sage Gestalten der niederen Mythologie sind, ist unbestreitbar: *Ecke (*Agja)* »der Schrecker«, sein Bruder *Vâsolt* mit den langen, in Zöpfen gebundenen Haaren, der in einem Wettersegen (*Myth.*[4] III, 494) angerufen wird das Wetter »wegzuführen«, und seine sonstige Sippe, sowie die drei Königinnen auf Jochgrimm, welche Ecke entsenden und denen in der heutigen tirolischen Volkssage drei uralte Hexen entsprechen, gehören in den Kreis der Wind- und Wetterdämonen. Die Sage ist in der Þs. in Niederdeutschland und am Rhein, im Liede, abgesehen von der ersten unechten Strophe, in Südtirol lokalisiert: dass ihre ursprüngliche Heimat die Tiroler Alpenwelt gewesen ist, kann einem Zweifel nicht unterliegen; ja noch in der Fassung der Þs. tritt in einzelnen Zügen die süddeutsche Provenienz hervor, so wenn Dietrich c. 99 sein Ross an einen Ölbaum bindet. Es hat sich also die Sage erst später in der Gegend von Osning und Drachenfels angesiedelt, wo dann auch Züge der fränkischen Wolfdietrichssage in sie übergingen. Wann Dietrich in diese Alpensage eingetreten ist, lässt sich nicht ermitteln; Schlüsse aus dem ags. Namenmaterial (PBB. 20, 216) sind gewagt, und direkte Zeugnisse fehlen vor dem 13. Jahrh.

Eine Zwergensage[3] findet sich an Dietrich geknüpft im Laurin und im Goldemar. Letzteres Bruchstück, das durch den Anhang zum HB. und eine Anspielung im Reinfried von Braunschweig ergänzt wird (*DHB* 5, XXIX f.), scheint eine sehr ähnliche, wenn nicht dieselbe Sage benutzt zu haben, wie wir sie in weit hübscherer Gestaltung aus dem Laurin kennen. Ein Zwergkönig *(Laurîn, Goldemâr)* hat eine schöne Jungfrau (*Künhilt*, Dietleibs Schwester

* Die Worte *allir bornir Jǫrmunrekki* u. s. w., die in der Hs. auf Str. 22 3.4 folgen, gehören an eine andere Stelle des Gedichts und beziehen sich gar nicht auf die *hirþ Hrólfs ens gamla* (s. Bugge, Ark. 1, 251 ff. und meine Ausg. S. 185 f.).

im Laur.) geraubt, die Dietrich mit seinen Helden ihm wieder abnimmt. Diese Sage, offenbar eine erst sekundär an Dietrich und seine Helden angelehnte tirolische Volkssage, ist im Goldemar selbständig geblieben, im Laurin dagegen mit dem Rosengartenmotiv verbunden, indem Dietrich (oder Witege) den wunderbaren Rosengarten des Elbenkönigs, den die heutige Volksüberlieferung in die Gegend von Meran oder von Bozen verlegt, aufsucht und zerstört. Eine Abhängigkeit der Laurinfabel von der Goldemarfabel darf aber daraus nicht gefolgert werden; vielmehr machen die Verschiedenheiten beider Quellen im einzelnen bei der allgemeinen Ähnlichkeit des epischen Stoffes es wahrscheinlich, dass Dietrich auch in diesem Falle schon in der mündlichen Tradition in die Sphäre der niederen Mythologie übergetreten und der Träger eines Zwergen- oder Elbenmärchens geworden ist. In einer salzburgischen Urkunde um die Mitte des 11. Jahrhs. erscheint der Name *Luaran* (*ZE* Nr. 17); ob dieser aber als Zeugnis für die Sage von *Laurîn,* dessen Name Schwierigkeiten bietet, gelten darf, ist zweifelhaft.

[Zu diesem § ist jetzt vor allem der Abschnitt »Dietrichs Kämpfe mit mythischen Wesen« in Jiriczeks *DHS.* I, 182—271 zu vergleichen.] — [1] Heinzel, *Ostgoth. Heldens.* S. 70 ff.; Detter, *Zwei Fornaldarsögur* S. XXXIX f. [Jiriczek, *DHS.* I, 210—222]. — [2] *Hds.* S. 245 ff. *ZE* Nr. 26, 2. 30, 3; Zingerle, Germ. 1, 120 ff. ZfdPh. 6, 301 ff. *Tirol. Sagen* Nr. 347; Uhland, *Schr.* VIII, 529 ff. 548 ff.; Zupitza, *DHB* 5, XLIII ff.; Vogt, ZfdPh. 25, 1 ff. [Jiriczek, *DHS.* I, 185—210]. — [3] Müllenhoff, *DHB* 1, XLIII ff.; Zupitza, *DHB* 5, XXIX f.; Holz, *Laurin* S. XXXV f. XXXXI ff. [Jiriczek, *DHS.* I, 249—253].

§ 49. Die Sage lässt Dietrich am Ende seiner Laufbahn geheimnisvoll verschwinden. In verschiedenen Variationen wird berichtet, dass der Held auf einem schwarzen Rosse so schnell entführt worden sei, dass keiner ihm habe folgen können (*Hds.* S. 42 ff. 54. 320. 338. 475 f. *ZE* Nr. 21, 7. 30, 1b. 52, 2. 78). Vermutlich ist diese Überlieferung, die in sehr ähnlicher Form im deutschen Texte der Gesta Romanorum von einem römischen König Antiochus oder Symmachus erzählt wird, in Italien auf Dietrich übertragen, hat aber in Deutschland schnelle und willige Aufnahme gefunden: nicht nur, weil von Dietrichs Ende in der alten Sage nichts verlautete, sondern auch in dem Bestreben, um den Hingang des herrlichsten Helden den Schleier des Geheimnisses zu weben. Dietrich stirbt nicht; er wird entrückt, um zur geeigneten Stunde wieder aufzuleben: nach dem Anhang zum HB. führt ein Zwerg ihn hinweg, d. h. in den Berg, und die Volkssage reiht ihn als wilden Jäger in das grosse Heer ein oder lässt ihn als unheilverkündenden Warner in schwerer Zeit erscheinen. Der zu Anfang des 12. Jahrhs. in Deutschland verbreiteten Sage hat sich schon früh die Kirche bemächtigt, deren Hass sich Theodorich durch seinen Arianismus, sowie durch sein Auftreten gegen Boethius und Symmachus zugezogen hatte; sie gestaltete sie in der Weise um, dass sie den Ketzer gleich bei seinem Tode in den Vulkan oder zur Hölle fahren lässt. So erzählt Otto von Freising (*Hds.* Nr. 24), und er deutet, indem er hinzufügt: *hinc puto fabulam illam traductam, qua vulgo dicitur: Theodoricus vivus equo sedens ad inferos descendit,* die von seiner Quelle, einem Dialogus Gregors des Grossen, abweichende Volkssage an. Im Wartburgkriege Str. 168—173 (Simrock) erscheint dann die römisch-katholische Legende mit der Volkssage von der Entrückung Dietrichs durch einen Zwerg kombiniert. Eine weitere Konsequenz war die, dass die entartende Sage dem Helden teuflische Abstammung zuschrieb: Hǫgni schilt ihn einen Sohn des Teufels in der Þs. c. 391, der Anhang zum HB. weiss mehr davon (*Hds.* S. 331). Diese Überlieferungen von Dietrichs Geburt und Ende sind so wenig wie der Feueratem, der ihm, jedoch erst in der roher werdenden Volksdichtung, im Kampfzorne aus dem Munde fährt — in dem färöischen Högniiede ist Tiđrikur Tatnarson vollends zum feuerspeienden Drachen geworden —, als Stützpunkte für eine mythische Dietrichssage verwendbar.

Schneege, *Theodorich der Grosse in der kirchlichen Tradition des Mittelalters und in der deutschen Heldensage:* Deutsche Zs. f. Geschichtswiss. 11 (1894) S. 18 ff. [Jiriczek, *DHS.* I, 262—271].

III. Etzelsage.

§ 50. Wie ein mythischer Dietrich, so hat auch ein mythischer Attila in der Heldensage keinen Raum. So wenig, wie die Identität Dietrichs von Bern mit dem ostgotischen Theodorich, bezweifelte das Mittelalter die Thatsache, dass mit dem Hunnenkönige, welcher in der Sage mit den Geschicken der Nibelungen und Dietrichs von Bern so eng verknüpft ist, dessen Residenz die süddeutsche Sage nach Ofen, die norddeutsche nach Soest verlegt, kein anderer gemeint ist als der geschichtliche Attila. Sein Name hat sich in der ober- und der niederdeutschen Sage in lautgesetzlicher Weise entwickelt (mhd. *Etzel* aus ahd. *Ezzilo,* altnd. **Attilo* > **Atlo,* woraus ags. *Ætla,* an. *Atli*)*. Den historischen Namen seines Vaters (nach Priscus *Μουνδίουχος*) hat die Sage zwar durch einen andern ersetzt (an. *Buđli,* mhd. *Botelunc*). In dem mhd. *Blœdel* oder *Blœdelîn* (*Blóđlen* Þs.) ist dagegen in volksetymologischer Umformung Attilas Bruder Bleda (*Βλήδας* bei Priscus, *Bleda* Jord. usw.; got. **Blêdila?*, ags. *Blǽdla* im Liber Vitae: Engl. Stud. 21, 447, *Bletla* in den Quedl. Ann., s. ZfdA. 41, 28 f.) unverkennbar, und die nordische Überlieferung, welche diesen Namen nicht kennt, mag doch in dem Zuge, dass von vier Brüdern Atlis zwei im Kampfe, wie es scheint im Bruderkriege, gefallen sind (Atlm. 51, vgl. 47²), eine Erinnerung an den Tod Bledas durch seinen Bruder und Mitregenten (444/445) bewahren. Etzels erste Gemahlin *Helche* (*Herche; Herkja* in der Guþr. III, *Erka* Þs.: s. ZfdA. 10, 170 f.) ist ebenfalls historisch: es ist der Name von Attilas eigentlicher Gemahlin, die Priscus *Κρέκα* nennt. Attilas Tod in der Brautnacht an der Seite der jungen Ildico hat die älteste Gestalt der Nibelungensage (§ 29), seine Verbindung mit den Ostgoten und insbesondere mit Theodemer, den die Sage mit seinem grösseren Sohne verwechselte (§ 44), die Sage Dietrichs von Bern erhalten, und unsere süddeutschen Quellen kennen Etzel überhaupt nur in Beziehung mit anderen Sagenhelden, den Burgunden, Dietrich und Walther von Aquitanien. Die Auffassung von Attilas gewaltiger Persönlichkeit ist, wie bereits in § 31 ausgeführt wurde, eine wesentlich verschiedene in der nordischen Nibelungendichtung und in der deutschen Epik der Alpenländer. Dort lebt in dem Bilde des schätzegierigen, treulosen und grausamen Tyrannen die fränkische Vorstellung der »Gottesgeissel« fort, hier die idealisierende seiner ostgotischen Verbündeten: an die Stelle des blutdürstigen Barbaren ist in der oberdeutschen Dichtung der milde und edelmütige Friedensfürst getreten, der nur gezwungen oder zur Wahrung der bedrohten Rechte seiner Schützlinge zu den Waffen greift (s. Vogt, ZfdPh. 25, 414 f.; Koegel, *Gesch. d. d. Litt.* I, 2, 283 f.). Eine Mischung der traditionellen fränkisch-nordischen und der gotisch-oberdeutschen Auffassung finden wir in der Þiđrekssaga.

* Ags. *Ætla* (nicht **Etla* = mhd. *Etzel*) weist mit dem altn. *Atli* auf eine altniederdeutsche synkopierte Form **Atlo* zurück, die nach England und Skandinavien wanderte; s. Kluge, Engl. Stud. 21, 447. Die Form *Attila* in der Þs. verrät Anlehnung an den historischen Namen.

Eine reicher ausgebildete Etzelsage ist nur durch die Þs. für Niederdeutschland bezeugt, und in ihr ist vieles nachweislich jüngere, speziell niederdeutsche Sagenbildung. Als alte Faktoren einer selbständigen Sage von Attila darf die Sagenforschung nur in Anspruch nehmen die Vorstellung von seinem glänzenden Hofe, der Zufluchtsstätte vertriebener Recken, seine Vermählung mit Helche, Oserichs Tochter, und sein enges Verhältnis zu Rüdiger. Die Þs. c. 42—56 kennt eine ausführliche Sage von der Entführung Erkas, der Tochter des Königs Osantrix von Vilcinaland, für Attila durch dessen vornehmsten Dienstmann, den sie bald als einen Herzog *Rođolfr,* bald als den Markgrafen *Rođingeir* von *Bakalar (Bechelâren)* bezeichnet. Man erkennt unschwer, dass diese nach einer frischen und munteren niederdeutschen Spielmannsdichtung erzählte Brautwerbungssage nur eine Umbildung anderer, zunächst wohl der Osantrix-Rothersage, ist. Eine Spur dieser Entführung Helches in oberdeutscher Dichtung bietet die Anspielung im Bit. 376 f. (vgl. 1962). Aus den sparsamen Zeugnissen anderer Quellen ergiebt sich mit Bestimmtheit wenigstens so viel, dass *Ôserîch (Osantrix)* im Epos der alte Vertreter der Wilzen und Wenden war, von denen auch in Oberdeutschland gesungen wurde (ZfdA. 12, 340 ff.), dass seine Tochter ursprünglich *Ôspirin* (Walthar. 123. 396) hiess, die einmal in der Sage neben Helche als Attilas Gemahlin galt, dann aber vor dieser (*Ôserîches kint* Bit. 1962) verschwand, dass endlich Rüdiger zu Attila und dessen erster Gemahlin bereits verhältnismässig früh in Verbindung gesetzt worden ist. Was aber lässt sich in Betreff Rüdigers ursprünglicher Geltung und Bedeutung vermuten?

Rüedegêr[1], dessen Name (ahd. *Hruodigêr*) nur den ruhmvollen Krieger andeutet, erscheint im Epos als Etzels mächtigster Vasall, sein Feldherr und Vertrauter, das Ideal der Heldentugend einer milderen Zeit: freigebig, aufopfernd, pflichtgetreu, *vater aller tugende.* Als Hüter und Schutzpatron der österreichischen Lande unter der Enns, der alten deutschen Grenzmark gegen die Ungarn, früh anerkannt, zu Bechelâren an der Erlaf als Markgraf lokalisiert, trat er zu Etzel von selber in Beziehung. Von seiner Herkunft weiss das mhd. Epos nichts, und es ist ohne alle Bedeutung, wenn es seine Heimat bald nach Arabien, bald nach Mailand verlegt; dass er als heimatflüchtig *(ellende)* gilt, versteht sich für einen Lehnsmann Etzels so von selbst, dass man nicht nach Gründen für diese Auffassung zu suchen braucht. Mit Etzel tritt er in die Dietrichssage, mit Dietrich, dessen er sich nach seiner Flucht vor Ermanarich annimmt, tritt er in die Nibelungensage ein (§ 31), und die Dichtung wird nicht müde, das Bild des edlen Markgrafen mit ihren schönsten Farben auszuschmücken. Indem sie ursprünglich anderen beigelegte Funktionen auf ihn überträgt, wird er der Warner der Nibelungen (§ 32) und der Hüter der Helchensöhne; zweimal ist er Etzels Freiwerber, und sein tragischer Tod durch das eigene Schwert hat der österreichischen Nibelungendichtung den Ausgangspunkt geboten für das ergreifendste und menschlich rührendste Seelengemälde, das die gesamte Poesie des Mittelalters kennt. Lieder, in denen *Rogerius comes* mit Dietrich gefeiert wurde, erwähnt um 1160 Metellus von Tegernsee (*Hds.* Nr. 31), und, wenn Aventin zu Anfang des 16. Jahrhs. die Notiz wiederholt, fügt die deutsche Übersetzung hinzu: *Marggraff Rudinger . . . . von dem man noch viel singet vnd saget* (*Hds.* Nr. 136, 1[d]). Zwar ist Rüdiger später in die Geschichte aufgenommen und als erster historischer Markgraf der Ottonenzeit und unmittelbarer Vorgänger des ersten Babenbergers in den Anfang des 10. Jahrhs. gerückt worden (*ZE* Nr. 42), allein diese Erfindung des ausgehenden 13. Jahrhs. kann seine historische Grundlage nicht wahrscheinlich machen. Mythischen Ursprung fand Lachmann

(*Anm.* S. 338) glaublich, und Müllenhoff und v. Muth haben diesen Gedanken verfolgt. Müllenhoffs Deutung des »Rüedegêrmythus« als rugische Umbildung des alten Harlungenmythus ist feinsinnig, aber doch mehr eine kühne Rekonstruktion als eine der thatsächlichen Überlieferung sich anschmiegende Hypothese; ganz haltlos sind die mythologischen Kombinationen v. Muths. Allem Anscheine nach ist Rüdiger weder historisch noch mythisch, sondern eine rein poetische Gestalt, ein Typus der Dichtung. Dass aber die Figur des edlen Markgrafen erst in der zweiten Hälfte des 10. Jahrhs. in die Nibelungendichtung eingefügt worden wäre nach dem Muster deutscher Krieger, die sich als Lehnsleute östlicher Nachbarn genötigt sahen gegen ihre Volksgenossen zu kämpfen, wie neuerdings H. Lämmerhirt wahrscheinlich zu machen sucht, der sogar den Bischof Pilgrim von Passau (s. § 15) für die Einschaltung dieser Episode verantwortlich machen möchte, ist nicht annehmbar. Der Pflichtenkonflikt Rüdigers ist nicht die Grundlage, sondern die Spitze der an ihn geknüpften Dichtung, sein Eintreten in die Nibelungensage kann von der entscheidenden Rolle Dietrichs von Bern nicht getrennt werden (§ 51), und man hat keineswegs das Recht, die Verknüpfung Rüdigers mit Etzel und durch diesen mit Dietrich ausserhalb der Nibelungendichtung kurzer Hand als späte Erfindung abzutrennen. Das Rüdigerproblem ist noch nicht gelöst.

Als junge Zuwüchse des Sagenkreises von Attila und Dietrich sind die Kriegszüge gegen slavische Völker[2] zu betrachten, die besonders ausführlich die Þs. c. 291—315 erzählt, von denen aber auch süddeutsche Quellen und Zeugnisse, darunter das § 20 erwähnte mhd. Bruchstück von Dietrichs Zweikampf mit dem Polenkönige Wenezlân, zu berichten wissen (vgl. Bit. 6538 ff. Klage 1728 ff., sowie die Anspielungen in Rudolfs von Ems Alexander und beim Marner *Hds.* Nr. 57. 60). Merkwürdigerweise hat sich aber in dem wichtigsten dieser Kämpfe, dem gegen Waldemar von Russland und dessen Sohn Dietrich (Þs. c. 293 ff.), eine alte historische Erinnerung erhalten an die Streitigkeiten Theodorichs mit seinem Namensvetter Theodorich (Strabo), dem Sohne des Triarius, einem gotischen Häuptling, dessen sich der byzantinische Hof bis zu seinem Tode (481) mit Erfolg gegen die Amaler bediente. Ohne Frage ist er das Prototyp des Þiđrekr Valdemarsson, der in der Þs. in einem Kriege Attilas gegen Waldemar von Russland von Dietrich gefangen genommen, aber auf Erkas Verwendung aus seiner Haft befreit wird und entflieht (c. 300 f.); in der oberdeutschen Überlieferung ist der Triarier nur noch dem Namen nach bekannt als *Dietrîch von Kriechen* (*Hds.* S. 219), der Gegner Theodorichs ist hier zum Kämpfer Etzels geworden. Schimmert in diesem Zuge noch ein trüber Nachklang gotischer Sage durch, so müssen dagegen mit G. Storm[3] in den Kämpfen Attilas und Dietrichs mit Wilzen und Russen in der niederdeutschen Sage sagenhafte Umgestaltungen der Züge der deutschen Kaiser aus dem sächsischen Hause, besonders der Ottonen und Heinrich III., gegen slavische Völker gesehen werden, die im 11. und 12. Jahrh. in Niederdeutschland sich mit den Sagen von Attila und Dietrich mischten und durch die Spielleute auch nach Oberdeutschland gelangten, vermutlich etwa gleichzeitig mit der Ortnitsage (§ 37).

[1] Müllenhoff, ZfdA. 10, 162 f. 30, 237 f. 249 f.; von Muth, *Der Mythus vom Markgrafen Rüdeger* (Wiener SB. LXXXV, 265 ff.); Lämmerhirt, ZfdA. 41, 1 ff. — [2] Müllenhoff, ZfdA. 12, 279; W. Müller, *Myth. der deutschen Heldens.* S. 154 ff. — [3] G. Storm, Aarb. f. nord. Oldk. 1877, S. 341 ff. [Jiriczek, *DHS.* I, 131 f. 172—182].

IV. Rückblick.

§ 51. Wenn wir noch einmal einen Rückblick auf das Zusammenwachsen der einzelnen Sagenkreise werfen, so finden wir in Attila gewissermassen das Bindeglied zwischen Nibelungensage und Dietrichssage. Nachdem eine nahe Verbindung Rüdigers mit Etzel und Helche in der Sage bereits hergestellt war (§ 50), trat Dietrich von Bern zum Hunnenkönige in Beziehung (§ 44), welcher, als Vertreter alles hunnischen Wesens, in der historischen Burgundensage längst der Vernichter der burgundischen Könige geworden war (§ 29). Dietrich und Rüdiger, an Etzels Hofe lebend, sind dann in Österreich zusammen in die Sage von den Nibelungen eingetreten: offenbar damals, als durch die grosse Umgestaltung dieser Sage alle Schuld an dem Untergange der burgundischen Helden von Etzel abgewälzt und der Kriemhild zugeschrieben wurde (§ 31). In Dietrichs Hand wird nun die Entscheidung gelegt: er, der berühmteste und stärkste Held der süddeutschen Sage, überliefert die burgundischen Brüder ihrem in der Sage von allem Anfang an fest bestimmten Schicksal und übt dann auch an Kriemhild das Werk der strafenden Gerechtigkeit. Die oberdeutsche Sagenfassung gelangte weiterhin auch nach Niederdeutschland: dass Gunther nach Þs. c. 383 schon in der ersten Phase des Kampfes fällt, ist ein Rest einer altniederdeutschen Schicht der Sage (§ 32); spätere Verwirrung aber oder bewusste Änderung des Nibelungendichters ist es, wenn im Nibelungenliede Hildebrand an Dietrichs Stelle Kriemhild in Stücke haut. In wahrhaft grossartiger Weise hat die Sage Dietrichs Eingreifen in den Nibelungenkampf nicht durch seine Vasallentreue gegen Etzel motiviert, was der Vorstellung von seiner überlegenen Heldengrösse nicht entsprochen hätte, sondern durch Trauer und Grimm über den Fall seines nächsten Freundes Rüdiger und über das Unglück seiner eigenen Mannen. Ist nun diese Motivierung, wie sie unstreitig die schönste ist, auch die ursprüngliche, so müssen Rüdiger und Dietrich ihre Plätze in der Nibelungendichtung gleichzeitig eingenommen haben.

Henning, AfdA. 4, 62 f. QF. 31, 7 ff. Wesentlich abweichend sind die Ansichten von Wilmanns, *Beitr. zur Erkl. und Gesch. des NL.* (1877) S. 60 ff. (s. dazu Lichtenberger, S. 307 ff.). AfdA. 18, 99 ff.

E. Waltharisage.

§ 52. Den ostgotischen Sagen von Ermanarich und von Dietrich von Bern reiht sich füglich die Sage von Walther von Aquitanien an, deren Held, wenn die Angaben über seine Heimat in Ekkehards Gedicht und in einem Teil der mhd. Quellen Glauben verdienen, der Vertreter der Westgoten in der germanischen Heldensage ist. Die Waltharisage liegt uns vor in drei wesentlich abweichenden Gestalten. In der ersten, der alemannischen, die durch Ekkehards Waltharius (§ 15), die Anspielungen im Nibelungenliede und im Biterolf (*Hds.* S. 95 ff.), sowie im Allgemeinen auch durch die ags. Waldere-Fragmente (§ 13) vertreten wird, kämpft Walther, von den Hunnen heimkehrend, um seine Braut Hildegund, mit welcher er an Attilas Hof als Geisel weilte, und die entführten Schätze zu behaupten, gegen Gunther und zwölf seiner Helden, unter diesen Hagen, auf dem Wasgensteine, einer Höhe der Vogesen unweit der Grenze zwischen der Rheinpfalz und Elsass-Lothringen. Die zweite Fassung der Sage, für welche Müllenhoff fränkischen Ursprung behauptet hat, ist hauptsächlich erhalten durch die auf eine niederdeutsche Quelle weisende Erzählung der Þiđrekssaga c.

241—244: Valtari *af Vaskasteini* hat hier den Kampf um Braut und Schatz nicht mit den Burgunden, sondern mit den verfolgenden Hunnen zu bestehen, unter denen sich aber auch Hǫgni befindet. Auch die mhd. Bruchstücke von Walther und Hildegunde (§ 20) scheinen sich, soweit die dürftigen Reste einen sicheren Schluss zulassen, dieser Fassung anzuschliessen, und die Anspielung in dem österreichischen Gedichte von dem übelen Weibe 305 ff. (*ZE* Nr. 28, 3), derzufolge die Liebenden *fuoren durch diu rîche alsô behagenlîche*, wurzelt wohl gleichfalls in der durch sie vorausgesetzten Situation. Eine dritte Version, die polnische[1], welche zuerst in der lateinischen sogenannten Chronik des Boguphalus, einer Kompilation des 14. Jahrhs., dann in polnischen Chroniken des 16. Jahrhs. berichtet wird, zeigt die Sage in merkwürdiger slavischer Umbildung und durch eine späte Fortsetzung erweitert, die, wenn auch möglicherweise schon in Deutschland mit der alten Walthersage verknüpft, doch von Hause aus nichts mit ihr zu schaffen hatte. Der polnische Held *Walczerz wdały* (Walterus robustus) entführt die fränkische Königstochter Helgunda, deren Liebe er durch nächtlichen Gesang gewonnen, muss am Rhein mit einem alemannischen Nebenbuhler kämpfen, siegt und führt seine Braut nach seiner Burg Tynecz bei Krakau. Die Quelle für diese Erzählung in der grosspolnischen Chronik ist nicht bekannt; sie kann recht wohl ein Lied, aber auch mündliche Tradition gewesen sein. Auf welchem Wege die Sage nach Polen gelangt ist, lässt sich nicht mit Sicherheit ermitteln. Die von Heinzel (*Walthers.* S. 88 f.) gebilligte Annahme Nehrings, der die Überführung aus Þs. c. 241 erklärt, wo es von Ermanarich, an dessen Hof Walther und Hildegund zurückkehren, heisst: *er þá réð Púli* (Apulien), welches *Púl* man auf Polen bezogen hätte, ist wenig wahrscheinlich, da erstens der älteste uns erhaltene polnische Bericht nicht auf eine rein litterarische Entlehnung deutet, zweitens aber die polnische Sagengestalt nahe Berührungen mit der alemannischen des Ekkehard zeigt. Wenn die Lokalisierung der Walthersage in der Nähe von Krakau sich nicht unmittelbar aus oberdeutschen Einflüssen erklären lässt, so weist die polnische Version auf die Existenz einer der alemannischen Fassung nahestehenden, von der der Þs. nicht unbedeutend abweichenden Gestalt der Walthersage in Norddeutschland, die im 13. Jahrh. oder bereits etwas früher auf dem Wege des Handelsverkehrs ebenso nach Polen gedrungen wäre, wie umgekehrt russische Heldensage nach Niederdeutschland gelangte (§ 37). In der polnischen Sage sind namentlich zwei Züge bemerkenswert. Erstens Walthers heimlicher nächtlicher Gesang, mit dem er die Jungfrau gewinnt. Der Zug kann natürlich, wie Heinzel annimmt (*Walthers.* S. 90), aus der Hildesage oder einer ähnlichen Entführungssage entlehnt sein; wenn aber andere Gründe dafür sprechen, dass in der Walthersage eine historisierende Erneuerung der alten Hildesage zu sehen ist (§ 53), so gewinnt der an Horands Gesang in der Kudrun (s. § 58) so lebhaft erinnernde Gesang Walthers eine erhöhte Bedeutung. Ebenso würde es sich in diesem Falle mit einer anderen Einzelheit bei Boguphalus verhalten. Wenn beim Zweikampf zwischen Walczerz und seinem Nebenbuhler der Anblick der Helgunda die Kämpfer neu kräftigt, so tritt darin das Wesen der Kampfjungfrau und Totenerweckerin Hilde noch deutlicher hervor, als wenn im ersten ags. Fragment das Mädchen den Geliebten zum Kampfe mit Gunther ermuntert * oder bei Ekkehard (Vs. 1180 f.) Hildegund in der Nacht

* Dass Hildegund die sprechende Person im ersten Waldere-Fragment ist, bestreitet Heinzel (*Walthersage* S. 6) mit Unrecht; s. Cosijn, Versl. en Med. der Kon. Akad. v. Wet. Afd. Lett. III, 12, 58 ff., der die fehlende erste Halbzeile ansprechend ergänzt: *ond þá Hildegúð* (vgl. S. 68).

zwischen beiden Kampftagen wacht und singt, d. h. ursprünglich wohl durch Zauberlieder die Gefallenen zu neuem Leben erweckte. Mit beiden Zügen weist die polnische Sagenform trotz aller jüngeren Verwirrung auf eine deutsche Gestalt zurück, die in Einzelheiten Ursprünglicheres bewahrt hatte als die uns bekannten Quellen.

Litteratur: J. Grimm, *Lat. Ged.* (1838) S. 101 ff. ZfdA. 5, 2 ff.; Müllenhoff, ZfdA. 10, 163 ff. 12, 273 ff. 30, 235 f.; Scherer, *Der Wasgenstein in der Sage* (1874): Kl. Schr. I, 543 ff.; Dieter, Anglia 10, 227 ff. 11, 159 ff.; W. Müller, *Myth. d. d. Heldens.* S. 11 ff. *Zur Myth. d. gr. u. d. Heldens.* S. 124 ff.; Heinzel, *Über die Walthersage*, Wien 1888 (aus den Wiener SB. CXVII, II); M. D. Learned, *The Saga of Walther of Aquitaine*, Baltimore 1892 (bequeme Zusammenstellung aller Quellen und Zeugnisse); Koegel, *Gesch. d. d. Litt.* I, 1, 235 ff. 2, 278 ff. Haltlos sind die mythologischen Kombinationen Rydbergs, *Undersökningar i german. mythol.* 1 (1886), 742 ff. — [1] Die in Betracht kommenden Stellen aus der Chronik des Boguphalus, Paprockis Wappenbuch und Bielskis Polnischer Chronik sind am leichtesten zugänglich in Heinzels Schrift über die Walthersage, der über das Verhältnis der Quellen S. 27—59 und über die poln. Sagengestalt S. 88—93 erschöpfend handelt. Von älterer Litteratur sei erwähnt: Rischka, *Über das Verhältniss der poln. Sage von Walgierz wdaly zu den deutschen Sagen von W. v. Aq.*, Brody 1880; Knoop, *Die deutsche Walthersage und die polnische Sage von Walther und Helgunde*, Posen 1887, und dazu v. Antoniewicz, AfdA. 14, 241 ff. Über den dem Verf. nicht zugänglichen Aufsatz W. Nehrings im Warschauer Ateneum 1883 s. das Referat von Jagić, Arch. f. slav. Phil. 8, 352 f. und Heinzel S. 88 f. — Die Litteratur über das für den zweiten Teil der poln. Sage verwandte Erzählungsmotiv von der ungetreuen Frau verzeichnen Vogt, *Salman und Morolf* S. LXVI f. PBB. 8, 313 ff.; v. Antoniewicz a. a. O. S. 244 ff. und Heinzel S. 91.

§ 53. Weder über den Ursprung, noch über die Heimat der Walthersage lässt sich zu sicheren Ergebnissen gelangen. Der von Müllenhoff aufgestellten, von Anderen und zuletzt wieder von Koegel geteilten Auffassung gegenüber, dass die Walthersage wesentlich mythisch und zwar eine Umformung der alten Sage von Hilde sei, hat Heinzel in der zu § 52 angeführten scharfsinnigen und lehrreichen Abhandlung die Sage als eine historische zu erweisen gesucht, die nur wenig von einer ähnlichen mythischen beeinflusst worden sei. Nun hat Heinzel unstreitig gezeigt, dass die Motive, welche den epischen Rahmen der Walthersage bilden, die Vergeiselung vornehmer Jünglinge bei Attila, ihre Flucht, die Befreiung gefangener Frauen aus der Gefangenschaft des hunnischen Königs, die Streitigkeiten über Tribut und die Entwendung von Schätzen, in historischen Berichten, namentlich bei Priscus, ihre Seitenstücke finden (a. a. O. S. 63 ff.), und dass die ganze Einkleidung der Sage in die Völkerwanderungszeit weist. Allein, um eine Sage als in ihrem Kerne historisch zu erweisen, ist mehr erforderlich: bestimmte geschichtliche Ereignisse und vor allem bestimmte geschichtliche Persönlichkeiten müssen sich ungesucht darbieten, wie in der Burgundensage, der fränkischen Dietrichssage, den Sagen von Ermanarich und Theodorich. In Walther eine historische Persönlichkeit nachzuweisen, ist bisher nicht gelungen; in seinem Gesellen und späteren Gegner Hagen sieht Heinzel allerdings Aetius *, allein wer an dem mythischen Ursprunge Hagens in der Nibelungensage festhält (§ 28), wird es auch in der Walthersage.

Andererseits muss zugegeben werden, dass Züge, die unverkennbar auf eine mythische Grundlage weisen, in der Walthersage nicht hervortreten; in

* Vgl. Heinzel, *Nibelungens.* S. 4 f. *Hervararsaga* S. 80 f. *Walthers.* S. 63. 75 ff. (s. Literaturbl. 1886, Sp. 452 f. und S. Singer, AfdA. 13, 144 f.). Diese Identifizierung von Aetius-Hagen scheint mir heute so wenig haltbar wie vor zwölf Jahren. Scherers Identifikation von Aetius-Walther (*Kl. Schr.* I, 553 f.) ist kaum mehr als ein Einfall des Augenblicks.

unseren Quellen ist sie in der That »eine rein menschliche Sage« (Heinzel S. 95). Dennoch kehren die wesentlichsten Elemente der Hildesage (vgl. § 56 ff.) in der Sage von Walthari wieder: die Entführung der Jungfrau mit den Schätzen und der Kampf um sie; der Name der Jungfrau Hildegund, gewissermassen eine Verdoppelung des Namens Hilde; die frühere Freundschaft oder Blutsbrüderschaft der Gegner; der Name Hagen für den Gegner des fliehenden Helden, sowohl in der alemannischen als in der anders gewandten Fassung der Þs.; der heimliche nächtliche Gesang Walthers in der polnischen Sage; der endlose Kampf der Hedeningen erscheint historisiert als zweitägige Schlacht, und Hildes Erweckung der Toten blickt in ihrem nächtlichen Gesange, etwas deutlicher noch in der Kräftigung der Kämpfer durch ihren Anblick bei Boguphalus, verblasst durch. Es kommt hinzu (s. Koegel I, 2, 292 f. 297), dass mehrfach noch bei Ekkehard mangelhafte Motivierung über die vorliegende Sagengestalt hinaus auf die Verhältnisse der alten Hildesage weist, so vor allem die Darstellung der gemeinsamen Flucht Walthers und der Hildegund, in welcher die vorhergehende Überredungsszene und die in der poetischen Ökonomie des Waltharius anstössige Mitnahme von Attilas Schätzen die zu Grunde liegende Entführung aus der Hut des Vaters voraussetzen. In dem Kerne der Waltharisage ist demnach immerhin mit Wahrscheinlichkeit eine auf Walthari übertragene, historisierte und rein menschlich gewordene Erneuerung der mythischen Hildesage zu sehen, die sich bei Stämmen des Binnenlandes bildete und, wie die Hildesage im Norden zu einem poetischen Abbild der Wikingerzeit wurde, in ihrer neuen Form das Gepräge des 5. Jahrhs., die Berührung germanischer Stämme mit Attila, zur Schau trägt.

Diese Auffassung erklärt auch die Verbindung Walthers mit den Burgunden. Aus der Thatsache, dass auch in derjenigen Fassung, welche Walther nicht mit Gunther und den Seinigen, sondern mit den verfolgenden Hunnen kämpfen lässt, Hagen (Hǫgni) die wichtigste Rolle spielt, ergiebt sich mit Sicherheit, dass dieser Walthers ursprünglicher Gegner ist, den die Sage allen Wandlungen zum Trotz festhielt. Ist er mit Heðins Gegner in der Hildesage identisch, war er also ursprünglich der Vater des geraubten Mädchens — seine alte Verschiedenheit von dem Hagen der Nibelungensage wird auch durch den Namen seines Vaters *Hagathie* bei Ekkehard (Vs. 629) bezeugt —, so kann die Namengleichheit zur Vermischung mit der Burgundensage geführt haben. Es ist demnach die naheliegende, auch von Heinzel (S. 60 ff.) vertretene, Ansicht, dass die in der Þs. und im mhd. Gedichte erscheinende Sagenfassung, nach welcher die Hunnen, also die Geschädigten, die Angreifer sind, die ältere Vorstellung repräsentiere, abzulehnen. Die alte Form der Sage kannte vermutlich nur die gemeinsame Flucht der Liebenden (ursprünglich die Entführung) und den Kampf Walthers mit Hagen, dem Verfolger, ursprünglich dem Vater des Mädchens. Wurde Hagen, der mythische Verfolger des mit Braut und Schatz fliehenden Helden, mit dem Nibelung Hagen identifiziert, so war eine weitere Einrenkung der Waltharisage in den Zusammenhang der Burgundensage und damit die Vorstellung eines Angriffs von Seiten Gunthers und seiner Mannen gegeben. Die andere Fassung, welche die Hunnen als Angreifer kennt, unter diesen aber Hǫgni, könnte freilich davon unabhängig anderwärts entstanden sein, ist es aber wohl kaum, da die Þs., wenn sie den Helden *Valtari af Vaskasteini* nennt, obgleich sie den Ort des Kampfes nicht bestimmt, damit die durch die ältesten Quellen vertretene alemannische Sagenform voraussetzt, welche den Kampf auf den Wasgenstein (Nib. 2281, 2)* verlegt, in eine Gegend, wo Alemannen und Franken zusammenstiessen. Auch die Zwölfzahl der Angreifer kennt die Þs. wie der Waltharius.

Als Walthers Heimat gilt bei Ekkehard Aquitanien, das im 5. Jahrh., als die Sage sich bildete, ein Teil des westgotischen Reiches war. Dazu stimmt ganz wohl die Bezeichnung *von Spâne (Spanje)* im Nibelungenliede, von *Spanjelant* im Biterolf; auch in den mhd. Fragmenten erscheint Walther als *vogt von Spanige.* Daneben geht in den mhd. Gedichten (Bit. 2105. 5092. Alph. 77, 2. 307, 1 u. ö., auch in Dfl., Roseng. D und Anh. z. HB.) die Vorstellung her, dass er König von Frankreich *(Kerlingen)* sei und in Langres *(Lengers)* residiere; im mhd. Gedichte von Walther und Hildegund wird Langres als Hauptstadt von Spanien aufgefasst, und im Bit. scheint Walthers Herrschaft sich über Frankreich und Spanien auszudehnen, sein Wohnsitz ist Paris. Darf man diesen Angaben Bedeutung beimessen, so führen sie auf die bereits von J. Grimm (ZfdA. 5, 3) angenommene Auffassung Walthers als eines westgotischen Helden. Aquitanien, das alte Westgotenreich, führte den deutschen Namen *Wascôno lant* (*Equitania Uuasconolant* Ahd. Gl. III, 610[5]), von den Basken, die im 7. Jahrh. von Spanien aus in einem Teile von Aquitanien sich niederliessen. Ein *Walthari* von *Wascônolant (Wascôm)* konnte auf die Lokalisierung seines sagenberühmten Kampfes in den Vogesen (*mons Vosagus* = *Uuasgunberg* ZfdA. 12, 257) und speziell am Wasgenstein führen. Walthari ist also eher ein westgotischer Held, als der Vertreter des romanischen Galliens (Fauriel, Müllenhoff) oder gar eine ursprünglich fremdländische Sagenperson, ein Boiske (Heinzel). Aber wir kommen auch mit dieser Annahme nicht viel weiter, denn wer dieser *Walthari* (*Waldere* im ags. Fragm. B 11, vgl. Binz, PBB. 20, 219), der Sohn des *Alphere* (ags. *Ælfhere*, mhd. *Alpkêr Alkêr*), ursprünglich war, was von ihm erzählt worden ist, ehe die Entführung der Hildegund und der Kampf mit dem verfolgenden Hagen auf ihn übertragen wurden, ob die in Ekkehards Gedicht so lebhaft ausgeführten Einzelkämpfe seiner Sage von Haus aus angehörten, das alles bleibt in tiefem Dunkel. Über Hildegunds Heimat ist die Sage nicht unterrichtet: wenn Ekkehard sie zur Tochter eines Königs *Herîricus* (Herrich) von Burgund zu Châlons-sur-Saone macht, so ist, da der Sage nach Gunther über die Burgunden herrscht, die Fiktion augenfällig, und die Angabe hat keine grössere Gewähr, als wenn nach den mhd. Fragmenten Hildegund aus Arragonien stammt, das im Bit. (5095. 6636) mit Navarra zu Walthers Reich gehört, oder die Þs. ihr den Jarl *Ilias af Greca* (vgl. § 37) zum Vater giebt. Hildegund enstammt eben der alten Hildesage.

§ 54. Zur Beantwortung der Frage, bei welchem germanischen Stamme die epische Ausbildung der Waltharisage erfolgt ist, gibt einen Fingerzeig die sympathische Schilderung Attilas bei Ekkehard oder vielmehr in seiner deutschen Quelle, die hierin gewiss alter Tradition folgt. Der Hunnenkönig erscheint, wie in der oberdeutschen Nibelungendichtung (§ 31) und in den Gedichten der Dietrichssage (§ 50), im Waltharius als weitherrschender Friedensfürst, weise, mild und edelsinnig. In dieser wohlwollenden Charakteristik und befreundeten Parteinahme für Etzel verrät sich, wie Koegel mit Recht betont (*Gesch. d. d. Litt.* I, 2, 283 f.), die gotische, durch die ober-

* Dass bereits Ekkehard diesen Kampfplatz voraussetzt, allerdings ohne ihn gesehen zu haben, ist zwar nicht sicher (vgl. W. Meyer, Sitzungsber. der bair. Ak. 1873, S. 375 ff.; Koegel I, 2, 299 f.), aber nach Scherers Darlegungen (*Kl. Schr.* I, 548 f.) doch wahrscheinlich.

deutschen Stämme übernommene, Auffassung seiner historischen Persönlichkeit. Vielleicht darf daraus der Schluss gezogen werden, dass die Sage von Walthari, wenn dieser auch ursprünglich ein westgotischer Held war, bei den Ostgoten ihre Ausbildung erlangt hat: die Westgoten sind ihrer historischen Stellung zu den Hunnen nach ausgeschlossen; dass aber auch westgotische Helden von den Ostgoten besungen wurden, zeigt das Beispiel des Widigauja-Witege (§ 47). Das begabteste und am frühsten entwickelte der germanischen Völker hätte dann die alte Sage von der Entführung der Hilde und dem Kampfe ihres Entführers mit dem verfolgenden Hagen auf einen stammverwandten Helden übertragen und an historische Verhältnisse und wirkliche Vorkommnisse der attilanischen Zeiten angeknüpft, auf deren Zustände und Machtverhältnisse die geographischen Angaben des Waltharius überall weisen. Ob auch in Walthers Einzelkämpfen, die in Ekkehards Dichtung den Mittelpunkt bilden (Vs. 664—1061), Züge historischer gotischer Sage sich bergen, ist nicht zu entscheiden. Heinzel hat auf den Bericht Prokops von Tejas Heldenkampfe in der Schlacht am Vesuv (552) hingewiesen (*Walthers.* S. 86), vgl. Koegel I, 2, 305 Anm. Die Ausbildung der Walthersage, mag sie nun noch den Goten oder bereits einem benachbarten deutschen Stamme zufallen, muss jedesfalls ihrem wesentlichen Gehalte nach noch ins 5. Jahrh. fallen.

Ihre Anlehnung an die Burgundensage aber, zu welcher die Identifizierung von Hildegunds (Hildes) Vater Hagen mit dem gleichnamigen Helden der Nibelungensage Anlass gab (§ 53), kann nur bei einem westlichen Stamme, vermutlich den Alemannen, erfolgt sein. Darauf deutet die alte Lokalisierung des Kampfes in dem *saltus Vosagus,* dem Wasgenwald, sowie die Vorstellung, dass die Burgunden, an deren Stelle bei Ekkehard durch gelehrte Korrektur die Franken getreten sind, um Worms, Attila im Osten gedacht werden. Die merkwürdige Auffassung Gunthers als eines Wegelagerers, sein räuberischer und zugleich feiger Charakter, sowie das Motiv der Zwölfkämpfe (§ 32) setzen, wie Heinzel hervorgehoben hat (*Nibs.* S. 13. *Walthers.* S. 24), bereits die Verschmelzung der historischen Burgundensage mit dem Rosengartenmotiv voraus. Da Ekkehards Gedicht aus den ersten Jahrzehnten des 10. Jahrhs. auf älteren ahd. Liedern beruht und die ags. Waldere-Fragmente von der Mitte des 8. Jahrhs., die wesentlich dieselbe Sagenfassung enthalten, schon auf eine längere Unabhängigkeit der englischen Überlieferung deuten (ZfdA. 12, 275. 278), so kann diese alemannische Umbildung nicht später gesetzt werden als in das 7. Jahrh. Wenn dann in der Fassung der Þs. und der österreichischen Bruchstücke von Walther und Hildegund an die Stelle der angreifenden Burgunden-Franken die verfolgenden Hunnen getreten sind, ohne dass Hagen und die Zwölfzahl der Angreifer jedoch aufgegeben wären, so liegt es allerdings nahe, diese Änderung mit Müllenhoff den Franken zuzuschreiben, da für sie am ersten eine Veranlassung dazu vorhanden war, insofern sie ihre eigene Niederlage zu besingen Anstoss nehmen mussten. Aber zwingend ist diese Annahme keineswegs: die Ersetzung der ganz unbeteiligten Burgunden durch die geschädigten Hunnen konnte überall und jederzeit geschehen.

Offenbar war in der älteren Sage der Kampf am Wasgenstein Walthers einzige bekannte That. Was jüngere Quellen sonst noch von ihm zu berichten wissen, ist ohne sagenhaften Wert und entspringt grösstenteils dem Streben nach cyklischer Verbindung der einzelnen Sagenkreise. Tapfere Thaten Walthers während seiner Geiselschaft am hunnischen Hofe (so schon Walth. und Nib. 1735), allein oder gemeinschaftlich mit Hagen, sowie ein freundschaftliches Verhältnis zu Rüdiger (im Bit., s. *Hds.* S. 103 ff.) schlossen sich leicht an. Die Dietrichsepen kennen Walther bald auf Dietrichs Seite, bald auf Seiten Ermanrichs oder der rheinischen Helden; ja, in Dfl. ist er sogar in einen Walther von Lengers und einen Walther von Kerlingen gespalten, von denen jener zu Dietrich, dieser zu Ermanrich steht. Nach der Þs. ist der Held Ermanrichs Neffe, er besteht einen Wettkampf im Speerwerfen gegen Dietleib (c. 128 f.) und wird später über Gerimsheim (wohl Gernsheim an der Bergstrasse) gesetzt (c. 151). Alles natürlich junge Erfindungen: die alte Sage kennt den Helden zwar in Beziehung zu historischen Figuren der ersten Hälfte des 5. Jahrhs., zu Attila und Gunther, nicht aber zu Ermanarich und Theodorich, obgleich eine Beziehung zu letzterem, der ja auch am hunnischen Hofe lebte, kaum hätte ausbleiben können, wenn dessen Sage damals schon ausgebildet gewesen wäre: ein weiteres Kriterium für das hohe Alter der Waltharisage (Heinzel S. 83).

Für Walthers sagenhaftes Schwert *Wasge* (Bit. 12286, vgl. 642 ff.), das in den Nibelungen 1988, 4 irrtümlicher Weise Iring führt, ist in dem ersten ags. Fragmente *Mimming* eingetreten, das beste aller Schwerter, das Wieland für seinen Sohn Witege geschmiedet haben soll (*Wélandes geworc* Wald. A 2, vgl. *Hds.* S. 67. 306. *ZE* Nr. 27, 6).

§ 55. Eine besondere Überlieferung über Walthers Alter, wovon die mit der glücklichen Heimkehr des Helden und seiner Hildegund abgeschlossene ältere Sage nichts berichtete — nach Ekkehard herrscht er noch dreissig Jahre nach seines Vaters Tod über sein Land —, hat das vor 1027 geschriebene zweite Buch des Chronicon Novaliciense c. 7 ff. (Mon. Germ. SS. VII, 85 ff.). Während die Chronik im übrigen die Walthersage wesentlich nach Ekkehards Gedicht, dessen Schluss in der dem Chronisten vorliegenden Handschrift unleserlich gewesen zu sein scheint, erzählt, lässt sie den alternden Helden in das oberitalienische Kloster Novalese eintreten, einen gottseligen Lebenswandel führen und für sein Kloster gegen Räuber kämpfen, wobei Einzelheiten lebhaft an den Bericht der Þs. c. 431 ff. über Heimes Kampf fürs Kloster gegen den Riesen Aspilian (vgl. § 47) erinnern. Auch der Zug, wie Walther sein altes Ritterpferd wiederfindet, kehrt in der Þs. c. 432, von Heime erzählt, wieder (Heinzel, *Ostgoth. Heldens.* S. 87). Von einer selbständigen italienischen Sagengestalt ist in der Darstellung der Novaleser Chronik nicht die Rede: vielmehr hat der Verfasser den ihm aus Ekkehards Gedicht bekannten Helden mit einer Novaleser Lokalsage von dem Moniage eines vornehmen Kriegers Waltharius verknüpft, die bereits mit Zügen aus anderen Sagen ausgestattet war. Die Novaleser Tradition scheint direkt aus der Legende vom heiligen Wilhelm, wenn nicht geradezu aus einer Chanson de geste von Guillaume au court nez geflossen zu sein, der, ein Aquitanier wie Walther, gleichfalls eine Prinzessin aus dem Heidenlande entführte. Dass der Chronist in Ekkehards Gedicht die Jugendgeschichte des Novaleser heroischen Mönches Waltharius entdeckt zu haben glauben konnte, ist leicht verständlich. Die eigentümlichen Übereinstimmungen zwischen Walthers und Heimes Klosterleben erklären sich durch die zu Grunde liegende, aus der französischen Epik stammende, gemeinsame Tradition.

Peiper, *Waltharius* (Berl. 1873), S. XLIV ff.; Heinzel, AfdA. 11, 67. *Walthers.* S. 25 ff.

F. Hilde- und Kudrunsage.

§ 56. Die Quellen, aus welchen die geschichtliche Entwicklung der germanischen Hildesage oder Hedeningensage und ihres Schösslings, der Kudrunsage, ermittelt werden muss, zerfallen in zwei Gruppen: eine nordische und eine nicht-nordische. Unter den nordischen steht der Bedeutung nach an der Spitze der Bericht Snorris in den Skáldskaparmál c. 50 (SnE. I, 432. II. 355), wofür neben der Ragnarsdrápa Bragis des Alten, aus welcher die Überarbeitung der Snorra Edda einige Strophen als Beleg anführt, dem Verfasser Lieder in einfacheren Versmassen zu Gebote gestanden haben müssen, die in seiner Prosa noch deutlich durchklingen. Neben dieser Erzählung sind die Berichte im Sǫrlaþáttr, einer isländischen kleinen Saga des 14. Jahrhs., die in Verbindung mit der Óláfssaga Tryggvasonar zwischen 1370 und 1380 in die Flateyjarbók aufgenommen wurde (Flat. I, 275 ff. FAS I, 391 f.), und bei Saxo Grammaticus (Lib. V, p. 238—242 ed. Müller-Velschow, p. 158—160 ed. Holder) von untergeordnetem Belang. Saxos Relation ist nach Olriks Erörterungen (*Sakses Oldhist.* 2, 191 ff.) eine Verschmelzung dänischer und westnordischer Überlieferung. Für die Verbreitung der Sage im Norden in älterer Zeit sprechen noch der Háttalykill des Jarl Rǫgnvaldr, sowie die Erwähnung eines norwegischen Kämpen *Heđinn mjóvi** im Liede von der Brávallaschlacht (s. Olrik, Ark. f. nord. Fil. 10, 229. 243); in jüngerer Zeit bezeugt sie (doch s. § 57) die dänische Vise von Hildebrand und Hilde (*DgF.* Nr. 83), auch in schwedischer und norwegischer Fassung bekannt; die Vise von Ribold und Guldborg aber (*DgF.* Nr. 82), auch auf Island (*Íslenzk fornkv.* 1859, Nr. 16) und sonst im Norden und in England verbreitet, gehört nicht in diesen Zusammenhang, sondern stellt sich ihrem epischen Stoffe nach als Bearbeitung einer Helgidichtung unter Einwirkung von Zügen der Walthersage heraus.[1] Eine eigene Bewandtnis hat es mit der 1774 von einem schottischen Reisenden auf der Insel Fula oder Foul aus dem Munde eines alten Bauern aufgezeichneten Shetlandsballade von Hiluge und Hildina, deren Beziehungen zu unserer Sage P. A. Munch, Konr. Hofmann und Wilmanns aufgedeckt und erörtert haben (vgl. § 59).[2]

Die zweite, nicht-nordische, Quellengruppe wird, von einigen ags. Zeugnissen und der wichtigen Anspielung in Lamprechts Alexander (§ 58) zunächst abgesehen, vor allem durch die deutsche Kudrun vertreten (§ 20). Der erste Hauptteil des Gedichtes (Str. 204—562) hat die eigentliche Hildesage zum Vorwurf, der zweite von Kudrun handelnde kommt aber ausser für diese jüngere Sprossform auch für die Erkenntnis der älteren Sage in Betracht. Ferner sind in den Bearbeitungen der Herbortsage, der Sage von König Rother und der Oswaldlegende (§ 61) alte Züge der Hildesage enthalten. Die in § 22 (s. dazu Anm. 1) erwähnte Gottscheer Ballade von der schönen Meererin darf nicht als Nachklang der Sage, sondern nur als Zeugnis für die lange anhaltende Popularität der mhd. Kudrun gelten. Die von Bartsch in Mecklenburg aus den Jugenderinnerungen einer alten Dame und anderer Personen gesammelten Notizen über eine Volkssage, die allerdings teilweise merkwürdig an die Kudrunsage gemahnen würde, legen den Verdacht einer Selbsttäuschung nahe.[3]

Litteratur: P. E. Müller, *Sagabibl.* II, 570 ff.; *zu Saxo Gramm.* S. 158 ff.; W. Grimm, *Hds.*[3] 373—380. 494. *Kl. Schr.* IV, 560 ff.; Uhland, *Schr.* I, 327 ff. VII, 278 ff. 536 ff.; Konr. Hofmann, Sitzungsber. der bair. Akad. 1867, II, 206 ff.; G. Klee, *Zur Hildesage*, 1873 (Leipz. Diss.); Wilmanns, *Die Entwicklung der Kudrundichtung*, Halle 1873, S. 221—270; A. Kirpičnikov, *Kudrun. Ein deutsches Nationalepos*, Charkow 1874 (russisch; mir nur bekannt durch Heinzels Referat, AfdA. 9, 242 ff.); Müllenhoff, ZfdA. 30, 226 ff. *Beov.* S. 106 ff.; W. Müller, *Myth. d. d. Heldens.* S. 215 ff.; Heinzel, *Über die*

---

* *Heđinn mjóvi* (*Hythin gracilis* Saxo) ist ohne Frage der Held der Hildesage; vgl. Saxo p. 239: *erat autem is* (Hoginus) *corporis habitu praestans, ingenio pervicax; Hithinus vero corpore perquam decoro, sed brevi extitit.*

Walthers. S. 95 ff.; L. Beer, PBB. 14, 522 ff.; Fécamp, *Le poème de Gudrun*, Paris 1892 (aber schon 1881 wesentlich abgeschlossen), S. 1—14. 97—181; Wolfg. Meyer, PBB. 16, 516 ff.; Koegel, *Gesch. d. d. Litt.* I, 1, 169 ff.; Binz, PBB. 20, 192 ff.; Schönbach, *Christentum* S. 156 ff. — Es sind ferner die Einleitungen zu den Ausgaben der Kudrun von Müllenhoff (1845), Bartsch (1865, [4]1880 und 1885), Martin (1872, Textausg. 1883) und Verf. (1883) zu vergleichen. Eine vollständige chronologisch geordnete, aber viel Ungehöriges enthaltende Bibliographie bietet Fécamp S. 237—260. — [1] Grundtvig, *DgF.* II, 338 ff. III, 848 ff.; Bugge, *Helge-digtene* S. 283—295. — [2] Die Litteratur über die Shetlandsballade ist verzeichnet in Verf.'s *Kudrun* S. 14 Anm. 2. — [3] Germ. 12, 220 ff. 14, 323 ff. Vgl. Bartsch, *Sagen, Märchen und Gebräuche aus Meklenburg* 1 (Wien 1879), 469.

§ 57. Ein Mythus, dessen Deutung den Mythologen überlassen werden muss, hat sich bei einem seeanwohnenden germanischen Stamme zu der Seeheldensage von den Hedeningen (an. *Hjaðningar*, ags. *Heodeningas*, mhd. *Hegelinge** statt eines älteren *Hetelinge, Heteninge:* ZfdA. 12, 314) oder von Hilde ausgebildet, die sowohl im skandinavischen Norden als bei den südlicheren Seeanwohnern heimisch war. Ihre im wesentlichen ursprünglichste Gestalt, die nur hie und da aus Bragi, weniger aus den anderen Überlieferungen einer Ergänzung oder Erläuterung bedarf, bietet Snorri. Der junge schöne *Heðinn* (ags. *Heoden* Wids. 21 [*Henden* Hs.], mhd. *Hetele*), der Sohn des *Hjarrandi* (ags. *Heorrenda,* ahd. *Herrant* als Personenname *ZE* Nr. 19, 1), der Blutsbruder des älteren finsteren *Hǫgni* (ags. *Hagena,* mhd. *Hagene*), wird später dessen Gegner, indem er seine Tochter *Hildr* (mhd. *Hilde*), zu der er in heftiger Liebe entbrannt ist, samt ihren Schätzen, in Abwesenheit des Vaters entführt. Hǫgni setzt dem Paare nach und ereilt es bei der Insel *Háey* (Hoy), einer der südlichsten Orkneys. Ein Versöhnungsversuch (wobei Hildr dem Vater im Auftrage Heðins ein goldenes Halsband zur Sühne anbietet) scheitert an Hǫgnis starrem Sinne, und es entbrennt der Kampf, der bis zum Anbruch der Nacht währt. In der Nacht ziehen sich die Könige auf ihre Schiffe zurück, und die Gefallenen, mit ihren Waffen zu Stein geworden, liegen regungslos auf dem Wahlplatz. Der Kampf aber ist ohne Ende, denn jede Nacht erweckt die zauberkundige Hildr die toten Krieger zu neuem Leben; dann beginnt am Morgen das alte Spiel von vorne, und so wird der Kampf der Hedeninge (das *Hjaðningavíg*) fortdauern bis zum jüngsten Tage. Der ewige Kampf, das endlose *Hjaðningavíg,* ist offenbar der eigentliche Kern des alten Mythus, und, wenn Müllenhoff in seiner Abhandlung über den Halsbandmythus (ZfdA. 30, 229) darin »ein Bild des unaufhörlichen, allgemeinen, aber nie entschiedenen Kampfes entgegengesetzter Mächte, des Aufgangs und des Niedergangs, des Entstehens und Vergehens, des Seins und Nichtseins« erblickte, so trifft diese Deutung den Gedanken der tiefsinnigen Sage ohne Zweifel richtiger, als der flache Euhemerismus, der auch den Mythus von den Hedeningen zu einem interesselosen Abklatsch historischer Zwistigkeiten herabwürdigen möchte. Mythisch ist vor allem der Name und das Wesen der Hildr, deren wilde und unersättliche Freude am Kampf bei Bragi noch weit deutlicher hervortritt, als in Snorris Bericht: sie heisst in der Drápa ($8^{1.2}$ Gering, vgl. F. Jónsson, *Krit. Stud.* S. 13) *dǽþa ofþerres ósk-Rǫn* »die Wunsch-Rán der Adernaustrocknung«, sie hofft, dass der Ausgang des Kampfes ihrem Vater zum Unheil gereichen werde, gilt dem Dichter daher als *en bǫls of fylda* (8^{6}), und, wenn er von ihr aussagt ($9^{5.6}$): *svá lét ey, þótt ette, sem orrosto lette,* so ist es klar, dass sie ursprünglich den Sühneversuch Heðins absichtlich hintertrieb,

* H. Möller (*Ae. Volksep.* S. 72 f.) giebt eine lautlich befriedigende, aber sachlich nicht zusagende Erklärung des Namens *Hegelinge*, den er von an. *Hjaðningar* trennt.

indem sie nicht, wie ihr Entführer es ihr aufgetragen hatte, dem Vater das Halsband zur Sühne anbot (9^{1-4}). Es fliesst also die allnächtliche Erneuerung des Kampfes, der Saxo ein falsches Motiv unterschiebt und die auch Snorri nicht mehr verstand und deshalb ohne Motivierung überliefert, aus dem dämonischen Charakter der Hildr, die sich als typische Vertreterin der Walküren am Kampfe um des Kampfes willen freut und sich an ihm nie genug thun kann. Im Sǫrlaþáttr ist dieser Mythus mit dem Halsbandmythus verbunden: der ewige Hjaðningenkampf ist in dieser Quelle durch Freyja (Frigg) veranlasst, welche dadurch den Zorn des Óðinn zu versöhnen sucht, der ihr die Untreue nicht verzeihen kann, welche sie begangen hat, um das kostbare Brísingamen zu erlangen. Wenn aber Müllenhoff in dieser Verbindung etwas Ursprüngliches und in dem *Hjaðningavíg* den epischen Abschluss des Halsbandmythus erblickte, so ist diese Kombination doch bedenklich, zumal auch im Sǫrlaþáttr die Entführungsgeschichte zur Vorgeschichte des Kampfes gehört. Diese Entführung der nicht widerstrebenden Hildr durch Heðinn aus der Gewalt des Vaters steht nun freilich mit dem Schlusse der nordischen Erzählung, der Wiedererweckung der Toten durch die Walküre und der immerwährenden Erneuerung des Kampfes, in keinem notwendigen inneren Zusammenhange, und die Annahme, dass hier schon sehr früh eine Verschmelzung zweier Mythen oder eines Mythus mit einer menschlichen Sage stattgefunden hat, ist nicht unwahrscheinlich *. Bei Snorri ist jedesfalls die Erzählung von der Entführung der Hildr und der Schlacht zwischen Hǫgni und Heðinn, in welcher beide fallen, bereits ganz episch geworden, und in diesem Teile seines Berichtes deutet kaum noch etwas auf mythischen Ursprung. Zu beachten ist allerdings, dass von einer festen Lokalisierung bei Snorri erst Spuren wahrzunehmen sind. Heðinn hat bei ihm keinen bestimmten Wohnsitz, Hǫgni dachte er sich, entsprechend der sonstigen nordischen Überlieferung, südlich von Norwegen. In den anderen nordischen Prosaberichten sind verschiedene Mittel angewandt, Heðinn, über dessen Herkunft die Sage offenbar nicht unterrichtet war, zu lokalisieren: während Saxo, in diesem Punkte norrœner Tradition folgend, Hithinus als König eines ansehnlichen norwegischen Stammes zum König Fróði kommen lässt, ist nach dem Sǫrlaþáttr Heðinn aus Serkland, also aus Afrika (vgl. auch FAS. III, 284), nach Dänemark gelangt. Nach der später herrschenden Auffassung gehört Heðinn nach Norwegen, Hǫgni nach Dänemark. Im übrigen lässt sich die Entwicklung der Hildesage im Norden im einzelnen nicht mehr feststellen. In Saxos Erzählung sind mit den hervorstechendsten Zügen der isländischen Überlieferung Züge dänischer Sonderentwicklung verbunden, und der Geschichtsschreiber hat die Sage dann, um ihr ein historisches Ansehen zu geben, unter einen seiner Frothonen untergebracht. Wenn der Sǫrlaþáttr, in welchem die Sage mit dem Göttermythus kontaminiert erscheint, den bis zur Götterdämmerung dauernden Kampf im Sinne des Christentums zu einer Spukgeschichte umgestaltet hat, so mag er darin der jüngeren Volkssage folgen. Unverkennbaren Einfluss hat die nordische Hjaðningensage ausgeübt auf die skandinavische Dichtung von Helgi Hundingsbani (Bugge, *Helgedigtene* S. 181 f.). Sigrún ist wie Hildr Hǫgnis Tochter und spielt ihrem Vater gegenüber eine der ihres epischen Vorbildes sehr ähnliche Rolle. In Helg. Hund. II, 21 hat man längst eine Anspielung auf die Hjaðningensage

* Vgl. meine *Kudrun* S. 10 f. Ähnlich Heinzel, *Walthers*. S. 95 ff., dessen Gedanke von Wolfgang Meyer (PBB. 16, 516 ff.) ausgeführt worden ist.

erkannt *. Wenn aber Heđinn, der Bruder des Helgi Hjǫrvarđsson, in Norwegen gedacht wird, wie der Heđinn in der Sage von Hilde, und seine Schicksale stark an die seines Namensvetters nach dem Berichte des Sǫrlaþáttr erinnern, so ist es fraglich, ob daraus mit Bugge (*Studier* I, 174 f. *Helge-digt*. S. 307 ff.) Einwirkung der Hjađningensage auf die Sage von Helgi Hjǫrvarđsson geschlossen werden darf; die entgegengesetzte Annahme hat vielleicht grössere Wahrscheinlichkeit. In merkwürdiger Weise zeigt die dänisch-schwedische Vise von Hildebrand und Hilde, wo der Herzog Hillebrand den Vater der Geliebten und alle ihre Brüder bis auf den jüngsten erschlägt, ähnlich wie Helgi Hundingsbani, Verquickung der Sagen von Hilde und von Helgi dem Hundingstöter; sie deutet aber auf litterarische Einwirkung einer von der Hildesage bereits beeinflussten Helgidichtung; als Zeugnis für den »ursprünglich selbständigen Bestand der Hildesage« (PBB. 16, 522) ohne den mythischen Schluss im Norden darf das Lied so wenig benutzt werden, wie die Anspielung in der Helg. Hund. II.

§ 58. Bei welchem der seeanwohnenden germanischen Stämme und zu welcher Zeit die Hildesage ihre epische Ausprägung erlangt hat, ist mit Sicherheit nicht zu entscheiden. Wie sie uns im Norden in der ältesten bewahrten Gestalt vorliegt, trägt sie allerdings unverkennbar den Stempel der Wikingerzüge. Allein auf eine frühere Entstehungszeit deutet mit Entschiedenheit zunächst das Zeugnis des ags. Wídsíđ, wo neben einander aufgeführt werden (Vs. 21) *Hagena* als Herrscher über die *Holmrygas*, d. i. die *Ulmerugi* des Jordanes an der Weichselmündung, und *Heoden* über die sonst unbekannten *Glommas*. Auffallend bringt gleich die folgende Verszeile die Erwähnung des *Wada* als Herrscher über die *Hælsingas*. Darf man daraus schliessen, dass dem Dichter des Wídsíđ im 7. Jahrh., wie dem Pfaffen Lamprecht im 12. (s. u.), Wate bereits in Verbindung mit der Hildesage bekannt war, der er nicht ursprünglich angehört (§ 60), so wäre die Form der Hildesage, die sich in England oder schon in der alten Heimat der Angelsachsen verbreitete, bereits eine sehr wesentliche Umbildung ihrer ältesten durch die Ragnarsdrápa und Snorri erhaltenen Gestalt gewesen. Allein, auch wenn man von dieser Kombination absieht — sie ist recht unsicher, da in dem Sagenkataloge des Weitgereisten oft die Rücksicht auf den Stabreim die Paarung der Eigennamen veranlasst hat —, so steht doch in jedem Falle fest, dass die Sage von Hagen und Heden im 7. Jahrh. in England bekannt gewesen ist. In einer jüngeren Form findet sich dann die Sage in dem Gedichte »Déors Klage« (§ 13), dessen Anspielungen leider nicht ganz unzweideutig sind. Der Sänger Déor ist früher der Dichter der Hedeninge (*Heodeninga scop* Vs. 36) gewesen, bis ihn *Heorrenda*, der liederkundige Mann (*léođcræftig mon* 40) aus seinem Amte verdrängte. Ein Zusammenhang zwischen dem Sänger *Heorrenda* und *Hjarrandi*, Heđins Vater im Norden, ist unleugbar vorhanden. Da auch die Kudrun *Hôrant*, durch welchen seit der zweiten Hälfte des 11. Jahrhs. in Oberbaiern nachweisbaren

* Vgl. Simrock, *Myth.* S. 394; Edzardi, Germ. 23, 166; Niedner, *Zur Liederedda* S. 27 f.; Bugge a. a. O. S. 181 f. Die Art, wie W. Meyer, PBB. 16, 521 die Stelle zur Rekonstruktion der epischen Hildesage verwendet, ist aber verfehlt. Die Worte der Sigrún:

Lifna mundak nú kjósa es liþner 'ó,
knættak þó þer í faþme felask

deuten gerade auf die Totenerweckerin Hild und bewiesen also, auch wenn die Entführungssage und die Sage vom Hjađningavíg ursprünglich nicht zusammengehören sollten, doch jedesfalls deren frühe Verbindung.

Namen (ZfdA. 12, 313 f. 31, 87 f.) die deutsche Sage den Namen *Herrant* ersetzt hat, als Hetels nächsten mâc und als ausgezeichneten Sänger kennt, ferner auch im Norden später ein *Hjarrandahljóð* (FAS. III, 223) genannt wird, so muss an der Annahme festgehalten werden, dass die Sangeskunst in der Sage, wenn nicht von jeher, so doch bereits sehr früh an **Herrando* haftete*. Die Aufstellung aber des Sängers als einer besonderen Person, der in der Kudrun durch seinen herrlichen Gesang alle lebenden Wesen bezaubert und die Liebe der Hilde für seinen Herrn gewinnt, wie in der polnischen Fassung der Walthersage (§ 52) Walther selber durch zauberhaften nächtlichen Gesang die Liebe der Hildegund gewinnt, in der angelsächsischen und in der deutschen Sage setzt eine frühe Umbildung der alten Hildesage und damit eine noch weit frühere Entstehung derselben voraus. Wenn ferner unsere Auffassung der Walthersage als einer bereits im 5. Jahrh. erfolgten Übertragung der mythischen Hildesage auf einen westgotischen Helden (§ 53) stichhaltig ist, so ist damit ein weiterer Beweis für das hohe Alter der Sagengestalt gegeben, die als gemeinsame Grundlage der binnenländischen Sage von Walthari und der nordischen Seeheldensage von Heðinn und Hildr anzusehen ist. Bereits in dieser gemeinsamen Grundform dürfen wir eine wesentlich episch gewordene Sage vermuten.

An den Küsten der Nordsee ist die Hildesage heimisch, und bei einem der meeranwohnenden Stämme muss sie auch die Umbildung erfahren haben, die in den englischen und deutschen Quellen zu Tage tritt. Ob diese Umbildung in England erfolgte und von dort zu den Friesen und Franken an der Nordsee sich verbreitete, oder umgekehrt, ist kaum zu entscheiden. Wohl aber darf als wahrscheinlich gelten, dass die älteste epische Gestaltung des Hildemythus einem skandinavischen Stamme zu verdanken ist, sodass die eigentliche Hildesage aus dem Norden zu westgermanischen Stämmen gelangt wäre. Ihre vornehmste Pflege scheint die Sage jedesfalls in den Niederlanden gefunden zu haben, wo für ihre weitere dichterische Ausbildung die Zeit der Dänen- und Normannenzüge massgebend geworden ist. Auf diese Epoche weist Hetels Machtstellung in der Kudrun: er ist König der Dänen, aber auch Wales (*Wâleis*), Holstein, *Friesen* und *Dietmers*, ja sogar *Nîflant* (Livland) sind ihm unterthan; geographische Angaben, die einer Zeit angehören müssen, da die Dänen in England herrschten und dänische Häuptlinge Lehen in Friesland hatten, also der zweiten Hälfte des 9. Jahrhs. Die Hedeningenschlacht, welche bei Snorri und nach dem Sǫrlaþáttr auf der Insel *Há(ey)*, einer der südlichsten Orkneys, stattfindet, wurde in der dänischen Tradition (Saxo) nach der Insel Hiddensee (*Hithinso*, aisl. *Heðinsey*) bei Rügen verlegt; vielleicht entspringt diese Änderung des Schauplatzes nur dem Gleichklang der Namen, möglicherweise aber steht sie in Zusammenhang mit Hagens Lokalisierung im Widsið an der Weichselmündung als Herrscher der Inselrugen, was darauf weisen würde, dass die Sage von den Dänen zu den Angelsachsen gelangt ist. In den Niederlanden wurde der berühmte Kampf auf dem Wülpenwerder an der südlichen Scheldemündung lokalisiert, und bevor dieser in die Kudrunsage vorrückte (§ 59), muss er schon in der Hildesage seine Stelle gehabt haben. Das beweist die Anspielung in Lamprechts Alexander um 1130 (Vs. 1321 ff. Vor. = 1830 ff. Strassb.), ein wichtiges, früher vielfach missverstandenes, Zeugnis für eine ältere deutsche Gestalt der Hilde-

* Die Kombinationen Detters und Heinzels (PBB. 18, 551 ff.) haben für mich nichts Überzeugendes. *Hjarrandi* als Name Óðins (SnE. II, 472. 555) ist wohl überhaupt fernzuhalten.

sage. Richtig erklärt[1], deutet die Stelle auf eine deutsche Fassung der Sage, in welcher der Kampf um Hilde auf dem Wülpenwerder (*ûf Wolfenwerde* Vor., *ûf U[u]lpinwerde* Strassb.) stattfand, Hagen und Wate sich im Kampfe massen und Hagen (*Hilten vater*) in demselben fiel. Die Namen *Herewîch* und *Wolfwîn* (1326) gehören kaum derselben Situation an, und nur durch einen neckischen Zufall denken wir bei dem ersteren unwillkürlich an den Verlobten der Kudrun. Die Anspielung des Pfaffen Lamprecht liefert den schlagenden äusseren Beweis für die Entwicklung der Kudrunsage aus der Hildesage.

[1] Die richtige Interpretation der Stelle haben durch sinngemässe Interpunktion erst Kinzel, *Lamprechts Alexander* (1885) S. 459 und O. Erdmann, ZfdPh. 17, 223 ff. ermöglicht.

§ 59. Aus der Hildesage hat sich durch Spaltung und Differenzierung die Kudrunsage entwickelt. Die alten Namen, wie sie uns im Norden entgegentreten, sind der deutschen Hildesage verblieben: *Hagene*, *Hetele* und *Hilde* entsprechen den nordischen *Hǫgni*, *Heđinn* und *Hildr*, und die *Hegelinge* dürfen den nordischen *Hjađningar* gleichgestellt werden (§ 57). Auch von *Hôrant* muss angenommen werden, dass er aus der Figur von Heđins Vater *Hjarrandi* hervorgegangen ist, wenngleich mit Veränderung seiner Stellung und Umbildung seines Namens (§ 58). *Wate* ist der Hildesage von Haus aus fremd und in ihrer ältesten, durch die skandinavische Überlieferung vertretenen, Gestalt noch nicht mit ihr verbunden; dass er aber bereits früh in sie eintrat, lehrt, auch wenn man auf seine Stelle im Widsíđ keinen Wert legen will, das Zeugnis in Lamprechts Alexander (§ 58). Ausser den Namen Hilde, Hagen, Hetel, Hôrant ist der deutschen Hildesage als charakteristischer Zug die Entführung ohne Widerstreben verblieben. Andere Bestandteile der alten Sage finden sich in beiden Hauptteilen des mhd. Epos: das Nachsetzen des Vaters und das Einholen des Paares. Aber wesentliche Züge sind in die Kudrunsage vorgerückt: die Entführung in Abwesenheit des Vaters durch den Liebhaber (*Hartmuot*) selber, nicht durch List, sondern mit Gewalt. Der (angebliche oder wirkliche) Versöhnungsversuch der nordischen Sage musste in der heiter endenden deutschen Hildesage notwendig zur wirklichen Versöhnung werden, und zugleich damit ist die endlose Hedeningenschlacht, welche schon die niederländische Hildesage in ihrer alten tragisch endenden Gestalt auf den Wülpenwerder, die »Hochinsel« der nordischen Sage, verlegt hatte, in die Kudrunsage eingetreten; sie hat sich in dieser gespalten in die Schlacht bei Kudruns Entführung, in welcher Hetel, ursprünglich von Hartmut (vgl. noch Kudr. 1405, 3), dann von Ludwig erschlagen wird, und in die Racheschlacht in der Normandie, in welcher ursprünglich Hetels Sohn Ortwin den Tod seines Vaters an Hartmut rächte, während in unserer Überlieferung freilich Herwig den Ludwig tötet, Hartmut aber, von Wate hart bedrängt, durch Herwigs Einschreiten gerettet wird. Als die zu vermutende Grundgestalt der Kudrunsage darf demnach folgende Erzählung erschlossen werden: Dem König Hetel von Hegelingen wird seine Tochter Kudrun von Hartmut gewaltsam entführt. Er setzt dem Räuber nach, holt ihn auf einer Insel ein und fällt im Kampf von Hartmuts Hand; mit ihm fällt der grösste Teil seines Volkes. Kudrun wird im fremden Lande, da sie Hartmut standhaft verschmäht, hart behandelt. Ihre Mutter Hilde erwartet das Heranwachsen eines neuen Geschlechts, um den Tod des Gatten zu rächen und die Tochter zu befreien. Erst nach langen Jahren kann sie das Heer entsenden. In der Racheschlacht erschlägt Hetels Sohn Ortwin den Töter seines Vaters; dann führt er Kudrun ihrer Mutter zurück. Diese Sage ist nur als Schössling der alten Hildesage verständlich, und in der That ist sie anderwärts nicht nachgewiesen: für die Kudrunsage ist das bairisch-österreichische Gedicht des 13. Jahrhs. die einzige Quelle. In unserer Überlieferung aber ist die Sage von Kudrun mit einer ursprünglich für sich bestehenden Sage verschmolzen, deren Hauptmotiv die Nebenbuhlerschaft zweier Werber war, und die wir, in Ermangelung eines passenderen Namens, als Herwigsage bezeichnen können. Ihre sehr einfache Grundgestalt lässt sich mit Wilmanns, der diese Sagenkontamination zuerst erkannt hat (*Entwicklung der Kudrundichtung* S. 223 ff.), folgendermassen rekonstruieren: Der Seekönig Herwig wirbt um die Hand einer mächtigen Königstochter. Er gewinnt sie im Kampfe, allein, ehe er sich mit ihr vermählen kann, wird sie geraubt. Herwig verfolgt den Räuber und erschlägt ihn im Kampf. Selbständig liegt diese Sage, welche den Charakter einer nordischen Wikingssage an der Stirn trägt und wahrscheinlich von Dänen oder Normannen in die Niederlande gebracht wurde, vor in der Shetlandsballade von Hiluge und Hildina (§ 56), wo Hiluge, wie Herwig in der Kudrun, der unebenbürtige Freier einer Königstochter ist, wo ebenfalls der Raub vor der Vermählung in Abwesenheit des Vaters und des Verlobten stattfindet, wo auch der Orkneyjarl von Hiluge erschlagen wird. Erst durch die Sagenkontamination ist in die Kudrunsage das Motiv des Nebenbuhlers gekommen, das allen Fassungen der Hildesage fremd ist: der Nebenbuhler, in der Ballade ein namenloser Orkneyjarl, kann in der Herwigsage von Anfang an Ludwig (anorw. *Lođver*) geheissen haben, entspricht auf jeden Fall dem *Ludewîc* des mhd. Gedichts, der zwar durch die Kontamination zu Hartmuts Vater wurde, aber noch Str. 1435 in sehr auffallender Weise als der Räuber von Herwigs Braut gilt.

Die Verschmelzung der aus der alten Hildesage durch Spaltung und Differenzierung abgezweigten Kudrunsage mit einer aus dem Norden eingewanderten Wikingssage scheint auf friesischem Sprachgebiete zu Stande gekommen zu sein. Der Name der Heldin im mhd. Epos *Kûdrûn* (in der Hs. *Chaudrun*, daneben *Chautrun* u. s. w., s. Bartsch, Germ. 10, 49; Martin zu Kudr. 575, 2; Verf., *Kudrun* S. 24 Anm.) weist auf eine Übertragung der Sage nach Oberdeutschland aus einem Sprachgebiete, wo ein urgermanisches **Gunþrûn* (ahd. *Cundrûn Gundrûn* u. s. w. ZfdA. 12, 315. 27, 312) sich lautgesetzlich zu *Gûđrûn* wandeln musste. Das ist aber zwar auf sächsischem und friesischem, nicht aber auf niederfränkischem Gebiete der Fall. Für Sachsen spricht nichts, und der Umstand, dass die Þiđrekssaga, jenes umfassende Corpus niederdeutscher Sage, von einer Kudrunsage keine Spur kennt, spricht sehr nachdrücklich dagegen. So ist die Annahme, dass die Ausbildung der Kudrunsage sich an der äussersten Grenze des alten friesischen Gebietes vollzogen hat, zwischen Maas und Sincfal, also in der Gegend, wohin schon der Schauplatz des gewaltigen Kampfes in der Hildesage verlegt worden war, die natürlichste, und sie erhält durch die geographischen Voraussetzungen des Gedichts und durch historische Anknüpfungspunkte ihre erwünschte Bestätigung. Ausser dem schon im Alexander bezeugten Wülpenwerder (*Wülpenwert* Kudr. 883, 4. 897, 4, sonst *Wülpensant*) * kommen in Betracht *Kassiâne* als Name von Ludwigs Burg (Cassand, jetzt Cadzand) und *Matelâne* als Name von Hetels Burg (d. i. vermutlich Matlinge in Süd-

* In einem »Keurbrief« von Brügge v. J. 1190 (Warnkönig-Kluit, *Hist. crit. comit. Holl. et Zeel.* II, 1, 85) werden die »*Wulpingi* homines de *Wulpia* sive de *Cassand*« erwähnt, und der Ortsname *Wulpen* erscheint auf zwei Karten dieser Gegend aus dem 14. und 17. Jahrh. (auch in der Ausg. von v. Plönnies).

Holland: Jonckbloet, *Gesch. der mnl. dichtk.* 1, 80). Wenn Herwig *künic von Sêwen* oder *von Sêlant* heisst, so wird ihn die alte nordische Sage zwar als *sækonungr,* als Wikingerhäuptling ohne Landbesitz gedacht haben, aber nach der Übertragung der Sage nach der niederländischen Nordseeküste muss »Seeland« sehr bald auf die Provinz Zeeland bezogen worden sein, wie die *sêbleter* in Herwigs Wappen (Kudr. 1373, 4) zeigen, eine Erinnerung an die friesischen Seelande (*Myth.*^{4} 545. ZfdA. 12, 314). Vielleicht hat auch der alte Name *Hedensee* oder *Heidensee* für die westliche Scheldemündung, die Seeland und Flandern trennte (s. J. Grimm, ZfdA. 2, 4 und die alten Karten bei v. Plönnies S. 205), zur Lokalisierung Hedens und der Hedeninge in dieser Gegend beigetragen; wenn etwa die Hedeningenschlacht in der (dänischen?) Form der Hildesage, die nach den Niederlanden drang, schon wie bei Saxo auf die Insel Hiddensee bei Rügen verlegt war, so wäre durch den Anklang der Namen die Lokalisierung auf dem Wülpenwerder besonders leicht erklärlich. Von den in der Kudrun auftretenden Personen deutet der Mohrenkönig Sigfrid, Herwigs Gegner, auf den Dänenfürsten dieses Namens, der in der zweiten Hälfte des 9. Jahrhs. gegen die Franken heerte und im Kampfe gegen die Friesen i. J. 887 das Leben verlor; als heidnischer Wikinger wird er nach *Môrlant* versetzt, wie die Normannen in der Poesie des Mittelalters als Sarrazenen auftreten *. Anderes dieser Art verzeichnet W. Müller (*Myth. der deutsch. Heldens.* S. 233 ff.). Diese thatsächlichen Episoden aus den Kämpfen der Friesen und Franken mit den gefürchteten Nordleuten im mhd. Epos weisen für die Ausbildung der Kudrunsage auf die Zeiten der Dänen- und Normannenzüge, die, verbunden mit verdunkelten Erinnerungen an die eigene Seeheldenzeit der Nordseeanwohner, in der Kudrun poetisch festgehalten sind. Nur die Phantasie der Wikingerzeit konnte die Vorstellung eines Reiches zeitigen, das, wie Hetels, sich von Wales im Westen bis Livland im Osten erstreckt, nur diese Zeit konnte ehemals friesische oder fränkische Seehelden zu Dänen umgestalten und mit Figuren der skandinavischen Überlieferung so gründlich vermengen, dass sich im einzelnen die Grenzen beider Vorstellungskreise nicht mehr festlegen lassen. Auf die Verbindung skandinavischer und friesisch-fränkischer Sagenmotive führt die Kritik des Kudrunepos mit Notwendigkeit, und es ergiebt sich als die Zeit der Ausbildung der Kudrunsage die zweite Hälfte des 9. und der Anfang des 10. Jahrhs. Schon im 10. Jahrh. scheint die Sage nach Baiern und Österreich vorgedrungen zu sein (§ 60), und in den Niederlanden war sie zur Zeit des Emporblühens der mnl. Litteratur augenscheinlich bereits gänzlich verschollen.

§ 60. In der Ausbildung der Sagen von Hilde und Kudrun haben sich neue Motive entwickelt und sind neue Personen zu Bedeutung gelangt, die zum Teil auf lange Pflege des Stoffes in den Kreisen der Fahrenden deuten. Die listige Entführung der Hilde durch Hetels Recken, schon in alter Zeit durch die Abzweigung der Gestalt des Sängers vorbereitet, gab der deutschen Hildesage in ihrer heiter endenden Form von vornherein den richtigen Grundton, wurde dann verschiedentlich variiert, indem die Mannen des Königs bald als vertriebene Recken, bald als Kaufleute auftraten — in unserer Überlieferung beides verbunden (PBB. 9, 56 ff. 14, 559 f.) —, und blieb in der Spielmannsdichtung ein stehendes Motiv (§ 61). Die gewaltsame

* An die *Morini* (die Bewohner der Grafschaft Boulogne) oder an *Maurungania* (den Merwe-Gau) braucht man bei *Sîvrit von Môrlant* nicht zu denken; so te Winkel, *Roman van Moriaen* S. 34.

Entführung der Kudrun durch den verschmähten Liebhaber ist in Sage und Epos, im Gegensatz zu dem heiteren Verlauf der neuen Hildesage, der Ausgangspunkt für die ergreifende Schilderung von Kudruns Schicksalen und Leiden geworden, die erst nach langen Jahren durch ihre Befreiung und die Bestrafung ihrer Peiniger einen befriedigenden Abschluss finden. Gewiss kann die Dichtung selbständig zu dieser Ausbildung gelangt sein. Aber wahrscheinlicher ist es, dass sie Motive aus einer bereits vorhandenen Sage von der Königstochter, die in fremder Haft von einer bösen Herrin hart behandelt wird und Magddienste verrichten muss, benutzt hat. Im Norden bezeugt die Guþrúnarkviþa I, 8 f. die Existenz einer derartigen Überlieferung: dort ist es Herborg, eine Königin von Húnaland (Deutschland), die nach dem Verluste ihrer ganzen Verwandtschaft als Heergefangene Sklavinnendienste leisten muss und unter den Misshandlungen einer harten Herrin seufzt, während ein gütiger Herr ihr Leid zu lindern bestrebt ist. Die Figur der bösen Gêrlint dürfte aus dieser Überlieferungssphäre stammen; es ist eine Abart des beliebten und weit verbreiteten Aschenbrödelmotivs, dessen sich auch die Kudrundichtung zur Ausgestaltung des in dem zweiten Hauptteil des mhd. Epos vorliegenden Stoffes bedient haben kann. Im einzelnen hat namentlich L. Beer (PBB. 14, 553 ff.) die verschiedenen Sagen- und Märchenmotive zu sondern versucht, wodurch die Kudrundichtung unter den Händen der Spielleute die Erweiterungen und Begründungen erfahren hat, aus welchen sich die überlieferte Gestalt des mhd. Gedichts entwickelt hat, das ja für die Kudrunsage und ihre allmähliche Ausbildung unsere einzige Quelle bildet.

Den Fahrenden verdankt ohne Frage Fruote von Tenemarke seine Stelle in der Kudrundichtung: durch sächsische Sänger mag der sagenberühmte Friđfróđi, an welchen der Norden die Vorstellung des glücklichen Zeitalters und des ewigen Friedens knüpfte, aus der dänischen Sage in die deutsche Spielmannsdichtung gekommen sein. Als Typus des freigebigen Gönners erscheint er zuerst in zwei Strophen des Spruchdichters Herger (MF. 25, 19. 20) und als solcher ist er sprichwörtlich geworden. Aber nur in der Kudrun hat Fruote festen Fuss gefasst; wo er sonst in der Heldensage auftritt (Rab., Roseng. D, Wolfd. A 6, vgl. auch Bit. 1910 ff. und dazu *DHB* 1, XVII; s. *Hds.* S. 232. 281 f. 471), spielt er eine Statistenrolle.[1]

Auch Wate gehört der Sage nicht ursprünglich an. In der Kudrun erscheint er als ein gewaltiger Greis mit ellenbreitem Barte, unwiderstehlich in seinem unbändigen Zorne, ein Heerhorn blasend, bei dessen Schall das Land erbebt, das Meer aufbraust und Mauern umzusinken drohen, in einigen Zügen an den Hagen der Nibelungen, in anderen an Hildebrand oder Berchtung gemahnend, aber bei aller Annäherung an den Typus des germanischen Hofmeisters und Fürstenerziehers (vgl. Kudr. 205. 354 ff.) dennoch seinen Ursprung aus einer Vorstellung der niederen Mythologie nicht verleugnend. Ausserhalb der Kudrun begegnet Wate (ags. *Wada,* in der Þs. *Vađi:* »der Water«) im Wídsíđ und in Verbindung mit Wieland. Inwiefern seine Erwähnung im Wíds. 22, unmittelbar nach Hagen und Heden, für Wates Eintritt in die Hildesage zeugt, musste oben (§ 58) unentschieden gelassen werden; in jedem Falle bliebe seine ursprüngliche Rolle in dieser Sage dunkel. Die *Hælsingas,* über die er herrscht, weisen wohl auf den *Χάλουσος ποταμός* des Ptolemäus, worunter die Ethnographen bald die Trave, bald die Eider oder Halerau, bald die Warnow verstehen*, sodass für eine Entscheidung

* Vgl. Zeuss, *Die Deutschen* S. 150; Möller, *Ae. Volksep.* S. 27 f.; Much, PBB. 17,

über Wates ursprüngliche Lokalisierung der Name seines Volkes im Wídsíđ nicht wohl verwertbar ist. Auch der Wielandsage, mit der die Þs. ihn als Vater Wielands und Egils in Verbindung setzt, muss Wate anfänglich fremd gewesen sein. Aber sowohl die Kudrun- als die Wielandsage haben von dem Helden alte Züge bewahrt, aus denen sich seine ursprüngliche Bedeutung ermitteln lässt.[2] *Wado*, der Sohn einer Meerminne, doch wohl jener *Wâchilt*, die in der Rabenschlacht ihren Urenkel Witege in ihren feuchten Schooss aufnimmt, der nach der Þs. c. 58 seinen Sohn Wieland über den Grœnasund trägt, von dessen Boote und wunderbaren Fahrten noch die mittelenglische Dichtung zu erzählen weiss (*Myth.*[4] 312; vgl. Binz, PBB. 20, 196 ff.), ist unzweifelhaft ein alter Meerriese, der bei den seeanwohnenden Germanen an der Ostsee zu Hause war. In ihrer Epik ist er zum meisterlichen Seemann geworden, und noch in der Kudrun Str. 1183 und in dem an ihn geknüpften *wazzermære* (Str. 1127 ff.) tritt diese Eigenschaft unzweideutig zu Tage. Seine Mark *ze Stürmen* ist doch wohl am besten auf das nordalbingische Stormarn zu deuten, da auch die Hælsinge des Wídsíđ immerhin am wahrscheinlichsten auf eine Lokalisierung in dieser Gegend weisen. Bei niederdeutschen Stämmen muss Wate mit der Hilde-Kudrunsage verknüpft worden sein; wann, lässt sich nicht mehr bestimmen. In dem Zeugnisse des Pfaffen Lamprecht ist Wate Hagens Gegner in der mit Hagens Tode endenden Schlacht auf dem Wülpenwerder; da aber diese deutsche Gestalt der Hildesage mit ihrem tragischen Schlusse, die ja noch aus dem 12. Jahrh. bezeugt ist, längere Zeit neben der Kudrunsage bestanden haben muss, ist die Möglichkeit nicht zu bestreiten, dass Wate in seiner Eigenschaft als berühmter Seemann zunächst in die Kudrun- und erst von da aus in die Hildesage eingetreten sei.

Aus den Niederlanden ist der Sagenkomplex wohl schon im 10. Jahrh. nach Oberdeutschland gebracht worden, wie man annehmen darf, durch rheinische Spielleute. Die ältesten alemannischen und bairischen Zeugnisse für Bekanntschaft mit der Kudrunsage sind die Personennamen *Guterun, Chutrun* (ZfdA. 12, 315. 27, 312); sie erscheinen im 10. und mehren sich in den folgenden Jahrhunderten, während die echt hochdeutschen Namenformen *Gundrun, Cundrun* schon aus dem 9. Jahrh. belegbar sind (*ZE* Nr. 19, 2. ZfdA. 27, 312. 31, 86). Aus dem 12. Jahrh. lassen sich Horande in Oberbaiern und Österreich nachweisen (s. § 58). Die Skepsis Schönbachs (*Christentum* S. 157 f.) diesen Zeugnissen gegenüber ist kaum berechtigt; dagegen ist das Vorkommen der Namen *Wate, Fruote, Sigebant, Ortrûn* (*ZE* Nr. 19, 3. 4. ZfdA. 31, 83 f. 90. 92) für die Kenntnis der Hilde-Kudrunsage in Oberdeutschland nicht beweisend, da sie teils anderen Sagen entstammen können, teils überhaupt nicht aus der Heldensage entlehnt zu sein brauchen. Die Bearbeitung der Hildesage, auf welche die wiederholt erwähnte Anspielung in Lamprechts Alexander um 1130 (§ 58) führt, dürfte allerdings ein rheinisches (mittelfränkisches) Spielmannsgedicht gewesen sein, aber wenig später zeigt auch der bairische Pfaffe Konrad im Rolandsliede (266, 19 ed. W. Grimm) Bekanntschaft mit dem Wate der Kudrun (*Hds.* S. 62. 379. ZfdA. 2, 5).

[1] Haupt, Vorr. zum *Engelhard* S. XI f. ZfdA. 4, 557; Müllenhoff, *ZE* Nr. 23, 2; J. Grimm, *Kl. Schr.* IV, 135 ff. — [2] Müllenhoff, ZfdA. 6, 62 ff.; Mannhardt, Zs. f. d. Myth. 2, 296 ff.

---

185 ff.; Koegel, *Gesch. d. d. Litt.* I, 1, 156. 169. Müllenhoff (*Beov.* S. 97) hält die Hælsinge für einen fingierten Volksnamen.

Anhang: Entführungssagen.

§ 61. Auf die Reihe der Entführungs- oder Brautwerbungssagen einzugehen, die unmittelbar oder mittelbar aus der alten Hildesage hervorgegangen sind oder sich nahe mit ihr berühren, wäre eine ebenso lohnende als wichtige Aufgabe, auf welche aber an dieser Stelle mit Rücksicht auf den zu Gebote stehenden Raum verzichtet werden muss. Wenige Bemerkungen über die Herbortsage, die Rothersage und die Oswaldsage müssen hier genügen.

Eine rheinfränkische, nur äusserlich an Dietrich von Bern(-Bonn) angelehnte, Umbildung der Hildesage scheint die in der Þs. c. 231—239 und in den isländischen Herburts rímur (*Riddara rímur* ed. Wisén, Lund 1881, S. 65ff.), sowie im Biterolf 6451—6510 erhaltene Herbortsage.[1] In ihrer älteren, durch die Þs. und die isl. Rímur (s. über das Verhältnis beider Kölbing, Germ. 20, 242ff. und Wisén a. a. O. S. XVIII f.) vertretenen Form sind zwei Motive, die listige Entführung durch den Liebhaber selber und die listige Entführung durch einen Boten, noch unvollkommen verknüpft. Die entführte Jungfrau heisst hier noch Hilde; im Bit. dagegen heisst sie Hildeburg und gilt als Tochter des Königs Ludwig von Ormanîe und Schwester Hartmuts, entspricht also ihrer verwandtschaftlichen Stellung nach der Ortrûn unserer Kudrun (vgl. auch Klage 2217 f.). Vermutlich liegt im Bit. spätere Vermischung mit der Kudrunsage vor, speziell scheint die Rückentführung der Kudrun und ihrer Schicksalsgefährtin Hildeburg aus der Normandie durch Herwig auf die Umgestaltung der Sage von Herbort und Hilde nicht ohne Einfluss gewesen zu sein. Der alte Name des Vaters der Entführten war in der Herbortsage wohl schon früh vergessen; von ihrer (alten?) Verbindung mit Ruodlieb (§ 15), der nach dem Eckenliede Str. 82 als Herborts Vater gilt, ist uns leider zu wenig bekannt. Als Personenname ist *Heribort* nachgewiesen *ZE* Nr. 19, 4. 61, 4.

Die Sage von König Rother[2] ist, ausser in dem von einem rheinischen Dichter in Baiern um die Mitte des 12. Jahrhs. gedichteten Spielmannsepos (§ 17), auch durch eine Erzählung der Þs. c. 29—38 nach niederdeutscher Tradition erhalten. Die Brautwerbung des nach dem mhd. Gedichte zu Bari in Apulien residierenden Königs Rother um die Tochter des griechischen Königs Constantin, durch List eingeleitet, durch Gewalt beendet, ist in der Þs. auf Osantrix von Vilcinaland (§ 50) übertragen; im übrigen aber repräsentiert die norddeutsche Fassung der Sage eine ursprünglichere Gestalt, die als den Kern und Grundbestandteil des in dem mhd. Spielmannsgedichte verarbeiteten sagenhaften Stoffes eine gefahrvolle Brautwerbung ergiebt, welche sich von anderen Entführungsgeschichten durch das charakteristische Motiv unterscheidet, dass der königliche Freier sich für den Boten ausgiebt. Dieser entscheidende Zug der Rothersage weist, im Zusammenhang mit dem Namen des Helden, auf die langobardische, von Paulus Diaconus (III, 30) überlieferte, schöne Sage von der Brautwerbung des Königs Authari um die bairische Prinzessin Theudelind, die wahrscheinlich noch bei den Langobarden selber auf den als Veranstalter eines Gesetzbuches und glücklichen Feldherrn bekannten König Rothari (614—650) übertragen worden ist (vgl. § 7). Langobardischer Tradition werden auch die unbändigen Riesen entspringen, die sowohl im Rother als in dem Berichte der Þs. eine Rolle spielen und somit alter Überlieferung angehören: *Asprîân (Asp(i)lian)*, [*Aventrod* (Þs. = *Ebenrôt* im Eckenliede), *Atgeir* (Þs.)] und *Widolt (Viðolfr mittumstangi)*. Vor allem letzterer, der seiner Wildheit wegen an einer Eisenkette geführt werden muss, ist der Typus der ausser im Norden nur bei den Langobarden bezeugten Berserker, und eine der Kraftleistung des Asprian, der einen Löwen an der Wand des königlichen Saales in Stücke wirft (Roth. 1146 ff.), ähnliche Geschichte erzählt Paulus Diaconus (II, 30) von dem starken Kämpen Peredeo, dem Mörder Alboins (vgl. Heinzel, AfdA. 9, 248; Koegel, *Gesch. d. d. Litt.* I, 1, 118). Die Lokalisierung dieser langobardischen Brautwerbungssage in der niederdeutschen Sage nach Wilzenland (s. PBB. 9, 492) kann noch in alten historischen Erinnerungen oder Missverständnissen ihre Erklärung finden, während in der süddeutschen Überlieferung Rother den Zeitanschauungen entsprechend zum König von Rom geworden und in glaubhafter Weise in Apulien lokalisiert ist. Die oberdeutsche Gestalt der Sage hat den überkommenen Stoff vielfach ausgeweitet durch Motive aus anderen Heldensagen. Aus der Wolfdietrichsage stammt Rothers Erzieher und Ratgeber Berchter von Meran (§ 34); aus seinen 16 Söhnen sind 12 geworden (doch vgl. Roth. 5130 f.), von denen 7 zu den von Rother ausgesandten Boten gehören. Dass diese Mischung der Rother (Osantrix)- und Wolfdietrichsage schon in der Fassung der Þs. vorausgesetzt werde, nimmt Müllenhoff (ZfdA. 6, 447) wohl mit Unrecht an; wenn sowohl Osantrix als Rother sich bei der Befreiung der Dienstmannen Dietrich nennen, so ist nicht an den fränkischen Dietrich, sondern an Dietrich von Bern zu denken. Andere Züge zur Ausbildung der Sage hat die Hildesage hergegeben. Dahin gehört namentlich die Erweiterung des Stoffes, die Rückentführung von Rothers Gemahlin im Auftrage ihres Vaters durch einen listigen Spielmann, der sich als Kaufmann vermummt (Roth. 3060 ff.), während umgekehrt der alte Zug, dass Osantrix-Rother sich für einen geächteten Recken ausgiebt und Schutz sucht bei Milias-Constantin (Roth. 915 ff. Þs. c. 35), der spielmannsmässigen Ausgestaltung der Hildesage in unserer Kudrun zum Vorbilde gedient haben kann. In anderen Bestandteilen der mhd. Sagenform sind Beziehungen deutscher Könige zu den griechischen Kaisern, Kreuzzugsgeschichten und bairische Lokalüberlieferungen erkennbar; für die epische Ausprägung der Gestalt des Constantin mögen historische byzantinische Kaiser Züge dargeboten haben; die Anekdote von der Erschlagung des zahmen Löwen durch Asprian, obgleich vermutlich langobardischen Ursprungs, kann neu belebt worden sein durch die Kraftprobe eines Ritters auf dem Kreuzzuge, den der Herzog Welf von Baiern im Jahre 1101 unternahm (Wilken, *Gesch. d. Kreuzz.* II, 124). Bairisches Colorit zeigen besonders Amelgêr von Tenglingen, während Rothers Abwesenheit der Verweser seines Reiches, und sein Sohn Wolfrât, in welchen zwei aus der Dietrichssage bekannte Namen an ein bairisches Adelsgeschlecht angeknüpft erscheinen.

In der Oswaldsage[3] kehren wesentliche Züge der Hildesage in spielmannsmässiger Färbung wieder: der Vater, der die ängstlich gehütete Tochter nicht hergeben will, die listige Werbung durch einen Boten, welcher hier zum klugen sprechenden Raben geworden ist, die listige Entführung, hier als besonderer Akt, das Nachsetzen des Vaters und der Kampf auf der Insel, und, vor allem merkwürdig, sogar das Wiedererwecken der Gefallenen. Träger der spielmännisch ausstaffierten Sage ist der geschichtliche König Oswald von Northumbrien († 642) geworden, der sich mit der Tochter eines heidnischen westsächsischen Königs vermählte und diesen zum christlichen Glauben bekehrte, welchen er kurz zuvor selber angenommen hatte. Sein Leichnam wurde 1038 nach Flandern gebracht und genoss im 12. Jahrh. besonders im Luxemburgischen Verehrung. Mit seiner Legende, die bei den Kelten ausgebildet zu sein scheint, wurde die typische Brautfahrt in den Orient nach dem allgemeinen Muster der Hildesage wohl in der niederrheinischen Spielmannsdichtung und nicht vor dem 12. Jahrh. verschmolzen. Erhalten ist die Oswaldsage in mehreren mhd. Dichtungen (§ 17) und Prosaauflösungen, und in einer altnordischen Saga; über das Verhältnis der Bearbeitungen hat zuletzt Berger (PBB. 11, 365 ff.) gehandelt.

Auf die in ihrem wesentlichen Kerne sehr ähnlichen Entführungssagen von Samson (Þs. c. 1—13), von Erka und Berta (Þs. c. 42—56, vgl. § 50), von Apollonius und Herborg, Königs Salomons Tochter (Þs. c. 246 ff., vgl. § 67), muss der nackte Hinweis genügen. Dass die alte Ortnitsage in der süddeutschen Dichtung ebenfalls in die Form der beliebten Entführungsgeschichte gekleidet wurde, ist in § 37 gezeigt worden. Auch die aus älteren und anders gearteten Vorstellungen erwachsene Orendelsage (§ 66) zeigt Annäherung an diesen Typus. Eine methodische Untersuchung der historischen Entwicklung der gesamten germanischen Brautwerbungssagen bleibt noch immer eine der notwendigsten und anziehendsten Aufgaben der engeren Sagenforschung. Eine anerkennenswerte Vorarbeit ist der zweite Abschnitt von H. Tardels Schrift *Untersuchungen zur mhd. Spielmannspoesie. 1. Zum Orendel. 2. Zum Salman-Morolf* (Rost. Diss.), Schwerin 1894, S. 33 ff., aber sein Versuch, die Motive der Entführungsgeschichten im deutschen Spielmannsepos (Rother, Kudrun, Ortnit, Orendel, Oswald usw.) sämtlich als mehr oder minder freie Nachahmungen der Salomosage zu erklären, kann nicht als gelungen betrachtet werden.

[1] *Hds.* S. 146 ff.; Müllenhoff, *Kudrun* S. 99. ZfdA. 30, 234 f.; W. Müller, *Myth. d. d. Heldens.* S. 238 f.; Roediger, ZfdA. 31, 282 ff. — [2] Rückert, Einl. zur Ausg. des Rother (1872), S. XVII ff.; Heinzel, AfdA. 9, 248 ff.; v. Bahder, Germ. 29, 276 ff. (s. auch die Einl. zu seiner Ausg. des Rother, 1884); W. Müller, *Myth. d. d. Heldens.* S. 190 ff.; H. Bührig, *Die Sage vom König Rother*, Gött. 1889; L. Singer, *Zur Rothersage* (Progr. des akadem. Gymn. zu Wien 1889). — [3] Berger, PBB. 11, 409 ff.; W. Müller, *Myth. d. d. Heldens.* S. 242 ff.

G. WIELANDSAGE.

§ 62. In der schönen norwegischen Vǫlundarkviþa, die wohl noch dem Ende des 9. Jahrh. angehört und vielleicht das älteste unter den erhaltenen Eddaliedern im Fornyrđislag ist, sind vom Dichter zwei ältere Lieder von Wieland benutzt und mit einander in geschickter Weise, jedoch nicht ohne Widersprüche, verschmolzen worden. Dieses Ergebnis, auf welches die höhere Kritik der Vǫlundarkviþa führt[1], wird durch sagengeschichtliche Erwägungen bestätigt. Zwei verschiedene Traditionen, offenbar in Liedform, müssen dem norwegischen Dichter bekannt gewesen sein. Die eine erzählte von den Beziehungen dreier Brüder, *Vǫlundr, Egill* und *Slagfiđr,* zu den Schwanjungfrauen *Hervǫr (Alvitr), Ǫlrún* und *Hlađguđr (Svanhvít).* Es kommen die drei Maide von Süden geflogen über den »Dunkelwald« *(Myrkviþ í gǫgnom)* und setzen sich an den Meeresstrand (*á sævarstrǫnd*). Die Brüder nehmen sie mit sich heim, augenscheinlich nachdem sie ihnen die Schwanenhemden entwendet, allein nach sieben oder acht Jahren fliegen die Jungfrauen wieder fort, ihres Walkürenamtes zu walten. Von der Jagd heimkehrend, finden die Brüder ihre Säle leer. Während Egill nach Osten und Slagfiđr gen Süden ziehen, um ihre Frauen zu suchen, bleibt Vǫlundr allein zurück: so erzählt das Lied (Str. 6 f.), indem der Dichter wahrscheinlich durch dieses einsame Zurückbleiben Wielands die Brücke zu dem anderen ihm vorliegenden Liede schlägt, das mit dem Überfall des feindlichen Königs anhub. Von dieser Sage hat nur noch das abenteuerliche deutsche Gedicht »Herzog Friedrich von Schwaben« (§ 21) einen merkwürdigen späten Nachklang in ritterlich-phantastischer Umgestaltung bewahrt, der zwar zur Erklärung der Sage nichts beiträgt, aber den Beweis liefert, dass auch dieser Teil der nordischen Überlieferung von Wieland in Deutschland, und zwar in selbständiger Existenz, bekannt gewesen ist.

Ziemlich unvermittelt, mit der Sage vom Raube der Schwanjungfrau nur durch den Namen des Helden und durch einen ursprünglich in beiden Sagen eine Rolle spielenden Ring zusammengehalten, schliesst sich in der Vkv. an diesen ersteren kürzeren ein zweiter längerer Abschnitt. Der König der Niaren *Níðǫðr* nimmt den kunstreichen Schmied *Vǫlundr*, da er allein im Wolfsthal *(Ulfdalir)* sitzt, gefang, eigneten sich sein Schwert und seine Kostbarkeiten an, unter diesen auch einen besonders wichtigen Ring, lässt ihm auf den Rat der Königin die Kniesehnen durchschneiden und ihn auf einer nahen Insel Geschmeide schmieden. Vǫlundr rächt sich, indem er den jungen Söhnen des Königs, als der Zufall sie in seine Werkstatt führt, die Häupter abschlägt und aus ihren Schädeln Trinkschalen für den König, aus ihren Augen Edelsteine für die Königin, aus ihren Zähnen Brustspangen für die Königstochter bildet, dann aber des Königs Tochter *Bǫðvildr*, nachdem er ihr einen Schlaftrunk gemischt, überwältigt. Dann schwingt er sich (mit Hülfe des wiedererlangten Ringes, dürfen wir ergänzen) in die Lüfte und verkündet, hoch in der Luft schwebend, dem Níðǫðr seine Rache. Mit dem Ringe nämlich, den die Krieger des Königs vor allem in ihre Macht zu bekommen suchen (Str. 9 f.), den der König seiner Tochter giebt und unmittelbar nach dessen Wiedererlangung Wieland sich die Freiheit wiedererobert (Str. 30 f.), ist ohne Frage ein Flugring gemeint, der dem albischen Schmiede die Flugkraft oder die Gabe der Verwandlung in Vogelgestalt verlieh (Koegel, *Gesch. d. d. Litt.* I, 1, 103 Anm.; [Jiriczek, *DHS.* I, 11 ff.]). Wenn es heisst (Str. 12), Vǫlundr habe beim Vermissen des Ringes geglaubt, die entflohene Gattin sei zurückgekehrt, so erstrebte der Dichter mit dieser im Zusammenhange unseres Liedes nicht recht verständlichen Behauptung eine Anknüpfung an den Ring der Schwanjungfrausage, den wir gleichfalls als Flugring auffassen dürfen, durch dessen Verlust Hervǫr in die Gewalt Wielands geriet und nach dessen Wiedererlangung sie entfloh. Diese zweite Sage von Wielands Gefangenschaft und Rache, die eigentliche Wielandsage, findet sich selbständig, ohne Verbindung mit der Schwanjungfrausage, in einer der Darstellung des norwegischen Liedes sehr nahestehenden Gestalt bei den Angelsachsen. Eine Elfenbeinschnitzerei auf dem Clermonter Runenkästchen (§ 12) zeigt die Szene von Wielands Rache in ihren beiden entscheidenden Momenten, der Tötung der Königssöhne und der Entehrung der Königstochter, und in dem Gedichte »Déors Klage« (§ 13) kehren anspielungsweise die wesentlichen Züge der Sage wieder: *Wélands* Fesselung durch den König *Níðhad* und die Schwängerung der ihrer Brüder beraubten Königstochter *Beadohild.* Die Berührungen zwischen dem Berichte des altenglischen Dichters und dem norwegischen Liede legen sogar die Annahme eines mittelbaren Zusammenhanges zwischen beiden Sagendarstellungen nahe*. In diesem Falle müsste als gemeinsame Quelle ein niederdeutsches Lied von Wêlands Gefangenschaft und Rache vorgelegen haben; jedesfalls muss die Sage sich

* Vgl. Niedner, ZfdA. 33, 36 f.; F. Jónsson, *Litt.-Hist.* I, 210; Koegel, *Gesch. d. d. Litt.* I, 1, 101 ff. [Jiriczek, *DHS.* I, 29]. Die wörtlichen Anklänge zwischen der Vkv. und dem ags. Gedichte, die Niedner anführt (a. a. O. S. 36 Anm. 3), sind bemerkenswert, wenn auch nicht gerade beweisend für formalen Zusammenhang.

bereits im 7. Jahrh. nach England verbreitet haben (s. § 63) und nicht viel später auch nach Skandinavien gelangt sein.

In der weitschweifigen, durch verschiedene Episoden vermehrten, aber für die Erkenntnis der alten Überlieferung wenig ergiebigen Erzählung der Þiđrekssaga (c. 57—79), auf welche in § 65 noch zurückzukommen sein wird, beginnt erst mit c. 73 die der Vǫlundarkviþa und den ags. Zeugnissen entsprechende ursprüngliche Partie der Sage, die uns an dieser Stelle zunächst allein interessiert. In seinen Grundzügen steht dieser Bericht den älteren Quellen noch nahe genug: auch nach der Þs. wird *Velent* von einem Könige *Niđungr* in Jütland als Schmied verwendet und gelähmt; auch hier tötet er die jungen Söhne des Königs, aus deren Gebeinen er Schmuck und Tischgerät fertigt, und schändet dessen Tochter. Der Flugring ist durch ein Flughemd ersetzt, das Velent aus den Federn der Vögel macht, die sein Bruder, der Meisterschütz Egil, für ihn schiesst. Wie in dem alten Liede enthüllt dann der Schmied dem Níđung seine Rache und fliegt davon; der König befiehlt dem Egil, den Bruder niederzuschiessen, aber durch eine vorher verabredete List wird dieser Versuch vereitelt. Zu dieser jungen Verflachung der alten Sage, in welcher zwar das alte Gerüst bewahrt, aber die dämonische Rache des albischen Schmiedes zu einer komisch gefärbten Entflüchtungsintrigue erniedrigt ist, hat dem Sagaschreiber neben jüngerer niederdeutscher Tradition unsere Vǫlundarkviþa als hauptsächliche Quelle gedient, die ihm nach ungenauer mündlicher Überlieferung, doch in stellenweise noch vollständigerer Gestalt bekannt gewesen zu sein scheint. Bereits in c. 69 (Unger S. 82[11]) deutet er Kenntnis nordischer Tradition an, wenn er von *Velent,* dem berühmten Schmiede, spricht, »*er Væringjar kalla Volond*«, und die Bezeichnung Egils als *Ǫlrúnar-Egill* c. 75 (Unger S. 91[11]) wird nur durch Bekanntschaft mit der Vkv. erklärlich. Aber auch der Schuss Egils auf Wieland ist wohl weiter nichts als eine Ausmalung der Andeutung in der Vkv. Str. 39: ***esat svá maþr hǫ́r** | **at þik af heste take,** || **né svá ǫflogr** | **at þik neþan skjóte.*** Damit wird die ganze Einmischung Egils, deren innere Unwahrscheinlichkeit einleuchtet — die Apfelschusssage ist auf ihn nur übertragen (§ 65) —, als Zuthat des Sagaschreibers wahrscheinlich, und die ganze Fluchtversion der Þs., welche Egils Mitwirkung voraussetzt, als blosse litterarische Umbildung des 13. Jahrhs. dringend verdächtig*. Der Zug, dass Wieland nach der Þs. c. 73 die beiden Knaben bei ihrem ersten Besuche zurückschickt und sie wiederkommen heisst, wenn frischer Schnee gefallen sei, doch rückwärtsgehend, weist doch wohl auf eine vollständigere Gestalt der Vkv., in deren jetziger Fassung Wielands Aufforderung: *komeþ annars dags* (Str. 22[1]) kaum genügend motiviert ist; wenn in dem rückwärts gewendeten Knabenbilde auf dem Runenkästchen eine Andeutung des Rückwärtsgehens der Königskinder zu sehen ist, so wäre damit die Ursprünglichkeit dieses Zuges sicher gestellt. Inwieweit der Sagaschreiber für seine Erzählung von Wielands Gefangenschaft, Verstümmelung und Rache neben der Vkv. noch niederdeutsche Überlieferung benutzt hat — dass diese Sage in Niederdeutschland noch weit später bekannt war, zeigt die Sachsenwaldsage (§ 63) —, lässt sich nicht näher bestimmen. Soviel steht aber fest, dass für die Untersuchung

* Der Name *Ægili* in Runen auf dem Clermonter Kästchen, den man für die Altertümlichkeit der in der Þs. auftretenden Sagengestalt ins Treffen geführt hat, muss aus dem Spiele bleiben. Er steht mit dem Wielandbilde in keinem Zusammenhang, und auch die Deutung der vogelfangenden Figur auf dem Runenkästchen auf Egil hat nichts für sich. Vielmehr sieht Jiriczek in derselben mit Recht einen der von der Vogeljagd in Wielands Behausung verirrten jungen Königssöhne [*DHS.* I, 16 ff. 52 f.].

der alten Wielandsage der Bericht der Þs. im wesentlichen wertlos ist; die Versuche, denselben als Grundlage für die Rekonstruktion der Sage zu benutzen (wie es von W. Müller und Golther geschehen ist), sind als durchaus verfehlt zu betrachten. Da von der verworrenen Notiz im Anhang zum HB (*Hds.* S. 326) füglich abgesehen werden kann, alle sonstigen Zeugnisse aber sich auf den Preis und die sagenhafte Verbreitung von Wielands Schmiedekunst beschränken, so ergiebt sich der durch die beiden ags. Zeugnisse bestätigte Bericht der alten Vǫlundarkviþa als unsere eigentliche Quelle für die Erkenntnis der ursprünglichen Sagengestalt.

Litteratur: Rieger, Germ. 3, 176; K. Meyer, Germ. 14, 283 ff.; E. H. Meyer, AfdA. 13, 23 ff.; Niedner, ZfdA. 33, 24 ff. *Zur Liederedda* (Wiss. Beil. zum Jahresber. des Friedrichs-Gymn. zu Berlin 1896) S. 17 ff.; W. Müller, *Myth. d. d. Heldens.* S. 124 ff. *Zur Myth.* S. 94 ff.; Golther, Germ. 33, 449 ff.; Schück, Ark. f. nord. Fil. 9, 103 ff.; Koegel, *Gesch. d. d. Litt.* I, 1, 99 ff. [Jiriczek, *DHS.* I, 1—54]. — [1] Zur Kritik der Vkv. vgl. ausser den Eddaausgg. und Niedners angeführten Arbeiten: Detter, Ark. f. nord. Fil. 3, 309 ff.; F. Jónsson, *Litt.-Hist.* I, 204 ff.

§ 63. Auf Niederdeutschland als die eigentliche Heimat der Wielandsage führen verschiedene Anzeichen. Eine fortdauernde lebendige Verbreitung der Sage lässt sich nur auf niederdeutschem Boden, sowohl durch ihre Kodifizierung in der Þiđrekssaga, als durch ihr Haften in der Volksüberlieferung, belegen. Noch in der Erzählung der Þs. c. 58 ist der Berg *Ballofa* (*Kallava*), d. i. die Balver Höhle bei dem westfälischen Städtchen *Balve*, älter *Ballova* (Holthausen, PBB. 9, 489 f.), der Schauplatz von Wielands Lehrzeit, und auf der Weser (*Visara*) unweit ihrer Mündung beginnt er (c. 61) seine abenteuerliche Fahrt in die Nordsee. Gottfried von Monmouth deutet die Stadt *Siegen* als Wielands Werkstatt an (*Hds.* Nr. 26). Der holsteinische und westfälische Volksglaube bewahrt eine Reihe von merkwürdigen Schmiedesagen [1], die es klar machen, wie tief die sagenumwobene Gestalt des kunstreichen Schmiedes in der niederdeutschen Anschauung wurzelt. Unter diesen bietet die unzweideutigste Erinnerung an den verstümmelten, unter tyrannischem Zwang arbeitenden Künstler die Sachsenwaldsage von dem Schmiede *Mêland* oder *Ammêland* (einer Kompromissform aus *Wêland* und seinem Rivalen in der jüngeren nd. Tradition *Amelias-Melias?*) [2]. Aus Niederdeutschland hat sich die Sage nach England verbreitet [3], wo die Darstellung des Clermonter Runenkästchens und das Gedicht »Déors Klage« schon für das 7./8. Jahrh. ihre Bekanntschaft beweisen, und Wielands Schmiedekunst hoch gefeiert (*Wélandes geweorc* Beow. 455. Wald. A 2) und lange im Gedächtnis fortgepflanzt wurde (*Hds.* Nr. 26. 106. 126 b = ZfdA. 19, 130. *ZE* Nr. 68?). In Berkshire lebt die erst zu Anfang des 18. Jahrhs. aufgezeichnete merkwürdige Sage von dem unsichtbaren Schmiede Wayland (*Hds.* Nr. 170), und nach Kembles Nachweis (*The Saxons* I, 431; vgl. *ZE* Nr. 6) hiess der Ort, wo sich die Überlieferung lokalisiert findet (*Wayland smith* statt *W. smithy*), bereits in einer Urkunde v. J. 955 *Welandes smiđđe*. Wie nach Britannien oder den festländischen Wohnsitzen der Angelsachsen, wird die Sage auch nach dem skandinavischen Norden aus Niederdeutschland eingewandert sein. Auch abgesehen von der Möglichkeit, dass der Vǫlundarkviþa und »Déors Klage« ein gemeinsames niederdeutsches Lied zu Grunde liegen kann (§ 62), weisen die Ortsangaben und die Namenformen des norwegischen Liedes zum Teil unstreitig auf deutschen Ursprung der beiden in ihm verbundenen Wielandsagen. Es mischt die Vkv. fingiertes (*Ulfdalir, Sǽvarstǫđ*) und wirkliches Lokal. Die Schwanjungfrauen sind *dróser suþrónar*, sie kommen von Süden geflogen über den *Myrkviđr*, d. i. den saltus Hercynius (Müllenhoff,

ZfdA. 23, 168 f.; Koegel I, 1, 99), und dorthin sehnen sie sich zurück (Str. (4^4). Wenn die Prosa des Sammlers Wieland und seine Brüder zu Söhnen eines Finnenkönigs macht und seinen Gegner Níđuđr, den *Niara dróttinn*, nach Schweden lokalisiert, so fallen diese Angaben weder für nordischen noch für »finnischen« Ursprung der Sage irgendwie ins Gewicht. Die Namen von Wielands Gegner *Níđǫđr* (*Níđuđr*), Gen. *Níđađar* (ags. *Níđhad*, vgl. Binz, PBB. 20, 189) und von dessen Tochter *Bǫđvildr* (ags. *Beadohild*) sind in ihrer allgemeinen epischen Bedeutung wenig charakteristisch, aber ersterer wenigstens ist sowohl unnordisch als unenglisch. Auch *Slagfiđr* und der Diener des Niarenkönigs *Þakkráđr* (alts. *Thankrâd*) tragen deutsche Namen; ebenso deutet auf fremden Ursprung die Bezeichnung zweier von den Schwanjungfrauen als Töchter »*Hlǫđvés*«, also eines fränkischen Königs*. In gleiche Richtung weist endlich der Name des Helden selber.

Vǫlundr — die Länge der Stammsilbe fordert die Metrik an verschiedenen Stellen (3^4. 11^5. 14^4. 30^3. 34^1. 35^4. 42^4. 43^2) — ist in seinem Verhältnis zu ags. *Wéland*, ahd. *Wielant* aus dem Nordischen nicht zu erklären, sondern deutet auf Herübernahme einer nicht-nordischen Namenform, am ersten also eines niederdeutschen *Wêland* (**Vélundr* > *Vǫlundr* mit *ǿ* aus *é* vor *l*?), worin sich eine Partizipialbildung zu den allerdings nur auf nordischem Boden belegten Wörtern *vél* »Kunst, Kunstgriff, List«, *véla* »betrügen, überlisten« vermuten lässt**. An dieser schon von J. Grimm (*Myth.*^{4} 313) gegebenen Erklärung des Namens aus germanischen Sprachmitteln als »kunstfertiger Schmied, Künstler« ist festzuhalten. C. Hofmanns Versuch, den Namen aus dem Finnischen herzuleiten (Germ. 8, 10 f., vgl. W. Müller, *Myth. d. d. Heldens.* S. 138), ist ebenso verfehlt wie die Deutung aus volksetymologischer Anlehnung an *Vulcanus*, wie sie zuletzt wieder von Golther (Germ. 33, 464 ff.) vorgenommen ist, freilich mit Einschränkung auf eine vermeintliche fränkisch-nordische Form **Waland*, die es neben der englisch-deutschen *Wêland* in der Sage gegeben haben soll. Diese »fränkisch-nordische« Namenform wird aber weder durch die altnorwegische Überlieferung noch durch die altfranzösischen Zeugnisse^4 genügend gestützt. Die Kunde von dem berühmten Schmiede *Galans* wird erst durch die Normannen nach Frankreich gekommen sein. Nirgends zeigt sich die Spur einer reicheren, etwa aus fränkischer Zeit herstammenden, sagenhaften Tradition, und die Namenform *Walander* in dem ältesten Zeugnisse von französischem Boden, Ademars Historia aus der ersten Hälfte des 11. Jahrhs. (*ZE* Nr. 70), weist nach Jiriczeks treffender Bemerkung [*DHS.* I, 23] durch ihre Endung geradezu auf Entlehnung aus skandinavischem Munde.

Auch in Oberdeutschland, wo bereits in zwei Sanct Galler Urkunden v. J. 864 (*ZE* Nr. 14^b; vgl. noch Nr. 26, 7) *Wielant* (*Welant*) neben *Witigo* (*Witigouuo*) als Zeuge auftritt, hat die Sage offenbar nur geringen Boden gefunden. Im Waltharius 965 heisst Walthers Panzer *Welandia fabrica*, wie in den ags. Waldere-Fragmenten, jedesfalls nach alemannischer Tradition, *Wélandes geweorc*; im Biterolf und in anderen mhd. Gedichten ist Wieland als berühmter Waffenschmied oder bloss als Vater Witeges bekannt, ohne

---

* *Hlaþguþr ok Hervǫr* | *boren vas Hlǫþvé*, || *kunn vas Ǫlrún* | *Kïars dótter:* offenbar gehört die an der überlieferten Stelle unmögliche Halbstrophe (16) zwischen 2 und 3. — Zu den Namen der Vkv. s. Koegel I, 1, 100; [Jiriczek, *DHS.* I, 27].

** In ags. *wíl* »List« ist eine Ablautsform zu ags. *Wéland*, aisl. *vél*, *véla* (mit $\bar{e}^2$) erhalten (Noreen, *Urgerm. Lautl.* S. 31). Der Dichter der Vkv. (20^2 *vél gørþe heldr* | *hvatt Níþaþe*) scheint ein Wortspiel zwischen *vél* und *Vǫlundr* zu beabsichtigen, braucht aber natürlich den etymologischen Zusammenhang nicht mehr empfunden zu haben.

dass sich aus diesen Erwähnungen eine umfassendere Sagenkenntnis erschliessen liesse. Und auch die versprengten Reste der Schwanjungfrausage in »Herzog Friedrich von Schwaben«, sowie die konfusen Notizen im Anhang zum Heldenbuch können diese nicht beweisen; es ist vielmehr sehr glaublich, dass in beiden Fällen die reichere niederdeutsche Überlieferung mittelbare oder unmittelbare Quelle gewesen ist [5].

[1] Kuhn, *Sagen aus Westfalen* 1, 42 ff. — [2] Die Sachsenwaldsage mitgeteilt von J. Wedde im Jahrb. des Ver. f. nd. Sprachf. 1 (1875), 104 f. (*Hds.* [3] S. 492); vgl. E. H. Meyer, AfdA. 13, 30. — [3] Binz, PBB. 20, 186—190. — [4] *Véland le forgeron*, Diss. par G. B. Depping et Fr. Michel, Paris 1833, Chap. V. (S. 37—46 und 80—95); vgl. *Hds.* Nr. 28—30. *ZE* Nr. 70. — [5] [Zur Beurteilung der oberdeutschen Zeugnisse s. jetzt Jiriczek, *DHS.* I, 23—26].

§ 64. Die Frage nach dem Ursprung und der Bedeutung der Wielandsage, deren Entwicklungsgeschichte als epischer Stoff sich in ihren wesentlichen Stufen wohl verfolgen lässt, fällt streng genommen nicht mehr in den Bereich der sagengeschichtlichen Forschung. Das Problem ist weniger sagengeschichtlicher als mythologischer Art, sodass an dieser Stelle einige Andeutungen darüber genügen müssen.

Als ältesten Bestand der Sage erkennen wir einen niederen Mythus. Allen Überlieferungen gemein und schon aus diesem Grunde als ursprünglichster Kern der Sage in Anspruch zu nehmen ist die Vorstellung von Wielands wunderbarer, zauberhafter Schmiedekunst, wie sie selbständig und nur erst durch einen bestimmten Namen episiert in der Berkshire-Sage von Wayland-Smith erhalten ist (§ 63). Der in einem alten prähistorischen Steindenkmal hausende Schmied, welcher den Menschen, die ihm sein Lohn hinlegen, unsichtbar die gewünschten Schmiedearbeiten anfertigt, ist ein bei den verschiedensten indogermanischen (und wohl auch nichtindogermanischen) Völkern verbreiteter mythischer Typus [1]. Er repräsentiert, wie man richtig erkannt hat, das naive Staunen primitiver Bildungszustände über die neue Kunst des Metallgiessens, die als etwas Dämonisches, Überirdisches aufgefasst wurde, und knüpft somit an jenen gewaltigen, wellenförmig in proethnischer Zeit verbreiteten, Umschwung in der menschlichen Kultur an, der sich in dem Übergang vom Steinalter zur Metallurgie vollzieht. Diese Grundlage der Wielandsage in einem mythischen Vorstellungskreise, dessen Keime sich auch bei den Stämmen des nördlichen Europas in eine vorgeschichtliche Zeit verlieren, macht es von vornherein unmöglich, die bei verwandten Völkern sich findenden Parallelen zu einer genealogischen Geschichte der Sage zu verwerten; es muss dahingestellt bleiben, inwieweit die unleugbar vorhandenen partiellen Analogien in der grossen Reihe der idg. Schmiedesagen auf uraltem Gemeinbesitz oder früher Motivwanderung beruhen, inwieweit nur unabhängige Ausgestaltung gleicher Mythenkeime zu ähnlichen Sagenformen geführt hat (vgl. § 6). So, um diese Auffassung durch ein Beispiel zu erläutern, hat Wielands Lähmung, die gewiss zu den alten, wenn auch nicht ältesten, Elementen seiner Sage gehört — sie findet sich in der Vkv., der Þs. und, umgestaltet, in der Sachsenwaldsage und wird in anderen Quellen wohl nur durch Zufall übergangen sein —, von jeher an Hephaistos gemahnt, und es ist nicht undenkbar, dass dieser Zug schon der indogermanischen Vorstellung des Feuerdämons angehört hat. Doch liesse sich andererseits auch ohne diese Annahme völlig begreifen, wie ein Mythus von einem Feuerdämon, der menschlichen Kulturzwecken dienstbar gemacht wird, bei Griechen und Germanen sich in ähnliche Formen kleiden konnte.

Aus dieser ältesten erschliessbaren Form der Wielandsage haben sich zwei höher ausgebildete Sagentypen entwickelt. Der eine ist die Sage von

Wielands Gefangenschaft und Rache, als deren Kern die verschiedenen Überlieferungen folgende, am treusten in der Vǫlundarkviþa erhaltene, Grundgestalt ergeben (vgl. § 62). Der Schmied Wieland wird von einem feindlichen Könige gefangen und gelähmt; er rächt sich an ihm durch die Ermordung seiner Söhne und die Schändung seiner Tochter, und fliegt davon. Dieselbe mythische Vorstellung, die in der Berkshire-Sage noch in der Form eines primitiven niederen Mythus vorliegt, erscheint hier in einer episch-heroischen Gestalt. Der gefesselte und gelähmte dämonische Künstler, der auf Geheiss einem Könige und den Seinen Geschmeide schmieden muss, scheint auf einen Feuerdämon zu deuten, der in den Dienst menschlicher Bildung gezwängt wird, dann aber verheerend sich an seinen Bezwingern rächt und endlich hoch auflodernd sich durch das Dach der Esse schwingt. Is diese, von Jiriczek gegebene [*DHS.* I, 4], Deutung richtig, so weist die Sage von Wielands Gefangenschaft und Rache in ihrer epischen Form in eine, zwar gleichfalls noch sehr alte, aber doch vorgeschrittenere Zeit als die mythische Berkshire-Überlieferung, da man sich nicht mehr mit staunender Ehrfurcht vor der zauberhaften Schmiedekunst begnügte, sondern den Kräften nachspürte, die das tückische und verheerende Element des Feuers zu metallurgischen Zwecken zu verwenden wussten. Die Einkleidung der niederdeutschen Wielandsage ist natürlich wiederum eine jüngere Entwicklungsphase. Der zauberhafte Schmied, der tückische Feuerdämon, erhielt die Züge des allweisen, kunstgeübten Zwerges, dem die unterirdischen Schätze das Material zu seinen Bildungen geben und der, wie in der nordischen Mythologie die Ivaldssöhne oder Brokkr und Sindri, darum selbst als unterirdische Elementarmacht gilt. In der Vǫlundarkviþa erscheint der Schmied als mächtiger Albenfürst (*alfa ljóþe* 12[2], *víse alfa* 14[4]. 34[1]), der Flugkraft kundig, bedrängt durch einen neidischen Gegner und mit dessen Tochter buhlend, halb Dämon, halb Heros. Das Alter dieses Sagentypus lässt sich nicht sicher bestimmen. Darf man eine Stelle in der Biographie des heiligen Severinus von Eugippius, um 511 (Mon. Germ. Auct. antiq. I, 2, 11; *Hds.*[3] 454), auf welche Müllenhoff zuerst hingewiesen hat, auf die Wielandsage beziehen, so hätten die Rugier im Donaugebiete einige hervorstechende Züge des Typus schon in der zweiten Hälfte des 5. Jahrhs. gekannt, was auf die Ausbildung der Sage in ihrer niederdeutschen Heimat mindestens um 400 hinwiese [Jiriczek, *DHS.* I, 30 f.]. Allein die Beziehung ist unsicher, und es bleibt als ältestes sicheres Sagendenkmal das Clermonter Runenkästchen, das die Bekanntschaft der Sage von Wielands Gefangenschaft und Rache unter den Angelsachsen für das Ende des 7. Jahrhs. bezeugt.

Zu einem zweiten Sagentypus hat die Figur des dämonischen Schmiedes Anlass gegeben durch ihre Verbindung mit einem weit verbreiteten Motive, dem Raube einer Schwanjungfrau. Die albische Natur des Schmiedes in der deutschen Sage hat wohl dazu geführt, auf ihn einen mythischen Stoff zu übertragen, der in zahlreichen Volkssagen mannigfach variiert wiederkehrt und besonders von E. H. Meyer (*Idg. Mythen* II, 483. 623. 630) und Laistner (*Rätsel der Sphinx* I, 99 ff.) behandelt worden ist: eine mythische Jungfrau (Albin, weisse Frau, Schwanmädchen) wird durch den Raub eines Ringes, Schleiers, Schwanenhemdes oder sonst eines Gegenstandes, woran ihre übermenschliche Natur geknüpft ist, in die Gewalt eines Menschen (ursprünglich wohl eines Alben) gebracht, aus welcher sie nach einiger Zeit wieder entflieht, sei es indem sie den geraubten Gegenstand zurückerlangt, oder indem der Mann nach ihrer Herkunft fragt oder die versprochene Enthaltsamkeit oder sonst eine Bedingung verletzt[2]. Als Träger dieser Schwanjungfrausage erscheint Wieland nur in der Vǫlundarkviþa, deren Dichter diesen Sagentypus mit dem andern von Wielands Gefangenschaft und Rache auf Grund zweier älteren Lieder verknüpfte (§ 62), und, selbständig, in »Herzog Friedrich von Schwaben«. Grosse Pflege scheint diese Sagenkombination nicht gefunden zu haben, aber aus der Übereinstimmung der Vkv. und des deutschen Gedichts geht hervor, dass sie schon in der sächsischen Heimat der Wielandsage vollzogen worden ist.

Aus den hier gegebenen Andeutungen über den Ursprung der Wielandsage ergiebt sich, dass an der echt germanischen Grundlage der Sage nicht gerüttelt werden darf. Durchaus abzulehnen sind, wie die früheren, so auch die neuesten Versuche Golthers und Schücks, in ihr eine Nachbildung antiker Überlieferungen nachzuweisen. Ersterer (Germ. 33, 449 ff.) sieht in ihr die Schöpfung eines genialen Franken des 6. Jahrhs., der sie aus den Sagen von Vulcanus und von Daedalus kunstvoll zusammensetzte, während letzterer (Ark. f. nord. Fil. 9, 103 ff.) sie einfacher als Übertragung einer antiken Daedalussage betrachtet, die in dieser Form erst von dem schwedischen Gelehrten selber gebildet worden ist.

[1] *Myth.*[4] 313 f. 390; A. Kuhn, Zs. f. vgl. Spr. 4, 81 ff.; E. H. Meyer, *Idg. Mythen* II, 678 ff. AfdA. 13, 23 ff.; Schrader, *Sprachvergl. und Urgesch.*[2] S. 225 ff. [Weitere Litteratur bei Jiriczek, *DHS.* I, 3. 7, an dessen vortreffliche Ausführungen dieser § sich wesentlich anschliesst.] — [[2] Reiche Litteraturnachweise für die Verbreitung dieses Sagenmotivs giebt jetzt Jiriczek, *DHS.* I, 9.]

§ 65. Die spätere Sage, wie sie in dem Berichte der Þiđrekssaga vorliegt, zeigt, neben anderen Erweiterungen, auch schüchterne Ansätze zur cyklischen Verbindung der isolierten und aus dem gewohnten Rahmen der Heldensage so ganz herausfallenden Wielandsage. Um Wieland, den besten Waffenschmied, hat sie andere Meister in Künsten und Fertigkeiten gruppiert: Wate, der beste Schiffer (§ 60), ist nach der Þs. sein Vater, Egil, der beste Schütze, sein Bruder, und sein Oheim Nordian, der Vater des Riesen Aspilian und seiner Riesenbrüder, ist wohl kein anderer als der gewaltige Jäger der Ironsage (§ 67). Die Absichtlichkeit dieser Zusammenstellung hat Müllenhoff (ZfdA. 6, 67) hervorgehoben. Älter ist die Angliederung des berühmten Kämpfers Witege (§ 47), der schon in den ags. Waldere-Fragmenten als Wielands Sohn gilt; diese Verbindung, die doch vermutlich in der niederdeutschen Heimat der Wielandsage zustande kam, ist besonders in der oberdeutschen Dichtung, die von der Herkunft des beliebten Sagenhelden Witege nichts wusste, willig aufgegriffen worden. Ihre Bekanntschaft in Alemannien bezeugt die Zusammenstellung der Namen in den beiden Sanct Galler Urkunden v. J. 864 (§ 63) und früher schon, indirekt, die auf alemannische Tradition zurückgehende ags. Waldere-Dichtung.

Auch sonst ist die Erzählung der Þs. reich an Episoden und Stofferweiterungen[1], die, abgesehen von einzelnen Zusätzen aus der älteren nordischen Tradition (§ 62) und einer mit Bestimmtheit dem Sagaschreiber zuzuweisenden Partie, als Niederschläge einer jüngeren Entwicklungsstufe der sächsischen Sage zu betrachten sind. Zunächst wird Wielands Jugend ausführlich berichtet. Velent, der Sohn des Riesen Vađi, wird von seinem Vater dem berühmten Schmiede Mimir in Húnaland (Sachsen) in die Lehre gegeben, später aber, da er von dem jungen Sigurđ misshandelt wird, zu zwei Zwergen im Berge Ballofa (§ 63) gebracht. Der Vater hinterlässt ihm heimlich ein Schwert, kommt dann seinem Versprechen gemäss nach Jahresfrist um ihn abzuholen, wird aber im Schlafe durch einen Bergsturz getötet. Velent nimmt das Schwert, erschlägt seine Lehrmeister, bemächtigt sich ihrer Schätze, beladet damit sein Ross und reitet davon. In einem ausgehöhlten Baumstamme treibt er auf der Weser nach Jütland, wo er von Fischern des Königs Níđung ans Land gezogen wird (c. 57—62). Diese Jugendgeschichte hat sich durch Aufnahme sächsischer Schmiede- und Zwergensagen — die doppelte Lehrzeit soll Wielands grosse Geschicklichkeit in rationalistischer Weise erklären — und unter dem Einflusse von Motiven der Sigfridssage gebildet. Als niederdeutsche Erweiterungen des alten Stoffes sind auch die Ameliasepisode, der Wettstreit mit einem Rivalen, von dessen Existenz und Namen noch die Sachsenwaldsage eine Spur bewahrt (§ 63), sowie die Geschichte mit dem Siegstein und die Erschlagung des Truchsessen anzusehen (c. 63—70); Anekdoten und Märchenmotive haben den alten Sagenbestand bereichert. In Wielands Verbannung darf ebenfalls kein ursprünglicher Zug erblickt werden *, und die Rache des Verbannten, der sich unkenntlich an den königlichen Hof schleicht, sich zu des Königs Köchen gesellt und Liebeszauber in die Speisen der Prinzessin mischt (c. 71. 72), soll nur in novellistischer Form die Strafe der Lähmung motivieren, womit der Sagaschreiber endlich in das Geleise der alten Sage einlenkt (c. 72—78; vgl. § 62). Spuren dieser jüngeren niederdeutschen Sagengestalt, aus welcher die Erkenntnis der alten Sage keinen Nutzen zieht, finden sich auch in den dänischen Folkeviser: besonderes Interesse erregt der Name *Buodell* (»en koning-dather wen«) für Witeges Mutter (*DgF.* Nr. 7 B, 15; s. I, 70. IV, 592), der, wenn er auf jüngerem niederdeutschen Sagenimport beruht, den Namen der Königstochter **Baduhild* auch für die sächsische Sage sichert.

In die Erzählung der Þs. von Velent ist vom Sagaschreiber die Sage von dessen jungem Bruder *Egill* eingeflochten (c. 75—78), offenbar durch eine blosse Notiz der alten Vǫlundarkviþa veranlasst. Heisst nämlich der Meisterschütze c. 75 *Ǫlrúnar-Egill,* so zeigt sich deutlich die Anlehnung an das altnorwegische Lied, in welchem Ǫlrún Egils Walküre ist (s. § 63). Er kommt an Níđungs Hof und muss auf Befehl des Königs als Probe seiner Kunst einen Apfel vom Haupte seines dreijährigen Sohnes schiessen. Egil nimmt drei Pfeile aus dem Köcher und erwidert, nachdem der gefährliche Schuss glänzend gelungen ist, auf des Königs Frage nach dem Zwecke der zwei anderen Pfeile, sie seien, falls er sein Kind getroffen hätte, für den König bestimmt gewesen. Der sagenberühmte Apfelschuss ist in der Þs. gänzlich unmotiviert und gänzlich ohne Folgen; den natürlichen und den sonstigen Überlieferungen gemeinsamen Schluss der Geschichte, die Bestrafung des kühnen Schützen durch den erzürnten Tyrannen, musste der Sagaschreiber, welcher Egil noch weiter (zur Ermöglichung von Wielands Flucht) brauchte, weglassen. So liegt die Annahme auf der Hand, dass die Apfelschusssage erst vom Sagaschreiber auf Egil übertragen worden ist, der zwar seit alter Zeit als Wielands Bruder galt, dessen Einmischung in den Bericht der Þs. aber nur auf willkürlicher Ausnutzung einer Situation der Vǫlundarkviþa beruht. Bestätigt wird diese Annahme durch das Ergebnis von O. Klockhoffs Untersuchungen über die Geschichte der Entwicklung der nordischen Apfelschusssage.[2] Diese ist in Skandinavien ursprünglich an einen König Harald und dessen Gefolgsmann Heming geknüpft gewesen, dann in einer isländischen Version historisiert und mit Haraldr harđráđi verbunden worden.

* Niedner (ZfdA. 33, 36; *Zur Liederedda* S. 21) hält die Verbannung für einen uralten Sagenzug, den er auch in »Déors Klage« und sogar in der Vkv. zu finden glaubt. Ich halte diese Ansicht mit Jiriczek [*DHS.* I, 47 f. Anm.] nicht für richtig.

Von den drei Künsten, die der König von Heming verlangt, Apfelschuss, Wettschwimmen und Schneeschuhlaufen, sind die beiden letzten norwegischen Ursprungs, während der Apfelschuss aus England nach Norwegen eingewandert zu sein scheint. Die norwegische Hemingsage verbreitete sich in den skandinavischen Ländern. Auf Island nahm sie verschiedene Formen an; im *Eindriđa þáttr ilbreiđs* (Flat. I, 456 ff.) erscheint sie dort an König Olaf Tryggvason geknüpft. In Dänemark wurde sie Saxos Quelle (lib. X, p. 486 ff. ed. Müller-Velschow, p. 329 f. ed. Holder); bei ihm ist die Sage auf Toko übertragen, den historischen Palna-Tóki der Jómsvíkingasaga, der den Apfelschuss auf Befehl des dänischen Königs Harald Blaatand verrichtet und später noch einmal eine gefährliche Probe bestehen muss im Herabgleiten auf Schneeschuhen von einem steilen Felsen; zuletzt fällt der König durch Tokos Pfeil. Ebenso ist die Egil-Episode der Þs. nichts weiter als eine norwegische Umbildung der Hemingsage. Auch in England, sowie bei anderen verwandten und nicht verwandten Völkern, findet sich der Kern der Sage. Allein ihre bekannteste Erscheinungsform, die seit dem letzten Viertel des 15. Jahrhs. in Chroniken auftauchende schweizerische Tellsage, ist nur eine auf gelehrtem Wege entstandene Umbildung der skandinavischen Sage, die mit dreister Tendenz in den Bericht über die Befreiung der Waldstädte verflochten worden ist.[3] Dass der Sage vom Apfelschuss mythische Vorstellungen zu Grunde liegen, ist schwerlich anzunehmen; jedesfalls lässt sie in ihren überlieferten Gestalten eine mythische Deutung nicht mehr zu.

[[1] Jiriczek, *DHS.* I, 34—54]. — [2] Klockhoff, *Konung Harald och Heming:* Uppsalastudier tillegn. S. Bugge (Ups. 1892) S. 114 ff.; *De nordiska framställningarna af Tellsagan:* Ark. f. nord. Fil. 12, 171 ff. — [3] Aus der ausgedehnten Litteratur über die Tellsage wird ausschliesslich hingewiesen auf: Rochholz, *Tell und Gessler in Sage und Geschichte*, Heilbr. 1877.

H. Anhänge.

§ 66. Orendelsage. Das wahrscheinlich kurz nach 1190 in der Gegend von Trier entstandene, aber nur in jüngerer Gestalt auf uns gekommene, rohe und willkürlich zusammengesetzte Spielmannsgedicht vom König *Orendel* (§ 17) enthält Spuren einer sehr alten sagenhaften Überlieferung in wirrem, fast zertrümmertem Zustande, zu deren Ergänzung bis zu einem gewissen Grade eine Erzählung der Skáldskaparmál c. 17 (SnE. I, 276 f. II, 299) verwendbar ist. In dem mhd. Gedichte ist der Held zu einem Könige von Trier geworden, dem Sohne *Ougels (Eygels)*. Er entschliesst sich um die Hand der Königstochter *Brîde* zu werben, der Erbin des Königreiches von Jerusalem, und rüstet sich zur Meerfahrt. Seine Flotte wird von einem Sturme in das »Klebermeer« verschlagen, und nach anderen Erlebnissen erleiden die Seefahrer Schiffbruch im Angesicht des heiligen Landes, wobei alle bis auf Orendel zu Grunde gehen. Der Held selber rettet sich nackt an den Strand und wird von einem Fischer *Îse* aufgenommen, in dessen Dienst er einen Wallfisch fängt, der beim Aufschneiden den blutbefleckten grauen Rock Christi in seinem Magen zeigt. Orendel kauft den Rock um 30 Goldpfennige, die ihm die heil. Jungfrau durch den Engel Gabriel sendet. Mit ihm bekleidet, als »Graurock« zieht er nun nach Jerusalem, wo er nach gefahrvollen Abenteuern anlangt. Kämpfe mit Heiden, die sehr breit ausgesponnen sind, bahnen dem Fremdling den Weg zu Brîdes Hand und Reich, doch er giebt sich nicht zu erkennen und übt auf Befehl eines Engels neun Jahre Enthaltsamkeit. Eine neue Reihe von Abenteuern steht Orendel aber noch bevor: abermalige Heidenkämpfe, Gefangenschaft und Befreiung. Endlich zieht er mit seiner Frau nach seiner Vaterstadt Trier, die von Heiden belagert wird; Ise, der von Orendel zum Schützer des heiligen Grabes eingesetzt worden war, begleitet sie als seekundiger Mann. Bei seiner Ankunft vor Trier gehen die Heiden dem Orendel entgegen und lassen sich taufen. Es folgt dann noch eine zweite Befreiung des heil. Grabes, das, wie Brîde in einem Traumgesicht erfährt, wiederum durch Verrat in die Hände der Heiden gefallen ist. Der graue Rock wird in Trier, in einen steinernen Sarg eingeschlossen, zurückgelassen. Auf dem Zuge ins heilige Land wird Brîde entführt, aber durch Orendel und Ise wieder befreit. Das heilige Grab wird durch List wiedergewonnen, und zuletzt gehen Orendel, Brîde und Ise in ein Kloster.

In dieser Überlieferung sind sehr verschiedene Elemente in plumper Weise verschmolzen. Zur Verherrlichung des grauen Rocks Christi zu Trier ist das Gedicht verfasst, und durch diesen legendarischen Untergrund sind mehr geistliche Elemente hineingekommen, als sonst in der Spielmannspoesie üblich sind. Daneben sind historische Beziehungen unverkennbar, Reminiscenzen an die letzten Zeiten des Königreiches Jerusalem und den dritten Kreuzzug.[1] Endlich hat auf die Zusammensetzung der Orendelfabel der hellenistische Roman einen entschiedenen Einfluss ausgeübt; insbesondere verwendet der Dichter Motive des Apolloniusromans, die ihm vermutlich aus einer nicht erhaltenen Version des altfranzösischen Gedichtes von Jourdain de Blaivies bekannt wurden[2]. Allein neben der Legende vom heiligen Rock, neben Kreuzzugsanekdoten und neben Motiven der Apolloniusfabel sind im Orendel Spuren eines zur Brautwerbungssage umgestalteten altgermanischen Heroenmythus erkennbar, die freilich wohl geringer und weniger bedeutungsvoll sind, als man früher* im Anschluss an Müllenhoffs Deutung und Rekonstruktion der Sage anzunehmen pflegte.

Müllenhoff erblickte in der Orendelsage den Rest eines alten Schiffer- und Heimkehrmythus, der in den Hauptpunkten der griechischen Odysseussage entsprach, ohne jedoch aus dieser entstanden oder mit ihr urverwandt zu sein. Der Seeheld Orendel — so glaubte Müllenhoff aus der wüsten Überlieferung die Sage rekonstruieren zu können — geriet, von herbstlichen Stürmen verschlagen, in die winterliche Gewalt eines Eisriesen (Ise); im Frühjahr aber kehrte er zu seiner von unholden Freiern umbuhlten Frau in die Heimat zurück, in Bettlertracht und unerkannt. Ein Stern, *Aurvandils tá* (SnE. I, 278), kündigte seine Rückkehr an. Der Held erschlägt die Freier, vereinigt sich wieder mit der harrenden Gattin und tritt von neuem seine Herrschaft an, bis aufs neue die wilden Wetter ihn der Knechtschaft des Eisriesen überliefern. Ein Teil dieser urgermanischen mythischen Sage, die dem fränkischen Spielmann nur noch entstellt vorlag, erschiene, lückenhaft und verkümmert, im norwegischen Göttermythus an Thor angeknüpft. So geistvoll diese, in ihrem Kerne auch von Beer und Berger vertretene, Deutung ist, so geht sie doch unleugbar, wie namentlich Vogt gezeigt hat, weit über das erhaltene Sagenmaterial hinaus und beruht auf Voraussetzungen, zu denen der Inhalt des mhd. Gedichtes bei unbefangener Interpretation nicht berechtigt. Sodann aber sind mehrere Züge, die Müllenhoff zu seiner Theorie verwandt hat, durch litterarische Entlehnung aus dem hellenistischen Roman zu erklären: so bestimmt der Schiffbruch des Helden und seine Aufnahme beim alten Fischer, vermutlich auch die Trennung von der Gemahlin und die Wiedervereinigung mit ihr. Nach Abzug alles dessen, was mit Sicherheit oder Wahr-

* Auch Verf. in der ersten Auflage des »Grundrisses«. Auf die Einschränkung von Müllenhoffs Auffassung ist namentlich Vogts Rezension von Bergers Orendelausgabe (ZfdPh. 22, 469 ff.) von Einfluss gewesen.

scheinlichkeit als fremde Bestandteile betrachtet werden darf, bleiben aber doch einige Grundzüge übrig, die für die ursprüngliche mythische Orendelsage in Anspruch genommen werden dürfen.

Gemeingermanisch ist zunächst der Name des Helden *Orendel.* Er ist in fränkischen und bairischen Urkunden vom 8. bis ins 12. Jahrh. nachzuweisen und erscheint in ursprünglichster Form auf italienischem Boden in langobardischen Urkunden als **Auriuuandalus* (*Auriuandulu, Auriuuandalo:* Bruckner, QF. 75, 230) = an. *Aurvandill,* ags. *Éarendel,* ahd. *Ôrentil* (aus **Ôrwêntil*). Bei den Angelsachsen findet sich *éarendel* als Appellativum zur Bezeichnung des Morgensterns (in Cynewulfs Crist 104 wird Christus vom Dichter so angeredet, vgl. auch in den Epinaler Glossen *éarendil* »jubar«). Wenn nun auch nach der Erzählung der Snorra Edda ein Stern *Aurvandils tá* heisst, so lehrt dieses Zusammentreffen, dass schon in alter Zeit bei germanischen Stämmen ein glänzender Stern mit dem Namen des Helden benannt war. Etymologisch scheint das erste Glied des Namens mit altind. *usrá* »Morgenröte«, *usrá-* »hell« und ihrer Sippe zusammenhängen; sowohl die Bedeutung des Namens (»Glanzwandler«) wie seine Verwendung zur Bezeichnung des Morgensterns deuten auf einen Tages- oder Jahreszeitenmythus. In der epischen Form dieser alten mythischen Sage scheint der Held Orendel auf einer Fahrt ins Riesenland in Knechtschaft geraten zu sein, dort eine Jungfrau erobert zu haben und mit ihr heimgekehrt zu sein. Dass eine Seefahrt, eine Gefangenschaft im Riesenlande und die Erwerbung einer Jungfrau die Hauptbestandteile der Orendelsage gewesen sind, ergiebt, gerade bei ihren sonstigen Abweichungen, die Übereinstimmung der Überlieferungen in diesen Punkten. Auch nach dem Mythus der Snorra Edda trägt Thor den Aurvandill in einem Korbe auf seinem Rücken über die Élivágar (die nördlichen Eisströme) aus dem Riesenlande daher[3]. In der dänischen Sage, welche Saxo von *Horvendil,* dem Sohne des Gervendil, erzählt (p. 135 ff. ed. Müller-Velschow, p. 85 ff. ed. Holder), sind zwar die Einzelheiten völlig abweichend, aber auch in ihr spielen Seekämpfe und die Vermählung mit einer Königstochter eine Rolle. Das deutsche Spielmannsgedicht endlich muss eine Tradition gekannt haben, welche durch Ähnlichkeiten in den Situationen und Motiven die Umwandlung der alten Heldensage von Orendel in die beliebte Brautfahrt in den Orient, sowie ihre Verquickung mit Elementen des spätgriechischen Abenteuerromans und zeitgenössischen Kreuzzugsreminiscenzen ermöglichte. Der Trierer Spielmann scheint die alte Orendelsage für seine Zwecke in ganz ähnlicher Weise benutzt zu haben, wie sein jüngerer tirolischer Zunftgenosse die ebenso dürftig gewordene alte Hartungensage im Ortnit zum Rahmen seiner Erfindungen machte (§ 37). Nur die legendarischen Zusätze sind jenem eigentümlich. Wenn im Anhang zum HB König Orendel *(ernthelle)* von Trier der »aller erste held der ye geborn ward« heisst, so deutet diese Angabe immerhin auf alte Sagenüberlieferung: dem Verfasser des Anhangs jedesfalls galt Orendel für älter als die später von ihm genannten historischen Helden, wie Dietrich und Etzel (vgl. Heinzel S. 46 ff.).

Litteratur: Müllenhoff, *Deutsche Altertumsk.* I, 32 ff.; W. Müller, *Myth. d. d. Heldens.* S. 244 ff. *Zur Myth.* S. 147 ff. (historisch-allegorische Deutung der Sage); L. Beer, PBB. 13, 1 ff. (vgl. ebda 14, 550 f. ZfdPh. 23, 493 ff.); Berger, Einleitung zur Ausgabe des *Orendel,* Bonn 1888, S. LXXVIII ff. (dazu die wichtige Besprechung von Vogt, ZfdPh. 22, 468 ff., vgl. ebda 23, 496 ff.); Heinzel, *Über das Gedicht vom König Orendel,* Wien 1892 (aus den Wiener SB. CXXVI, no. 1. H. weist mythische Beziehungen ab und führt den Inhalt des Gedichtes wesentlich auf litterarische legendarische Tradition zurück; vgl. Vogt, ZfdPh. 26, 406 ff.); E. H. Meyer, ZfdA. 37, 321 ff.; Laistner, ebda 38, 113 ff. (von Bedeutung durch den Hinweis auf eine Gruppe verwandter volkstümlicher Traditionen, die z. B. durch das Märchen »Eisenhans« [*KHM.* Nr. 136] vertreten wird); Tardel, *Untersuchungen zur mhd. Spielmannspoesie*, 1894 (Rost. Diss.) S. 3—32; E. Benezé, *Orendel, Wilhelm von Oranse und Robert der Teufel*, Halle 1897. — [1] E. H. Meyer, ZfdA. 12, 387 ff. 37, 341 ff. — [2] Dies hat vor allem E. H. Meyer in dem oben zitierten Aufsatz dargethan; vgl. auch Berger, *Orendel*, Einl. S. XC ff.; Heinzel a. a. O. S. 18. 29; Tardel a. a. O. — [3] Über den nordischen Mythus von Aurvandill s. namentlich Uhland, *Schr.* VI, 29 ff.; Müllenhoff, *DA.* I, 34 f.; Beer, PBB. 13, 116 ff.

§ 67. Ironsage. Eine sehr ausführliche Erzählung der Þiđrekssaga (c. 245—275) überliefert die Sage von dem leidenschaftlichen Jäger, dem Jarl Iron von Brandenburg, den sie zu einem Sohne des Artus macht, in wirrer Kontamination mit einer der beliebten Entführungssagen, der Sage von Apollonius und Herborg, Salomons Tochter, welche sich unschwer als Schössling der alten Hildesage herausstellt und den Namen der Jungfrau vielleicht erst aus der Herbort-Ruodliebsage erhalten hat. Dem Sagaschreiber war eine niederdeutsche Irondichtung bekannt; er beruft sich auf deutsche Lieder (c. 258), denen die Namen von Irons Jagdhunden entnommen seien — eine Angabe, die in den Namen selber ihre Bestätigung findet —, und dass die Sage auch in Deutschland geläufig war, bezeugt eine Stelle im »Weinschwelg« (*Hds.* Nr. 58): *der herzoge Îrân der was gar âne wîsheit, daz er einem wisent nâchreit, er unt sîn jeger Nordîân. si solden den wîn gejaget hân, sô wærn si wîse als ich bin; mir ist vil samfter denne in* (vgl. dazu Þs. c. 263). Auch wenn um dieselbe Zeit Enenkel den Herzog Iran mit Dietrich von Bern zusammen erwähnt (*Hds.* Nr. 59, 1. 2), so wird schwerlich mit F. Neumann (Germ. 27, 21 f.) an einen sonst gänzlich unbekannten »kriegerischen Iron«, sondern an Iron den Jäger zu denken sein. Von seinem Jägermeister Nordian muss in Baiern bereits im letzten Viertel des 12. Jahrhs. gesungen worden sein (Mone, *Heldens.* S. 96. *ZE* Nr. 23, 4). Als den Kern der ursprünglich selbständigen Ironsage glaubt man zu erkennen, dass Iron und sein gewaltiger Jägermeister Nordian auf der Wisentjagd von der Hand eines Königs, dessen Wisent Iron früher erlegt hatte, den Tod fanden: auch die Stelle des »Weinschwelg« deutet auf einen unsanften Tod der beiden Jäger. Indem der Sagaschreiber Iron und Apollonius zu Brüdern machte, die Jagdzüge jenes mit den Kriegsfahrten um die entführte Herborg verband, der Ironsage einen ungehörigen Schluss anheftete in der verbotenen Liebe Irons zu Bolfriana, der Gemahlin des aus der Harlungensage bekannten Áki Ǫrlungatrausti (mhd. *Hâche,* Eckeharts Vater), endlich den kontaminierten Sagenkomplex äusserlich an Dietrich und Attila anlehnte, hat derselbe ein schwer zu entwirrendes Knäuel von Motiven zusammengeballt und der Kritik der Saga eine noch nicht genügend gelöste Aufgabe gestellt. Das in der Apolloniussage der Þs. (c. 251) sich findende Motiv, dass der Freier sich als fahrendes Weib vermummt der Geliebten nähert, die ihm ein Liebeszeichen giebt und in der Nacht sich zu ihm stiehlt, hat K. Wolfskehl in einem niederländischen Volksliede »van 't Wereltsche Wijf« (Hoffmann von Fallersleben, *Niederl. Volkslieder*² [1856], Nr. 14) nachgewiesen. An uralten Zusammenhang ist aber sicherlich nicht zu denken: wie für andere Partien der Iron-Apolloniuskontamination wird auch für diesen Teil seines Berichtes ein niederdeutsches Lied, das sich auch nach den Niederlanden verbreitet hat, die Quelle des Sagaschreibers gewesen sein.

F. Neumann, Germ. 27, 1—22; K. Wolfskehl, *Germanische Werbungssagen* I (Darmst. 1893), S. 25—33 (Jarl Apollonius).

REGISTER.

C.

D.

E.

X.

Y.

Z.

M. DuMont-Schauberg, Strassburg.

FSC
www.fsc.org
MIX
Papier | Fördert
gute Waldnutzung
FSC® C083411

Kolibri 360 GmbH
Ferdinand-Jühlke-Straße 7
99095 Erfurt, Deutschland
produktsicherheit@kolibri360.de